キタミ式 イラストIT塾

令和04年 【2022】 情報処理技術者試験

ITパスポート

きたみりゅうじ [著]

Kitami Shiki Illust IT Juku

技術評論社

■ご注意

本書に記載された内容は、情報の提供のみを目的としています。本書の記載内容については正確な記述に努めて制作をいたしましたが、内容に対してなんらかの保証をするものではありませんので、本書を用いた運用は、必ずお客様自身の責任と判断によって行ってください。これらの情報の運用の結果について、技術評論社および著者はいかなる責任も負いません。

著者および出版社は本書の使用によるITパスポート試験合格を保証するものではありません。

以上の注意事項をご承諾いただいた上で、本書をご利用願います。これらの注意事項をお読みいただかずに、お問い合わせいただいても、技術評論社および著者は対処しかねます。あらかじめ、ご承知おきください。

● 本文中に記載されている製品などの名称は、各発売元または開発メーカーの商標または製品です。なお、本文中には、®、™などは明記していません。

はじめに

　ITパスポート試験は、数種類ある情報処理技術者試験の中で、もっとも初級の入り口にあたる試験です。ちなみにお題目は「ITに携わる職業人として誰もが共通に備えておくべき基礎的な知識を測る」というもの。パソコンが広く活用されるようになった現代では、是非ともおさえておきたい基礎知識たちだと言えます。

　といっても、相変わらずITといえば慣れない人にはチンプンカンプンな横文字専門用語が目白押し。そのためにも試験対策では「まず解説書を一冊完読して、用語や計算に慣れること」が欠かせません。

　ところがこの「解説書を一冊完読」というのが思いのほか難しかったりするんですよね。なんせ慣れない用語がワケワカメーなわけですから。

　そのため本書では、「とにかく最後まで飽きずに読んでもらえること」を重視しました。イラストやマンガをふんだんに入れるだけじゃなくて、なによりも重視したポイントは「なぜなに？」に応えること。そして「試験のためだけの勉強」で終わらないこと。この2点です。

　勉強って、わからないままに暗記を強いられると苦しいですけど、「わからないことがわかるようになる」瞬間って、本当は楽しくて飽きないものだと思うんです。だから「なんでこーなるの」「だからこーしてるの」的な部分をとにかく掘り下げるように心がけて書いたのでした。

　ただ、中には「なんか妙に小難しい言い回しを使って説明しているな」という文が出てくる箇所もあります。そういう場合は、その文が「ほぼそのままの形で問題の選択肢として登場する」のだと思ってください。平易に書き直した結果が、逆に回答の選択に迷わせることになっては本末転倒…と判断したものは、できる限りそのままの文を引用して用いるようにしてあります。

　さて、解説書をみごと完読できましたら、今度は過去に出た試験問題をあたって総仕上げです。問題の傾向に慣れると同時に、残っている知識の穴を補完しながら試験本番に備えましょう。

　そんな力試し用の過去問題は、本書巻末…には解説に凝りまくったせいで「ページ数かさみすぎ！」と怒られちゃって収録することができませんでしたが、別途PDF形式でダウンロードできるようにしてあります（巻末記載のURL参照）。PDFだから印刷して何度でも使えるわけで「むしろこっちの方が便利なんじゃ？」と結果オーライ。是非ともご活用ください。

　それでは、本書が資格取得の一助となりますことを願っています。合格に向けて、幸運を祈ります。

きたみりゅうじ

CONTENTS

はじめに……………………………………………………………………… 3

目次…………………………………………………………………………… 4

本書の使い方 ……………………………………………………………… 14

ITパスポート試験とは？ ………………………………………………… 16

Chapter 0 ITってなんだ？　18

0-1 コンピュータ、ソフトなければタダの箱 …………………………… 20
- パソコンの中身を見てみよう ……………………………………… 21

Chapter 1 コンピュータこと始め　22

1-1 コンピュータの5大装置 ……………………………………………… 24
- 5大装置とそれぞれの役割 ………………………………………… 25

1-2 CPU (Central Processing Unit) …………………………………… 27
- クロック周波数は頭の回転速度 …………………………………… 28
- キャッシュメモリは脳のシワ ……………………………………… 29

1-3 メモリ ………………………………………………………………… 31
- RAMとROM ………………………………………………………… 32

1-4 補助記憶装置 ………………………………………………………… 34
- 仮想記憶（仮想メモリ）でメモリに化ける ……………………… 35
- リムーバブルは持ち運び可能 ……………………………………… 36

1-5 入力装置 ……………………………………………………………… 38
- 代表的な入力装置たち ……………………………………………… 39

1-6 ディスプレイ ………………………………………………………… 41
- 解像度と、色のあらわし方 ………………………………………… 42
- ディスプレイの種類と特徴 ………………………………………… 43

1-7 プリンタ ……………………………………………………………… 45
- プリンタの種類と特徴 ……………………………………………… 46
- プリンタの性能指標 ………………………………………………… 47

1-8 入出力インタフェース ……………………………………………… 49
- シリアルインタフェースとパラレルインタフェース ……………50

4

- ● 有線規格の有名どころ ………………………………………………… 51
- ● 無線規格の有名どころ ………………………………………………… 52

Chapter 2 ディジタルデータのあらわし方 54

2-1 ディジタル世界は、0と1だけの2進数 ……………………………… 56
- ● 2進数であらわす数値を見てみよう ………………………………… 57
- ● 2進数の重みと10進数への変換 …………………………………… 58
- ● 10進数から2進数への変換 ………………………………………… 60

2-2 2進数の足し算と引き算 ………………………………………………… 62
- ● 足し算をおさらいしながら引き算のことを考える ………………… 63
- ● 負の数のあらわし方 ………………………………………………… 64

2-3 ビットとバイトとその他の単位 …………………………………… 67
- ● 1バイトであらわせる数の範囲 …………………………………… 68
- ● 様々な補助単位 ……………………………………………………… 69

2-4 文字の表現方法 ………………………………………………………… 71
- ● 文字コードの種類とその特徴 ……………………………………… 72

2-5 画像など、マルチメディアデータの表現方法 ………………… 74
- ● 画像データは点の情報を集めたもの ……………………………… 75
- ● 音声データは単位時間ごとに区切りを作る ……………………… 76

Chapter 3 ファイルとディレクトリ 80

3-1 ファイルとは文書のこと ……………………………………………… 82
- ● データの種類と代表的なファイル形式 …………………………… 83
- ● マルチメディアデータの圧縮と伸張 ……………………………… 84

3-2 文書をしまう場所がディレクトリ ………………………………… 88
- ● ルートディレクトリとサブディレクトリ ………………………… 89
- ● カレントディレクトリ ……………………………………………… 90

3-3 ファイルの場所を示す方法 ………………………………………… 92
- ● 絶対パスの表記方法 ………………………………………………… 93
- ● 相対パスの表記方法 ………………………………………………… 94

Chapter 4 ハードディスク 98

4-1 ハードディスクの構造と記録方法 ………………………………… 100
- ● セクタとトラック …………………………………………………… 101

- ● ファイルはクラスタ単位で記録する……………………………… 102
- ● データのアクセスにかかる時間 ………………………………… 103
- **4-2** フラグメンテーション ………………………………………… 106
- ● デフラグで再整理 ……………………………………………… 107
- **4-3** RAIDはハードディスクの合体技 ……………………………… 109
- ● RAIDの代表的な種類とその特徴 …………………………… 110

Chapter 5 OSとアプリケーション 112

- **5-1** OSの役割 ………………………………………………………… 114
- ● OSは間をつないで対話する ………………………………… 115
- ● 代表的なOS ……………………………………………………… 116
- **5-2** アプリケーションとはなんぞや ………………………………… 118
- ● 代表的なアプリケーション …………………………………… 119
- **5-3** ソフトウェアの分類 …………………………………………… 122
- **5-3** ソフトウェアによる自動化（RPA）…………………………… 123

Chapter 6 表計算ソフト 126

- **6-1** 表は行・列・セルでできている ………………………………… 128
- ● 他のセルを参照する ………………………………………… 129
- ● 式を入れて自動計算 ………………………………………… 130
- ● 表計算で用いる演算子 ……………………………………… 131
- ● セルの複写は超便利！ ……………………………………… 132
- **6-2** 相対参照と絶対参照 …………………………………………… 134
- ● 相対参照は行・列ともに変化する ………………………… 135
- ● 絶対参照は行・列を任意で固定する ……………………… 136
- **6-3** 関数で、集計したり平均とったり自由自在 ………………… 139
- ● 合計や平均の求め方 ………………………………………… 140
- ● 有名どころの関数たち ……………………………………… 141
- **6-4** 「もし○○なら」と条件分岐するIF関数 …………………… 144
- ● IF関数の使い方 ……………………………………………… 145
- ● IF関数にIF関数を入れてみる ……………………………… 146

Chapter 7 データベース 150

- **7-1** DBMSと関係データベース …………………………………… 152

- 関係データベースは表、行、列で出来ている ……… 153
- 表を分ける「正規化」という考え方 ……… 154
- 関係演算とビュー表 ……… 156

7-2 主キーと外部キー ……… 160
- 主キーは行を特定する鍵のこと ……… 161
- 外部キーは表と表とをつなぐ鍵のこと ……… 162

7-3 論理演算でデータを抜き出す ……… 164
- ベン図は集合をあらわす図なのです ……… 165
- 論理和 (OR)は「○○または××」の場合 ……… 166
- 論理積 (AND)は「○○かつ××」の場合 ……… 167
- 否定 (NOT)は「○○ではない」の場合 ……… 168

7-4 排他制御 ……… 170
- 排他制御とはロックする技 ……… 171

7-5 トランザクション管理と障害回復 ……… 173
- トランザクションとは処理のかたまり ……… 174
- ロールバックはトランザクションを巻き戻す ……… 175
- ロールフォワードはデータベースを復旧させる ……… 176

Chapter 8 ネットワーク 178

8-1 LANとWAN ……… 180
- データを運ぶ通信路の方式とWAN通信技術 ……… 181
- LANの接続形態 (トポロジー) ……… 183
- 現在のLANはイーサネットがスタンダード ……… 184
- イーサネットはCSMA/CD方式でネットワークを監視する ……… 185
- クライアントとサーバ ……… 186
- 線がいらない無線LAN ……… 188

8-2 プロトコルとパケット ……… 191
- プロトコルとOSI基本参照モデル ……… 192
- なんで「パケット」に分けるのか ……… 193

8-3 ネットワークを構成する装置 ……… 195
- LANの装置とOSI基本参照モデルの関係 ……… 196
- NIC (Network Interface Card) ……… 197
- リピータ ……… 198
- ブリッジ ……… 200
- ハブ ……… 201
- ルータ ……… 202

- ● ゲートウェイ……………………………………………………………… 204
- **8-4** TCP/IPを使ったネットワーク ……………………………………… 206
  - ● IPアドレスはネットワークの住所なり ……………………………… 207
  - ● グローバルIPアドレスとプライベートIPアドレス ………………… 208
  - ● IPアドレスは「ネットワーク部」と「ホスト部」で出来ている ……… 209
  - ● IPアドレスのクラス ………………………………………………… 210
  - ● サブネットマスクでネットワークを分割する ……………………… 211
  - ● DHCPは自動設定する仕組み ……………………………………… 212
  - ● NATとIPマスカレード ……………………………………………… 213
  - ● ドメイン名とDNS …………………………………………………… 214
- **8-5** ネットワーク上のサービス ……………………………………… 217
  - ● 代表的なサービスたち ……………………………………………… 218
  - ● サービスはポート番号で識別する ………………………………… 219
- **8-6** WWW (World Wide Web) …………………………………… 221
  - ● Webサーバに、「くれ」と言ってページを表示する ……………… 222
  - ● WebページはHTMLで記述する …………………………………… 223
  - ● URLはファイルの場所を示すパス ………………………………… 224
- **8-7** 電子メール …………………………………………………………… 226
  - ● メールアドレスは、名前@住所なり ……………………………… 227
  - ● メールの宛先には種類がある ……………………………………… 228
  - ● 電子メールを送信するプロトコル (SMTP) ……………………… 230
  - ● 電子メールを受信するプロトコル (POP) ……………………… 231
  - ● 電子メールを受信するプロトコル (IMAP) ……………………… 232
  - ● MIME ………………………………………………………………… 232
  - ● 電子メールは文字化け注意!! …………………………………… 233
- **8-8** ビッグデータと人工知能…………………………………………… 236
  - ● ビッグデータ ………………………………………………………… 237
  - ● 人工知能 (AI：Artificial Intelligence) ………………………… 238
  - ● 機械学習 ……………………………………………………………… 239

Chapter 9 セキュリティ 242

- **9-1** ネットワークに潜む脅威 …………………………………………… 244
  - ● セキュリティマネジメントの3要素 ………………………………… 245
  - ● セキュリティポリシ ………………………………………………… 246
  - ● 個人情報保護法とプライバシーマーク …………………………… 247
- **9-2** ユーザ認証とアクセス管理………………………………………… 249

- ● ユーザ認証の手法 ……………………………… 250
- ● アクセス権の設定 ……………………………… 252
- ● ソーシャルエンジニアリングに気をつけて ……… 253
- ● 様々な不正アクセスの手法 ……………………… 254

9-3 コンピュータウイルスの脅威 ……………………… 258
- ● コンピュータウイルスの種類 …………………… 259
- ● ウイルス対策ソフトと定義ファイル …………… 260
- ● ビヘイビア法 (動的ヒューリスティック法) …… 261
- ● ウイルスの予防と感染時の対処 ………………… 262

9-4 ネットワークのセキュリティ対策 ………………… 264
- ● ファイアウォール ……………………………… 265
- ● パケットフィルタリング ………………………… 266
- ● アプリケーションゲートウェイ ………………… 267

9-5 暗号化技術とディジタル署名 …………………… 270
- ● 盗聴・改ざん・なりすましの危険 ……………… 271
- ● 暗号化と復号 …………………………………… 272
- ● 盗聴を防ぐ暗号化 (共通鍵暗号方式) ………… 273
- ● 盗聴を防ぐ暗号化 (公開鍵暗号方式) ………… 274
- ● 改ざんを防ぐディジタル署名 …………………… 276
- ● なりすましを防ぐ認証局 (CA) ………………… 278

Chapter 10 システム開発 280

10-1 システムを開発する流れ ……………………… 282
- ● システム開発の調達を行う ……………………… 283
- ● 開発の大まかな流れと対になる組み合わせ …… 284
- ● 基本計画 (要件定義) …………………………… 285
- ● システム設計 …………………………………… 286
- ● プログラミング ………………………………… 287
- ● テスト …………………………………………… 288

10-2 システムの開発手法 …………………………… 291
- ● ウォータフォールモデル ………………………… 292
- ● プロトタイピングモデル ………………………… 293
- ● スパイラルモデル ……………………………… 294

10-3 業務のモデル化 ………………………………… 296
- ● DFD ……………………………………………… 297
- ● E-R図 …………………………………………… 298

10-4	ユーザインタフェース	301
	● CUIとGUI	302
	● GUIで使われる部品	303
	● 画面設計時の留意点	304
	● 帳票設計時の留意点	305
10-5	コード設計と入力のチェック	307
	● コード設計のポイント	308
	● チェックディジット	309
	● 入力ミスを判定するチェック方法	310
10-6	テスト	313
	● テストの流れ	314
	● ブラックボックステストとホワイトボックステスト	316
	● テストデータの決めごと	317
	● トップダウンテストとボトムアップテスト	318
	● リグレッションテスト	319
	● バグ管理図と信頼度成長曲線	320

Chapter 11 システム周りの各種マネジメント 322

11-1	プロジェクトマネジメント	324
	● 作業範囲を把握するためのWBS	325
	● 開発コストの見積り	326
11-2	スケジュール管理とアローダイアグラム	328
	● アローダイアグラムの書き方	329
	● 全体の日数はどこで見る?	330
	● 最早結合点時刻と最遅結合点時刻	332
	● クリティカルパス	333
11-3	ITサービスマネジメント	336
	● SLA (Service Level Agreement)	337
	● サービスサポート	338
	● サービスデリバリ	339
	● ファシリティマネジメント	340
11-4	システム監査	343
	● システム監査人と監査の依頼者、被監査部門の関係	344
	● システム監査の手順	345
	● システムの可監査性	346
	● 監査報告とフォローアップ	348

Chapter 12 プログラムの作り方 350

12-1 プログラミング言語とは………………………………	352
●代表的な言語とその特徴 ………………………	353
●インタプリタとコンパイラ ………………………	354
●本試験で用いられる擬似言語 …………………	356
12-2 変数は入れ物として使う箱 ………………………	358
●たとえばこんな風に使う箱 ………………………	359
●擬似言語における変数の宣言と代入方法 ………	360
12-3 構造化プログラミング………………………………	362
●制御構造として使う3つのお約束………………	363
●if ～ endif で選択構造をあらわす ……………	364
●while ～ endwhileで前判定の繰返し構造をあらわす ………	366
●do ～ whileで後判定の繰返し構造をあらわす ………	367
●for ～ endforで繰返し構造をあらわす ………	368
12-4 アルゴリズムとフローチャート …………………	372
●フローチャートで使う記号 ……………………	373
●試しに1から10までの合計を求めてみる ………	374
12-5 代表的なアルゴリズム …………………………	378
●データの探索 (二分探索法) …………………	379
●データの整列 (バブルソート) …………………	380
12-6 データの持ち方 ………………………………	382
●配列 ………………………………………	383
●リスト ………………………………………	384
●木 (ツリー)構造 …………………………	385
●キュー ………………………………………	386
●スタック ………………………………………	387

Chapter 13 システム構成と故障対策 390

13-1 コンピュータを働かせるカタチの話 ……………	392
●シンクライアントとピアツーピア ………………	393
●オンライントランザクション処理とバッチ処理 ………	394
13-2 システムの性能指標 …………………………	396
●スループットはシステムの仕事量 ……………	397
●レスポンスタイムとターンアラウンドタイム ………	398
13-3 システムを止めない工夫 ……………………	402

- デュアルシステム 403
- デュプレックスシステム 404

13-4 システムの信頼性と稼働率 408
- 平均故障間隔（MTBF：Mean Time Between Failures） 409
- 平均修理時間（MTTR：Mean Time To Repair） 410
- システムの稼働率を考える 411
- 直列につながっているシステムの稼働率 412
- 並列につながっているシステムの稼働率 414
- 「故障しても耐える」という考え方 416
- バスタブ曲線 418
- システムに必要なお金の話 419

13-5 転ばぬ先のバックアップ 421
- バックアップの方法 422

Chapter 14 企業活動と関連法規 426

14-1 企業活動と組織のカタチ 428
- 代表的な組織形態と特徴 429
- CEOとCIO 430

14-2 電子商取引（EC:Erectronic Commerce） 432
- 取引の形態 433
- EDI（Electronic Data Interchange） 434
- カードシステム 435

14-3 経営戦略と自社のポジショニング 438
- SWOT分析 439
- プロダクトポートフォリオマネジメント
  （PPM：Product Portfolio Management） 440
- コアコンピタンスとベンチマーキング 441

14-4 外部企業による労働力の提供 443
- 請負と派遣で違う、指揮命令系統 444

14-5 関連法規いろいろ 446
- 著作権 447
- 産業財産権 448
- 法人著作権 449
- 著作権の帰属先 450
- 製造物責任法（PL法） 452
- 労働基準法と労働者派遣法 454

- ● 不正アクセス禁止法 ……………………………………………… 455
- ● 刑法 ……………………………………………………………… 456

Chapter 15 経営戦略のための業務改善と分析手法　458

15-1 PDCAサイクルとデータ整理技法 ………………………… 460
- ● ブレーンストーミング ………………………………………… 461
- ● バズセッション ………………………………………………… 462
- ● KJ法 ……………………………………………………………… 463
- ● 決定表 (デシジョンテーブル) ………………………………… 464

15-2 グラフ ……………………………………………………… 466
- ● レーダーチャート ……………………………………………… 467
- ● ポートフォリオ図 ……………………………………………… 467

15-3 QC七つ道具と呼ばれる品質管理手法たち ……………… 469
- ● 層別 ……………………………………………………………… 470
- ● パレート図 ……………………………………………………… 471
- ● 散布図 …………………………………………………………… 472
- ● ヒストグラム …………………………………………………… 473
- ● 管理図 …………………………………………………………… 473
- ● 特性要因図 ……………………………………………………… 474
- ● チェックシート ………………………………………………… 474

Chapter 16 財務会計は忘れちゃいけないお金の話　476

16-1 費用と利益 ………………………………………………… 478
- ● 費用には「固定費」と「変動費」がある ……………………… 479
- ● 損益分岐点 ……………………………………………………… 480
- ● 変動費率と損益分岐点 ………………………………………… 482

16-2 在庫の管理 ………………………………………………… 485
- ● 先入先出法と後入先出法 ……………………………………… 486

16-3 財務諸表は企業のフトコロ具合を示す ………………… 489
- ● 貸借対照表 ……………………………………………………… 490
- ● 損益計算書 ……………………………………………………… 492

過去問題に挑戦！ ………………………………………………… 495
索引 …………………………………………………………………… 496

本書の使い方

ITパスポート試験は、経済産業大臣認定の国家試験である「情報処理技術者試験」の最も初級のものであり、平成21年の春期試験から開始されました。それまで行われていた初級システムアドミニストレータ試験（初級シスアド試験）の後継試験にあたります。詳しくは16ページを参照してください。本書は、膨大な試験範囲のITパスポート試験の学習を助けるため、読みやすく、また理解しやすい構成となっています。

❶ 導入マンガ

各Chapterで学習しなければならない項目のおおよその概要をつかんでいただく導入部です。あまり難しいことは気にせず、気楽な気持ちで読み進めてください。

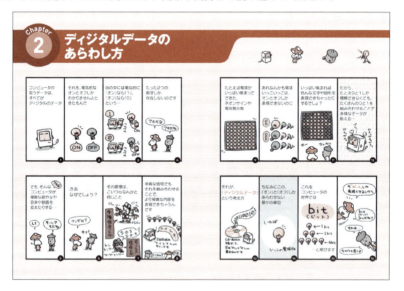

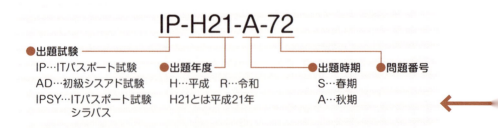

つまり、IP-H21-A-72とは、平成21年度秋期ITパスポート試験問72で出題されたということを示します。

※平成24年度以降の試験問題は公開問題を使用しています。
※平成23年度特別試験を平成23年度春期としています。

❷ 解説

メインの解説となる部分です。イラストをふんだんに使い、またわかりやすい例などをあげていますので、イメージをつかみやすく、理解しやすい解説となっています。もし、難しく理解できないという箇所がありましたら、何度もイラストをみてイメージをつかんでいただくと理解できると思います。

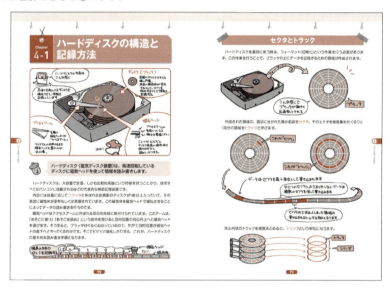

❸ 過去問題と解説

実際にITパスポート試験とITパスポート試験の前身である初級シスアド試験で出題された過去問題と解説です（一部、試験概要を記したシラバスからも出題されています）。

解説は、情報技術者試験の講師などを務めている金子則彦氏によります。

問題番号の下に記されている記号は、それぞれ左のようになります。

ITパスポート試験とは？

① ITパスポート試験の位置づけ

ITパスポート試験は、国家資格である情報処理技術者試験の12区分の1つであり、初級レベル（レベル1）に位置づけられています。

② 受験資格・年齢制限・受験料

ITパスポート試験に限らず、情報処理技術者試験はすべて受験者に関する制限がありません。学歴や年齢を問わず誰でも受験できます。令和3年4 ～ 9月のITパスポートの受験者の "社会人：学生" の比率は、71.7%：28.3%です。また、学生のうち大学生が最も多く受験しています。受験料は5700円(税込)です（令和4年4月からは7500円(税込)に改定されます）。

③ 試験内容

試験時間	120分
出題数	100問
出題形式	4肢択一
出題分野	ストラテジ系（経営全般）：35問程度
	マネジメント系（IT管理）：20問程度
	テクノロジ系（IT技術）：45問程度
合格基準	総合評価点　600点以上／1,000点（総合評価の満点） ＜分野別評価点＞ 　ストラテジ系　300点以上／1,000点（分野別評価の満点） 　マネジメント系　300点以上／1,000点（分野別評価の満点） 　テクノロジ系　300点以上／1,000点（分野別評価の満点）
採点方式	IRT (Item Response Theory：項目応答理論) に基づいて解答結果から評価点を算出します。IRTは難易度によって重みを付ける理論ですが、受験する上では均等であると解釈しても差し支えありません。

④ CBT方式

ITパスポート試験は、2011年の11月からCBT (Computer Based Testing) 方式に移行しました。具体的には、パソコンに表示される問題に対し、受験者はマウスやキーボードを用いて解答します。

シラバス6.0から、ディジタルの表記がデジタルに変わっていますが、本書では過去問との兼ね合いから、表記をまだディジタルのままにしてあります

⑤ 受験案内

試験日	2日間に1回から1週間に1回程度の頻度で実施されます。受験会場によって異なります。
試験会場	全国47都道府県の主要都市で実施されています。県庁所在地が多いです。
試験時刻	午前・午後・夕方の中から選べます。ただし試験会場によって異なります。
受験申込手続	試験センタのWebページで利用者IDを登録してから受験申込み入力をします。受験料の支払方法は、クレジットカード・コンビニ・バウチャーが選択できます。
予約可能な試験日	支払い方法及び受験申込時の時間により、予約可能な試験日が異なります。 ・支払方法 / 受験申込時の時刻 / 予約可能な試験日

予約可能な試験日

支払方法	受験申込時の時刻	予約可能な試験日
クレジットカードもしくはバウチャー	00:00 ～ 11:59	申込日の翌日 ～ 3ヵ月後まで
	12:00 ～ 23:59	申込日の翌々日 ～ 3ヵ月後まで
コンビニ	00:00 ～ 23:59	申込日の5日後 ～ 3ヵ月後まで

試験結果	試験終了時間になるか、もしくは"解答終了"ボタンを押すと採点が開始されます。採点が完了すると画面に試験結果が表示されます。試験結果を印刷して持ち帰ることはできませんが、ITパスポート試験ホームページから試験結果レポートをダウンロードできます。

⑥ 受験者数などの統計情報

	H30年秋	R01年春	R01年秋	R02年春	R02年秋	R03年春
応募者	62,401	52,924	64,999	52,312	94,659	91,193
受験者	54,947	46,790	57,022	47,371	84,417	80,077
合格者	28,004	25,837	30,486	30,080	47,432	44,694
合格率	51.0%	55.2%	53.5%	63.5%	56.2%	55.8%

⑦ 令和元年7月～令和2年6月の得点分布

得点	人数	得点	人数	得点	人数
900点～	660名	650点～	13,726名	400点～	5,463名
850点～	1,486名	600点～	16,662名	350点～	3,220名
800点～	3,441名	550点～	12,413名	300点～	1,576名
750点～	6,544名	500点～	10,627名	0点～	613名
700点～	10,091名	450点～	8,025名	合計	94,547名

⑧ 令和3年4月～9月度の最年少及び最年長の合格者

	10才以下	11才	12才	13才	14才	…	71才	72才	73才	74才	75才以上
応募者	5	3	8	25	39	…	3	5	1	2	8
受験者	4	3	8	24	37	…	2	5	1	2	7
合格者	0	1	3	6	14	…	2	4	1	1	4

Chapter 0 ITってなんだ？

1. ITというのは
Information（インフォメーション）
Technology（テクノロジー）の略

2. 日本語にすると「情報技術」なんて意味の言葉で…

3. ようするに色んな情報を処理する技術ってこと

4. その技術の中心にいるのがコンピュータなのです

5. たとえば会社や自宅で一般的に使われるようになった…

6. 言うまでもなく様々な業務で活用されてます

7. 一方で、普段目にすることの少ないのが

8. 企業の基幹業務など、大量の情報をさばくのに活躍しています

携帯電話なんかももはや小型のコンピュータって感じですし

意外なところでは電子レンジや冷蔵庫、洗濯機や電子炊飯ジャーなんかの家電機器

これにも小型のチップが入ってて、色んな情報を処理してます

センタク開始ー
グォン グォン

そんな感じに様々な姿形のコンピュータたちですが

家電とかに入ってるのは特定の用途に特化した『マイクロコンピュータ』という小さなチップ型のコンピュータ

命令を出すソフトウェアとそれを処理するハードウェア…

ソフトウェア → 洗濯物の量をチェック
ハードウェア → 水と洗剤を投入
30分かく拌
水を捨てる
すすぎ用に給水

ぐぃんぐぃん

その組み合わせで動くのは皆同じ

センタク終ろー
ポロピロ パロピロ
おー終わった うん

このあたりの技術をひっくるめて、「IT」と総称しているのです

便利になったよなー
昔は脱水もローラー使って手動でさ
お前いくつだよ？

Chapter 0-1 コンピュータ、ソフトなければタダの箱

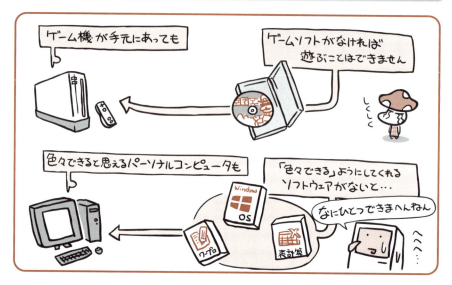

 どれだけ高価で高性能なコンピュータがあっても、それを動かすソフトなしでは、単なる置物でしかないのです。

　ハードウェアとは、言ってみれば機械の集まりです。色々と複雑なことができるように考えられていますが、それ単体では動くことができません。ローラー式脱水機のついた洗濯機が勝手に脱水まで済ませてたら怖いですよね。それと同じで、「機能はあるんだけど、自分では動けない存在」、それがハードウェアと言ってよいでしょう。

　でも人間はモノグサなので、「勝手にやってくれたら楽なのに」と思うわけです。

　そこで、自動で動けるように作ってみた。テレビのチャンネルはガチャガチャダイヤル回すんじゃなくてリモコンでボタン一発だし、洗濯機なんてボタン押したら今や乾燥まで全自動。実にラクチンです。

　でも、「自動」ってことは、誰かが人間のかわりに機械を動かしているはずなのです。「4チャンネルと言われたら周波数をいくつにあわせろ」とか「洗い終わったらすすぎをしろ」とか、誰かがかわりに指示出しをしなきゃいけない。そうじゃないと機械は動けない。というわけで、その役割を果たすべくソフトウェアの登場とあいなったわけ。

　ハードウェアとソフトウェアは、複雑なことを機械にやらせる上で、欠かすことの出来ないパートナー関係にあるのです。

パソコンの中身を見てみよう

それではハードウェアの実例として、もっとも身近なコンピュータであるパソコンの中身を見ていきましょう。

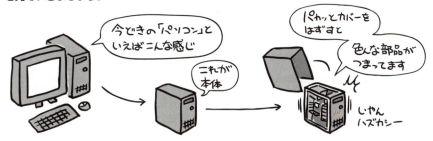

…で、どんな部品がつまっているのかというと、とにかく色々とつまっているわけです。

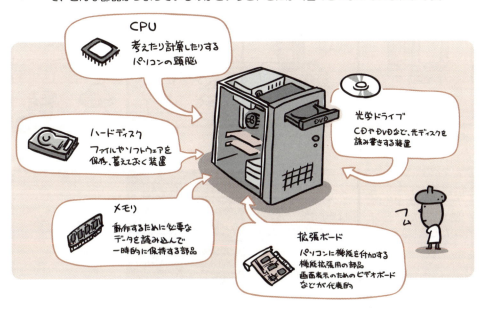

そんなものを人間がいっこいっこ管理できるわけもないので、OSと呼ばれる基本ソフトウェアがその代わりを務め、パソコンとして協調動作するようにしてくれています。

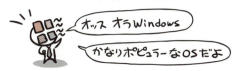

Chapter 1 コンピュータこと始め

すでに何度も
登場しております
こちらの
パソコンくん

なんか色々
つながってるん
ですが

「どれがパソコン?」
といえばコイツ

でもこの子は
1人じゃなんにも
できない子、
なのです

たとえば電卓的に
使ってみたいと
いたしましょう

…といっても
はたしてどうやって
1+1を計算してねと
伝えたものか

そこで
キーボード登場

それじゃあキーボードを使い、1+1を計算してねと伝えたとします 	…… ん？

弱っちんぐ

返事しないんだったー

ディスプレイがなければ、結果を見ることもできません

しくしくしく しくしく

こ…これがいるみたいよ？

そんな具合にコンピュータはそれだけがポツンとあっても、能力を発揮することはできません

……

キーボードやディスプレイなど、様々なハードウェアが必要なのです

キーボードや
マウスに
ディスプレイとか
プリンタとか
オラに力をかしてくれー

これらを総称して**コンピュータの5大装置**といいます

入力する装置があり
考えたり計算したり
CPU
記憶したり
で、その結果を出力する装置がある

わかった!!
つまりはゴレンジャーみたいなものか

ミドー オレンジャー アトレンジャー アオレンジャー モモー

いや、どこがだよ

ギラリン

Chapter 1-1 コンピュータの5大装置

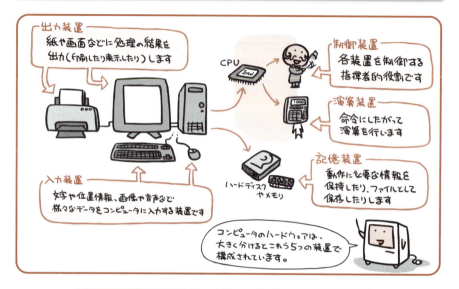

 制御装置、演算装置、記憶装置、入力装置、出力装置という5種類の装置が連携して、コンピュータは動いています。

　コンピュータは、ソフトウェアがハードウェアに指示出しすることで動くようになる…というのは前章に書いた通りです。ソフトウェアはいわば「こう動けという指示を集めた文書」のようなもので、プログラムとも呼ばれます。

　さて、このプログラム。いくら複雑なことが書かれていても、その逆にいくら単純なことが書かれていても、それを理解し、咀嚼し、命令として実行できる存在がなければ意味がありません。というわけで、CPUの出番がくるのです。CPUは、その中に「制御装置」という役割と「演算装置」という役割を両方とも内包しています。

　CPUは与えられたプログラムを解釈して、時には入力装置からのデータを受け取り、時には画面に各種情報を表示してみせ、そして時には複雑な計算を実行して、その結果をプリンタに出力したりする。このように制御装置たるCPUが各装置を制御してみせることで、コンピュータはコンピュータとして用をなすようになるのです。

　ちなみにプログラムは通常なんらかの補助記憶装置に納められています。それが主記憶装置に読み込まれた後、プログラムという名の指示書としてCPUに渡されます。

5大装置とそれぞれの役割

　5大装置の役割については左ページのイラスト通りですが、それぞれの装置にはどんな機器があって、具体的にどんな動きをしているのかを紹介します。

　なお、5大装置のうち記憶装置については、さらに主記憶装置と補助記憶装置に細分化されてますので要注意。

装置名称		代表的な機器とその役割
制御装置	中央処理装置 (CPU:Central Processing Unit)	CPUはコンピュータの中枢部分で、制御と演算を行なう装置です。うち制御装置の部分では、プログラムの命令を解釈して、コンピュータ全体の動作を制御します。
演算装置		CPUはコンピュータの中枢部分で、制御と演算を行なう装置です。うち演算装置の部分では、四則演算をはじめとする計算や、データの演算処理を行います。
記憶装置	主記憶装置	動作するために必要なプログラムやデータを一時的に記憶する装置です。代表的な例としてメモリがあります。コンピュータの電源を切ると、その内容は消えてしまいます。
	補助記憶装置	プログラムやデータを長期に渡り記憶する装置です。長期保存を前提としているので、主記憶装置のようにコンピュータの電源を切ることで内容が破棄されたりするようなことはありません。代表的な例としてハードディスクの他、CD-ROM、DVD-ROMのような光メディア等があります。
入力装置		コンピュータにデータを入力するための装置です。代表的な例として、以下のものがあります。 ❶キーボード：文字や数字を入力する装置です。 ❷マウス：マウス自身を動かすことで、位置情報を入力する装置です。 ❸スキャナ：図や写真などをデジタルデータに変換して入力する装置です。
出力装置		コンピュータのデータを出力するための装置です。代表的な例として、以下のものがあります。 ❶ディスプレイ：コンピュータ内部のデータを画面に映し出す装置です。 ❷プリンタ：コンピュータの処理したデータを紙に印刷する装置です。

　装置間の制御やデータ（およびプログラム）の流れは次のようになります。

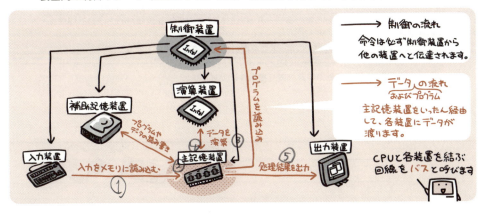

このように出題されています
過去問題練習と解説

問 1
(IP-H21-A-72)

コンピュータを構成する一部の機能の説明として，適切なものはどれか。

ア 演算機能は制御機能からの指示で演算処理を行う。
イ 演算機能は制御機能，入力機能及び出力機能とデータの受渡しを行う。
ウ 記憶機能は演算機能に対して演算を依頼して結果を保持する。
エ 記憶機能は出力機能に対して記憶機能のデータを出力するように依頼を出す。

解説

ア 制御装置は、文字通り、他の装置を制御します。したがって、制御装置の制御機能が演算装置の演算機能に指示を出します。
イ 演算装置の演算機能は、主記憶装置にあるデータに演算を行い、その結果を主記憶装置に返します。
ウ 制御装置は、演算機能に対して演算を依頼して、結果を主記憶装置に保持します。
エ 制御装置の制御機能は、出力機能に対して記憶機能のデータを出力するように依頼を出します。

正解：ア

問 2
(IP-H26-S-62)

コンピュータ内部において，CPUとメモリの間やCPUと入出力装置の間などで，データを受け渡す役割をするものはどれか。

ア バス　　イ ハブ　　ウ ポート　　エ ルータ

解説

ア バスは、コンピュータ内部におけるデータ（プログラムを含む）を流すための回路や回線などを指す用語です。
イ ハブは、LANケーブルの接続口（ポート）を複数持つ集線装置のことです。
ウ ポートは、LANケーブルの接続口のことです。
エ ルータは、ネットワーク層の中継機能を提供する装置です。

正解：ア

Chapter 1-2 CPU (Central Processing Unit)

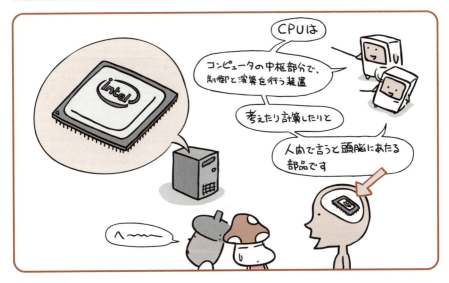

CPUは制御と演算を担当し、
人間で言うと頭脳にあたる部品です。

　CPUはコンピュータ全体の動作を制御する部分と、四則演算をはじめとする各種演算を行う部分の両方を含む部品です。「人間で言うと～」などと書いていますが、コンピュータにとってもそのものズバリ「頭脳」にあたるので、この部品の性能がコンピュータの処理速度に大きく影響します。
　CPUは主記憶装置からプログラムを読み込むと、そこに記された命令を解釈して処理を実行し、その結果に応じて各装置を制御します。

クロック周波数は頭の回転速度

コンピュータには色んな装置が入っています。それらがてんでバラバラに動いていてはまともに動作しませんので、「クロック」と呼ばれる周期的な信号にあわせて動くのが決まり事になっています。そうすることで、装置同士がタイミングを同調できるようになっているのです。

CPUも、このクロックという周期信号にあわせて動作を行います。
チクタクチクタク繰り返される信号にあわせて動くわけですから、チクタクという1周期の時間が短ければ短いほど、より多くの処理ができる（すなわち性能が高い）ということになります。

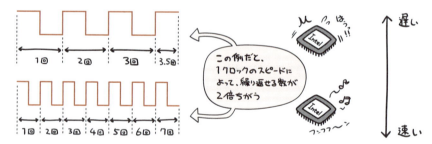

クロックが1秒間に繰り返される回数のことをクロック周波数と呼びます。単位はHz。たとえば「クロック周波数1GHzのCPU」と言った場合は、1秒間に10億回（1Gは10^9＝1,000,000,000回）チクタクチクタクと振動していることになります。

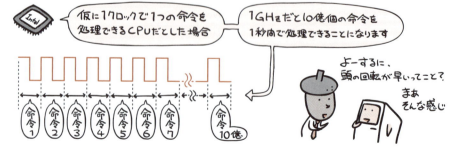

キャッシュメモリは脳のシワ

　CPUは、コンピュータの動作に必要なデータやプログラムをメモリ（主記憶装置）との間でやり取りします。しかしCPUに比べるとメモリは非常に遅いので、読み書きの度にメモリへアクセスしていると、待ち時間ばかりが発生してしまいます。

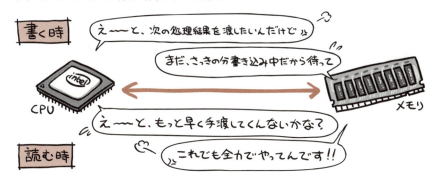

　そこでメモリとCPUの間に、より高速に読み書きできるメモリを置いて、速度差によるロスを吸収させます。これをキャッシュメモリと呼びます。

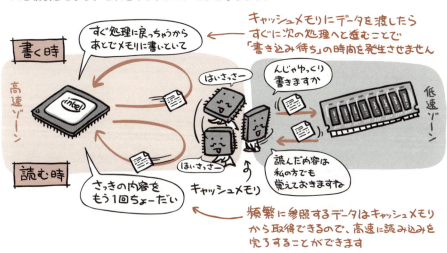

　CPUの中にはこのキャッシュメモリが入っていて、処理の高速化が図られています。

このように出題されています
過去問題練習と解説

問1 (IP-H31-S-97)

PCのCPUに関する記述のうち，適切なものはどれか。

ア　1GHzCPUの"1GHz"は，そのCPUが処理のタイミングを合わせるための信号を1秒間に10億回発生させて動作することを示す。
イ　32ビットCPUや64ビットCPUの"32"や"64"は，CPUの処理速度を示す。
ウ　一次キャッシュや二次キャッシュの"一次"や"二次"は，CPUがもつキャッシュメモリ容量の大きさの順位を示す。
エ　デュアルコアCPUやクアッドコアCPUの"デュアル"や"クアッド"は，CPUの消費電力を1/2，1/4の省エネモードに切り替えることができることを示す。

解説

ア　そのとおりです。わかりにくい場合は、28ページを参照してください。　　イ　32ビットCPUや64ビットCPUの「32」や「64」は、CPUが一度に処理するデータ量を示します。　　ウ　一次キャッシュや二次キャッシュの「一次」や「二次」は、CPU内にあるキャッシュメモリの配置順を示します。29ページの最下段の図を参照してください。　　エ　デュアルコアCPUやクアッドコアCPUの「デュアル」や「クアッド」は、物理的な1つのCPU（＝プロセッサ・パッケージ）内にある、命令を実行する部分（＝コア）の数を示し、デュアルは「2」、クアッドは「4」です。

正解：ア

問2 (IP-R03-90)

CPUのクロックに関する説明のうち，適切なものはどれか。

ア　USB接続された周辺機器とCPUの間のデータ転送速度は，クロックの周波数によって決まる。
イ　クロックの間隔が短いほど命令実行に時間が掛かる。
ウ　クロックは，次に実行すべき命令の格納位置を記録する。
エ　クロックは，命令実行のタイミングを調整する。

解説

ア　USB接続された周辺機器とCPUの間のデータ転送速度は、使用しているUSB規格によって決まります。例えば、USB3.0のスーパースピードモードを使っている場合のデータ転送速度は、5Gビット／秒です。　　イ　クロックの間隔が長いほど命令実行に時間が掛かります。　　ウ　次に実行すべき命令の格納位置（主記憶装置上の番地）を記録するのは、プログラムカウンタというレジスタです。　　エ　クロックに関する説明は、28ページを参照してください。

正解：エ

Chapter 1-3 メモリ

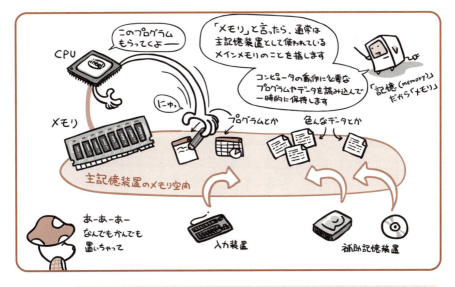

 メモリはコンピュータの動作に必要なデータを記憶します。メモリがないとCPUはデータを読み出すことができません。

　上記はパソコンのメインメモリを想定した場合の話です。このようなメモリは、電源を切ると内容が消去されてしまい後に残りません。これは、RAMというメモリ種別の特性であり、このような性質を「揮発性」と呼びます。
　一方、家電製品のように「決められた動作を行うだけの特定用途向けコンピュータ」の場合にはROMという種別のメモリを使用します。ROMは基本的には読み込み専用のメモリなので、動作に必要なプログラムやデータは、あらかじめメモリ内に書き込まれた状態で工場から出荷されます。そして、その内容は電源の状態に関係なく保持されたままです。このような性質を「不揮発性」と呼びます。
　RAMはRandom Access Memoryの略。ROMはRead Only Memoryの略。どちらの種別も、さらにその下でいくつかの種類に分かれます。次ページでは、その細かい分類について、より詳しく見ていきましょう。

RAMとROM

RAMは読み書きを自由に行えるのが特徴です。RAMにはDRAMとSRAMという2つの種類があり、それぞれ次のような特徴を持ちます。

DRAM (Dynamic RAM)
安価で容量が大きく、主記憶装置に用いられるメモリです。ただ読み書きはSRAMに比べて低速です。
記憶内容を保つためには、定期的に内容を再書き込みするリフレッシュ動作が欠かせません。

SRAM (Static RAM)
DRAMに比べて非常に高速ですが価格も高く、したがって小容量のキャッシュメモリとして用いられるメモリです。
記憶内容を保持するのに、リフレッシュ動作は必要ありません。

ROMは基本的には読み込み専用のメモリですが、専用の機器を使うことで記憶内容の消去と書き込みができる、PROMという種類も存在します。デジタルカメラなどで利用されているメモリカード（SDカードなど）もこの1種で、フラッシュメモリと呼ばれます。ROMの種類と特徴は、それぞれ次のようになります。

マスクROM
読み込み専用のメモリです。製造時にデータを書き込み、以降は内容を書き換えることができません。

PROM (Programmable ROM)
プログラマブルなROM。つまり、ユーザの手で書き換えることができるROMです。下記のような種類があります。

EPROM (Erasable PROM)
紫外線でデータを消去して書き換えることができます。

EEPROM (Electrically EPROM)
電気的にデータを消去して書き換えることができます。

フラッシュメモリ
EEPROMの1種。全消去ではなく、ブロック単位でデータを消去して書き換えることができます。

このように出題されています
過去問題練習と解説

問1 (IP-R02-A-79)

次の①〜④のうち，電源供給が途絶えると記憶内容が消える揮発性のメモリだけを全て挙げたものはどれか。

①DRAM　　②ROM　　③SRAM　　④SSD

ア ①, ②　　イ ①, ③　　ウ ②, ④　　エ ③, ④

解説

DRAMとSRAMは、揮発性メモリです。ROMとSSDは、不揮発性メモリです。なお、SSD (Solid State Drive) は、フラッシュメモリを記憶媒体として使う補助記憶装置です。

正解：イ

問2 (IP-H30-S-76)

メモリに関する説明のうち，適切なものはどれか。

ア　DRAMは，定期的に再書込みを行う必要があり，主に主記憶に使われる。
イ　ROMは，アクセス速度が速いので，キャッシュメモリなどに使われる。
ウ　SRAMは，不揮発性メモリであり，USBメモリとして使われる。
エ　フラッシュメモリは，製造時にプログラムやデータが書き込まれ，利用者が内容を変更することはできない。

解説

ア　DRAMの説明は、32ページを参照してください。　イ　ROMのうち、マスクROMは、読み込み専用であり、キャッシュメモリには使えません。また、PROMは、データの書き換えが可能ですが、読み込み・書き換え速度（＝アクセス速度）が主記憶装置よりも遅いので、キャッシュメモリには使われません。　ウ　SRAMは、揮発性メモリであり、USBメモリには使われません。　エ　フラッシュメモリは、利用者によって内容の変更が可能です。

正解：ア

問3 (IP-H29-A-67)

フラッシュメモリの説明として，適切なものはどれか。

ア　紫外線を利用してデータを消去し，書き換えることができるメモリである。
イ　データ読出し速度が速いメモリで，CPUと主記憶の性能差を埋めるキャッシュメモリによく使われる。
ウ　電気的に書換え可能な，不揮発性のメモリである。
エ　リフレッシュ動作が必要なメモリで，主記憶によく使われる。

解説

ア　当選択肢の説明に該当するのは、EPROMです。　イ　当選択肢の説明に該当するのは、SRAMです。　ウ　そのとおりです。　エ　当選択肢の説明に該当するのは、DRAMです。

正解：ウ

Chapter 1-4 補助記憶装置

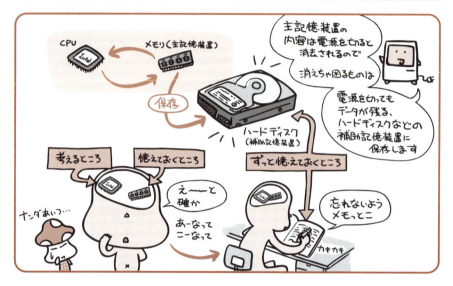

補助記憶装置はメモリより低速ですが、大容量であるためたくさんのデータやプログラムを保存することができます。

　名は体を表すの言葉の通り、補助記憶装置は補助をするための装置です。なんの補助かというと主記憶装置の補助。

　主記憶装置さんといえば、電源を切るとすっかりなにもかもを忘れちゃいますし、そのメモリ上に記憶しておける量も限りがあります。

　一方、補助記憶装置である…たとえばハードディスクなんかだと、電源を切っても中身は残ったままだし、入れておける量なんかも主記憶装置の200倍とか400倍は当たり前。しかも安価なので、必要なら必要な分だけドカドカ付け足せちゃう。ただ、読み書きする速度は主記憶装置と比較にならないほど低速です。なので、倉庫役としてプログラムやデータを自分の中にたくわえておくのが補助記憶装置くんの役割です。

　ちなみにワタシ、暗記が苦手でして、ひと晩寝たらたいていのことは綺麗さっぱり忘れ去る自信があります。だからプロットを考えたりした内容はメモとして残しておかないとお話になりません。主記憶装置と補助記憶装置の関係に、とても似ていると思います。

仮想記憶（仮想メモリ）でメモリに化ける

メモリはハードディスクに比べて高速ですが、サイズが限られるのでプログラムを複数動かしたり、大きなデータを扱ったりすると、メモリ上に入りきらなくなってしまいます。

そのため、ハードディスクの一部をあたかもメモリであるかのように見なし、見かけ上扱えるサイズを増やす仮想記憶という技術が用いられます。

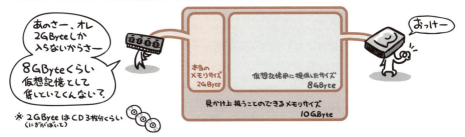

仮想記憶では、今時点の動作に必要ではないメモリ上のプログラムやデータを、一時的にハードディスク上へ退避させることで、メモリ上に空き領域を作り出します。これをスワップアウトと言います。

退避させたデータが必要になった時は、先ほど退避させた内容を再びメモリ上へと呼び戻します。これをスワップインといいます。

このように、メモリとハードディスクとの間で仮想記憶のための読み書きが発生することを総称してスワッピングと呼びます。ハードディスクは低速なので、スワッピングが発生するとコンピュータの処理速度は低下します。

リムーバブルは持ち運び可能

補助記憶装置には、ハードディスクだけではなく、他にも様々な種類のものが存在します。特に駆動装置から記録媒体を簡単に取り外すことのできるリムーバブルメディアは、バックアップ用途やソフトウェアの配布媒体として広く利用されています。

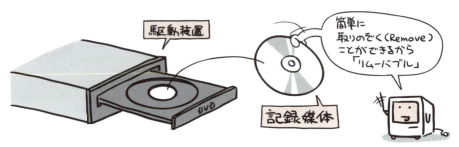

リムーバブルメディアには次のようなものがあります。

光ディスク	レーザ光を使ってデータの読み書きを行うディスクメディアです。CD-ROMやDVD-ROMが有名で、非常に安価であるためソフトウェアの配布媒体としても広く使われています。ディスクの種類には、読み出し専用タイプの他、一度だけ書き込み可能なタイプ、何度でも書き換え可能なタイプなどがあります。
光磁気ディスク (MO:Magneto Optical disk)	レーザ光と磁気の両方を使って書き込みを行うメディアです。読み出しにはレーザ光のみを使います。
磁気テープ	磁性体を塗ったテープを使い、磁気によってデータの読み書きを行うメディアです。非常に低速である反面、かなり大容量なので、バックアップ用のメディアとしてよく使われます。
フラッシュメモリ	EEPROM (P.32) の一種を、補助記憶媒体に転用したものです。コンパクトで、かつ低価格であるため、デジタルカメラや携帯電話などの記録メディアとして使われています。

このように出題されています
過去問題練習と解説

問1 (IP-R02-A-59)

仮想記憶を利用したコンピュータで，主記憶と補助記憶の間で内容の入替えが頻繁に行われていることが原因で処理性能が低下していることが分かった。この処理性能が低下している原因を除去する対策として，最も適切なものはどれか。ここで，このコンピュータの補助記憶装置は1台だけである。

ア 演算能力の高いCPUと交換する。
イ 仮想記憶の容量を増やす。
ウ 主記憶装置の容量を増やす。
エ 補助記憶装置を大きな容量の装置に交換する。

解説

主記憶と補助記憶の間で内容の入替えが頻繁に行われていることが原因で、処理性能が低下する現象が生じた場合、これを解消するための根本的な対策は、主記憶装置の容量を増やすことです。こうすると、主記憶と補助記憶の間で内容の入替え頻度が下がります。

正解：ウ

問2 (IP-H24-A-58)

媒体①～⑤のうち，不揮発性の記憶媒体だけを全て挙げたものはどれか。
① DRAM ② DVD ③ SRAM ④ 磁気ディスク ⑤ フラッシュメモリ
ア ①，②　　イ ①，③，⑤　　ウ ②，④，⑤　　エ ④，⑤

解説

不揮発性の記憶媒体とは、電源が切られた状態でも記憶を失わない媒体です。①DRAMと③SRAMは、揮発性の記憶媒体であり、②DVDと④磁気ディスクと⑤フラッシュメモリは、不揮発性の記憶媒体です。

正解：ウ

問3 (IP-S31-S-70)

次の記憶装置のうち，アクセス時間が最も短いものはどれか。
ア HDD　　イ SSD　　ウ キャッシュメモリ　　エ 主記憶

解説

各選択肢のアクセス時間は、「キャッシュメモリ＜主記憶＜SSD＜HDD」のように示されます。

正解：ウ

Chapter 1-5 入力装置

 入力装置はこちらの意志を伝える道具。
処理に必要なデータをコンピュータに与える機器たちです。

　コンピュータは単に電卓代わりにと計算だけさせる道具ではなく、文字や画像、音楽、動画など、様々なデータを処理させることのできる機械です。しかし、どれを処理させるにしても、そのために必要なデータを与えてやらなければコンピュータは一切なにもしてくれません。
　この、「処理に必要となるデータ」をコンピュータに入力してあげるのが入力装置の役割です。代表的なところでは文字を入力するキーボードと、位置情報を伝えるマウス。もしくはマウスの代わりに使うポインティングデバイスとして、最近のノートパソコンでは一般的になったトラックパッドなどがあります。
　あ、ポインティングデバイスというのは、画面内の特定の位置を指し示すために使う機器のことです。マウスやトラックパッドの他、銀行のATMや駅の券売機にあるようなタッチパネル（画面をさわって操作できるやつ）もこれにあたります。

代表的な入力装置たち

代表的な入力装置としては、次のようなものがあります。

キーボード		パソコンにはほぼ標準装備されている、文字や数字を入力するための装置。
マウス		マウス自身を動かすことで、その移動情報を入力して画面内の位置を指し示す装置。
トラックパッド		パッド上で指を動かすことで、その移動情報を入力して画面内の位置を指し示す装置。ノートパソコンでマウスの代わりに搭載されていることが多い。
タッチパネル		画面を直接触れることで、画面内の位置を指し示す装置。銀行のATMや駅の券売機等で使われていることが多い。
タブレット		パネル上で専用のペン等を動かすことにより、位置情報を入力する装置。絵を描く用途に使われることが多い。大型のものはディジタイザと呼ばれ、図面作成用途に用いられる。
ジョイスティック		スティックを前後左右に傾けることで位置情報を入力する装置。これを使うとゲームがアツい。
イメージスキャナ		絵や写真を画像データとして読み取るための装置。単にスキャナとも呼ばれる。
キャプチャカード		ビデオデッキなどの映像機器から、映像をデジタルデータとして取り込むための装置。
バーコードリーダ		バーコードを読み取るための装置。コンビニエンスストアでピッピピッピと読み取らせているのをよく見かける。

39

このように出題されています
過去問題練習と解説

問1 (IP-H28-S-14)

紙に書かれた過去の文書や設計図を電子ファイル化して，全社で共有したい。このときに使用する機器として，適切なものはどれか。

ア　GPS受信機　　　イ　スキャナ
ウ　ディジタイザ　　エ　プロッタ

解説

ア　GPS (Global Positioning System) は、地球を周回する人工衛星が発信する電波を用いた、地球上の位置（経度・緯度・高度）測定システムです。GPS受信機の具体例は、乗用車のカーナビやスマートフォンなどです。なお、GPS発信機は人工衛星です。
イ　スキャナは、イメージスキャナとも呼ばれます。その説明は、39ページを参照してください。
ウ　ディジタイザは、タブレットとも呼ばれます。その説明は、39ページを参照してください。
エ　プロッタは、建築や機械などの図面データを出力する印刷装置です。A0版やA1版など大判の紙に印刷できます。

正解：イ

問2 (IP-H25-S-56)

タッチパネルに関する記述として，適切なものはどれか。

ア　画面上の位置を指示するためのペン型又はマウス型の装置と，位置を検出するための平板状の装置を使用して操作を行う。
イ　電子式や静電式などの方式があり，指などで画面に直接触れることで，コンピュータの操作を行う。
ウ　表面のタッチセンサを用いて指の動きを認識し，ホイールと呼ばれる円盤に似た部品を回すようにして操作を行う。
エ　平板状の入力装置を指でなぞることで，画面上のマウスポインタなどの操作を行う。

解説

ア　タブレットに関する記述です。
イ　タッチパネルは、銀行のATMやスマートフォンなどの携帯端末でよく使われている入力装置です。
ウ　タッチホイールもしくはクリックホイールに関する記述です。
エ　トラックパッドに関する記述です。

正解：イ

Chapter 1-6 ディスプレイ

ディスプレイは出力装置のひとつ。
コンピュータからの出力を画面上に映し出します。

　出力装置は、コンピュータ内部の処理結果を外部に出力するための装置です。
　ディスプレイはそのうちのひとつで、見た目は家庭用のテレビと酷似しており、コンピュータの出力結果を画面上に映す（出力する）のが仕事です。
　家庭用テレビが大型のブラウン管テレビから薄型の液晶テレビへと変遷したように、ディスプレイの世界もかつて主流であったブラウン管方式のCRTディスプレイはなりを潜め、現在では薄型で省電力の液晶ディスプレイが主流となっています。

解像度と、色のあらわし方

前ページでも書いたように、ディスプレイは表示面を格子状に細かく区切り、その格子ひとつひとつの点（ドット）を使って画像を表現します。つまりディスプレイに表示されている内容は、どれだけ滑らかに見えても、点の集まりに過ぎないのです。

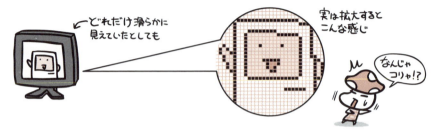

この時、ディスプレイをどれだけ細かく区切るかによって、表示される画面の滑らかさが決まります。この、ディスプレイが表示するきめ細かさのことを解像度と呼びます。

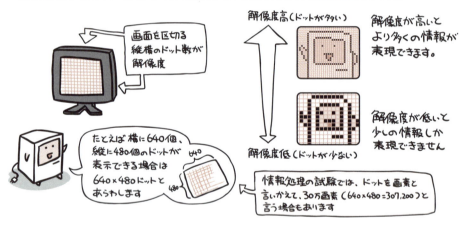

ディスプレイは、ひとつひとつのドットを表現するために、1ドットごとにRGB3色の光を重ねて色を表現します（RはRed、GはGreen、BはBlueの頭文字）。

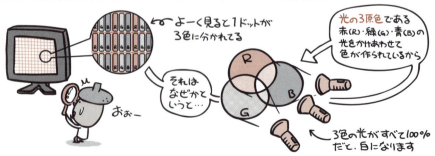

ディスプレイの種類と特徴

ディスプレイには次のような種類があります。

CRTディスプレイ		ブラウン管を使ったディスプレイ。奥行きがあるため広い設置面積を必要とする。消費電力も大きい。
液晶ディスプレイ		電圧によって液晶を制御し、バックライトもしくは外部からの光を取り込むことで表示する仕組みのディスプレイ。薄型で消費電力も小さく、現在の主流。
有機ELディスプレイ		有機化合物に電圧を加えることで発光する仕組みを利用したディスプレイ。液晶と違って自らが発光するためバックライトが不要で、より省電力。
プラズマディスプレイ		プラズマ放電による発光を利用するディスプレイ。高電圧が必要なため、パソコン専用として使われることはあまりない。

このように出題されています
過去問題練習と解説

問1 (AD-H19-A-05)

電圧を加えると自ら発光するのでバックライトが不要であり，低電圧駆動，低消費電力を特徴とするものはどれか。

ア　CRT　　　イ　PDP　　　ウ　TFT液晶　　　エ　有機EL

解説

　有機ELは、電圧を加えると発光する有機化合物を用います。有機ELディスプレイは、低電力で高い輝度を得られ、画像の美しさ・応答速度・寿命・消費電力の点で優れています。なお、選択肢イのPDPは、プラズマディスプレイのことです。

正解：エ

問2 (AD-H18-S-04)

液晶ディスプレイの特徴はどれか。

ア　CRTディスプレイよりも薄く小型であるが，消費電力はCRTディスプレイよりも大きい。
イ　液晶自身は発光しないので，バックライト又は外部の光を取り込む仕組みが必要である。
ウ　同じ表示画面のまま長時間放置すると，焼付きを起こす。
エ　放電発光を利用したもので，高電圧が必要となる。

解説

ア　CRTディスプレイよりも薄く小型で、消費電力はCRTディスプレイよりも小さいです。
イ　液晶自身は発光しません。バックライトとは、文字通り、液晶の後ろに付ける発光装置です。
ウ　同じ表示画面のまま長時間放置すると焼付きを起こすのは、CRTディスプレイです。
エ　放電発光を利用し、高電圧が必要となるのは、プラズマディスプレイです。

正解：イ

問3 (IP-H26-S-80)

ディスプレイ画面の表示では，赤・緑・青の3色を基に，加法混色によって様々な色を作り出している。赤色と緑色と青色を均等に合わせると，何色となるか。

ア　赤紫　　　イ　黄　　　ウ　白　　　エ　緑青

解説

　ディスプレイの場合、赤色と緑色と青色を均等に合わせると、白色が表示されます。

正解：ウ

Chapter 1-7 プリンタ

 処理結果をプリント（印刷）する装置だから「プリンタ」。
代表的な出力装置のひとつです。

　出力装置といえばパッと頭に思い浮かぶのがこのプリンタ。ガシガシ印刷してペッと紙を吐き出すあたりが、いかにも「出力」という感じでわかりやすい装置です。

　同じく代表的な出力装置としてディスプレイがありますが、ディスプレイがRGB（Red、Green、Blue）の組み合わせで色を表現するのに対して、プリンタはCMYK（Cyan:シアン、Magenta:マゼンタ、Yellow:イエロー、blacK:ブラック）という4色の組み合わせで色を表現します。

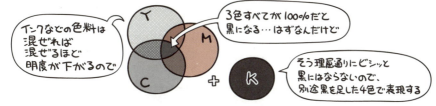

プリンタの種類と特徴

プリンタは、その印字方式によって様々な種類に分かれます。
ここでは代表的な次の3種類を紹介します。

ドットインパクトプリンタ 	印字ヘッドに多数のピンが内蔵されていて、このピンでインクリボンを打ち付けることによって印字するプリンタです。 物理的に叩きつけるわけですから印字音は大きく、その印字品質もあまり高くありません。しかし、複写式の伝票印刷に使用できる唯一のプリンタであるため、事務処理分野では重宝されています。 	
インクジェットプリンタ 	印字ヘッドのノズルから、用紙に直接インクを吹き付けて印刷するプリンタです。インクのにじみなど印字先の紙質に左右される面もありますが、基本的には音も静かで、かつ高速。高品質のカラー印刷を安価に実現することができるとあって、個人用途のプリンタとして普及しています。 最近では基本のCMYKだけでなく、ライトシアンなどを加えた多色表現を可能としたモデルが出ており、写真並みの高画質印刷を可能としています。 	
レーザプリンタ 	レーザ光線を照射することで感光体上に1ページ分の印刷イメージを作成し、そこに付着したトナー (顔料などの色粒子からなる粉)を紙に転写することで印刷するプリンタ。基本的にはコピー機と同じ原理です。ページ単位で印刷するため非常に高速で、音も静か。粉を定着させる方式であるため、インクがにじむようなこともなく、もっとも高品質な印字結果を得ることができます。ビジネス用途のプリンタとして普及しています。	

プリンタの性能指標

プリンタの性能は、印字品質とその速度によって評価することができます。

プリンタの解像度

　印字品質をはかる指標が解像度です。プリンタの場合は、「1インチあたりのドット数」を示すdpi (dot per inch) を用いてあらわします。

　ディスプレイの項 (P.42) でも述べたように、この数値が大きいほどきめの細かい表現ができるので、高精細な印字結果を得ることができます。

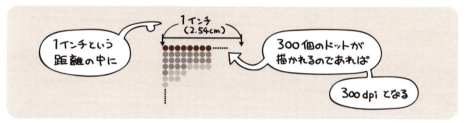

プリンタの印字速度

　印字速度をあらわす指標には、「1秒間に何文字印字できるか」をあらわすcps (character per second) と「1分間に何ページ印刷できるか」をあらわすppm (page per minute) の2つがあります。

　プリンタの印字方式により、いずれか最適な方を用いてあらわします。

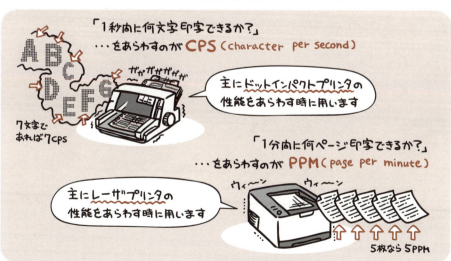

このように出題されています
過去問題練習と解説

問1
(IP-H24-A-81)

印刷時にカーボン紙やノンカーボン紙を使って同時に複写が取れるプリンタはどれか。

ア　インクジェットプリンタ　　イ　インパクトプリンタ
ウ　感熱式プリンタ　　　　　　エ　レーザプリンタ

解説

インパクトプリンタ（ドットインパクトプリンタともいいます）は、プリンタヘッドに付けられている極細のワイヤが伸縮してインクリボンを打ち、インクリボンのインクを紙に付着させて印字しています（わかりにくい場合は、46ページを参照してください）。したがって、インパクトプリンタを使えば、複写が取れます。

正解：イ

問2
(IP-H28-S-88)

感光ドラム上に印刷イメージを作り、粉末インク（トナー）を付着させて紙に転写、定着させる方式のプリンタはどれか。

ア　インクジェットプリンタ　　イ　インパクトプリンタ
ウ　熱転写プリンタ　　　　　　エ　レーザプリンタ

解説

「粉末インク（トナー）を付着させ」が主なヒントになり、レーザプリンタが正解です。インクジェットプリンタとインパクトプリンタの説明は、46ページを参照してください。選択肢ウの熱転写プリンタは、インクが塗布されたインクリボンに、熱した印字ヘッドを圧着し、インクを溶かして用紙に印刷するプリンタです。

正解：エ

問3
(IP-H26-A-49)

プリンタが1分間に印刷できるページ数を表す単位はどれか。

ア　cpi　　　イ　dpi　　　ウ　ppm　　　エ　rpm

解説

プリンタが1分間に印刷できるページ数は、ppm（page per minute）を単位として表されます。

正解：ウ

Chapter 1-8 入出力インタフェース

コンピュータと様々な周辺機器をつなぐために
定められている規格。それが「入出力インタフェース」です。

　入出力インタフェースの規格には、「ケーブルや端子などの差し込み口の形状」や「ケーブルの種類」、「ケーブルの中を通す信号のパターン」など、細々とした内容が定められています。この規格を守ることで、異なるメーカーのキーボードに買いかえても問題なく交換できたり、プリンタとスキャナのようにまったく異なる用途の機器も同じケーブルを共用できたりといった互換性が保たれているのです。

　たとえばAC100Vの電気コンセント。あれは日本全国どこにいっても同じ形をしています。そして、電気製品はすべてコンセントにささる形の電気プラグを持っています。これらが問題なくつながるのも、つまりは「AC100Vコンセント」という入出力インタフェースをみんなが守っているからということなのです。

　コンピュータの入出力インタフェースには様々なものがありますが、周辺機器との接続で現在もっともポピュラーなのは「USB」という規格です。この規格では、コンピュータに周辺機器をつなぐと自動的に設定が行われるプラグ・アンド・プレイ（差し込めば使えるという意味）という仕組みが利用できます。

シリアルインタフェースとパラレルインタフェース

入出力インタフェースは、データを転送する方式によってパラレルインタフェースとシリアルインタフェースに分かれます。

パラレルは並列という意味で、複数の信号を同時に送受信します。一方シリアルは直列という意味で、信号をひとつずつ連続して送受信します。

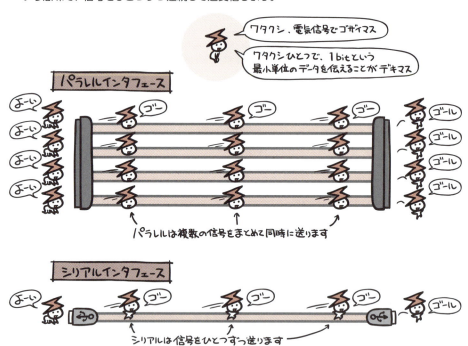

当初は複数の信号を1回で送れるパラレルインタフェースが高速とされていました。しかし高速化を突き進めていくにつれ信号間のタイミングを取ることが難しくなったため、現在はシリアルインタフェースで高速化を図るのが主流となっています。

有線規格の有名どころ

周辺機器をケーブルでつないで使う形式の規格としては、「USB」と「IEEE1394」が代表的なところです。どちらの規格もシリアルインタフェース方式を採用しており、電源を入れたまま機器を抜き差しできるホットプラグと、周辺機器をつなぐと自動的に設定が開始されるプラグ・アンド・プレイに対応しています。

ユーエスビー
USB（Universal Serial Bus）

パソコンと周辺機器とをつなぐ際の、もっとも標準的なインタフェースです。

Universal（広く行われる;万能の;）とあるように広く使える高い汎用性に主眼が置かれた規格で、キーボードやマウス、スキャナなどの入力装置、プリンタなどの出力装置、外付けハードディスクなどの補助記憶装置と、機器を選ばず利用できるようになっています。

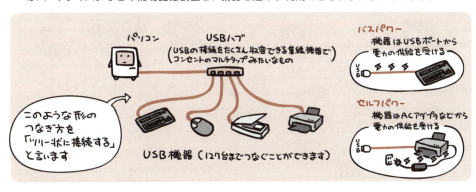

アイトリプルイーイチサンキューヨン
IEEE1394

i.LinkやFireWireという名前でも呼ばれる、主にハードディスクレコーダなどの情報家電やデジタルビデオカメラなどの機器に使われているインタフェースです。

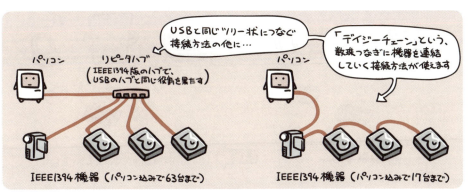

無線規格の有名どころ

入出力インタフェースには、周辺機器との接続にケーブルを使用しない、無線で通信するタイプのものがあります。代表的なものに「IrDA」と「Bluetooth」があります。

IrDA（Infrared Data Association）

赤外線を使って無線通信を行う規格です。携帯電話やノートパソコン、携帯情報端末などによく使われています。赤外線で通信を行うといえばテレビのリモコンなどを思い浮かべますが、赤外線という点が共通しているだけで、IrDAとの互換性はありません。

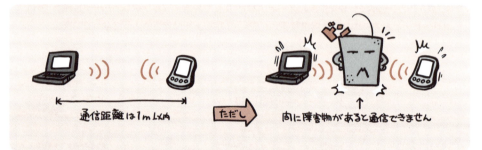

Bluetooth

2.4GHzの電波を使って無線通信を行う規格です。携帯電話やノートパソコン、携帯情報端末の他、キーボードやマウス、プリンタなど様々な周辺機器をワイヤレス接続することができます。

このように出題されています
過去問題練習と解説

問1 (IP-H29-S-64)

プラグアンドプレイ機能によって行われるものとして，適切なものはどれか。

- ア　DVDビデオ挿入時に行われる自動再生
- イ　新規に接続された周辺機器に対応するデバイスドライバのOSへの組込み
- ウ　接続されている周辺機器の故障診断
- エ　ディスクドライブの定期的なウイルススキャン

解説

ア・ウ・エ　当選択肢の説明は、基本ソフトウェアやアプリケーションソフトウェアの機能によって行われます。
イ　プラグアンドプレイの説明は、51ページを参照してください。

正解：イ

問2 (IP-H29-A-82)

USBに関する記述のうち，適切なものはどれか。

- ア　PCと周辺機器の間のデータ転送速度は，幾つかのモードからPC利用者自らが設定できる。
- イ　USBで接続する周辺機器への電力供給は，全てUSBケーブルを介して行う。
- ウ　周辺機器側のコネクタ形状には幾つかの種類がある。
- エ　パラレルインタフェースであり，複数の信号線でデータを送る。

解説

ア　USBのデータ転送速度には、ロースピード、フルスピードなどの幾つかのモードがあります。そのモード設定は、PCと周辺機器の間で自動的に行われるので、PC利用者自らが設定することはありません。
イ　専用のACアダプタを使って、電源供給を受ける周辺機器もあります。当選択肢の説明のように「全てUSBケーブルを介して、電源供給を行う」とは言えません。
ウ　周辺機器側のコネクタ形状には、Type-B、Type-C、Micro-Bなどの種類があります。
エ　シリアルインタフェースであり、1本の信号線でデータを送ります。

正解：ウ

Chapter 2 ディジタルデータのあらわし方

1. コンピュータの扱うデータは、すべてがディジタルのデータ

2. それも、電気的なオンとオフしかわかりませんよときたもんで

3. 奴の中には電気的に「オン」なら「1」、「オフ」なら「0」という…

4. たった2つの数字しか、存在しないのです

5. でも、そんなコンピュータが複雑な絵や文や音楽や動画を扱えたりする…

6. さあなぜでしょう？

7. その原理は、こいつらなんかと同じこと

8. 単純な信号でもそれを組み合わせることで、より複雑な内容を表現できちゃうんです

9. たとえば電球がいっぱい集まってできた、ネオンサインや電光掲示板
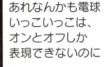

10. あれなんかも電球いっこいっこは、オンとオフしか表現できないのに
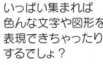

11. いっぱい集まれば色んな文字や図形を表現できちゃったりするでしょ？
オー　たしかに

12. だから、たとえ0と1しか理解できなくても、たくさんの0と1を組み合わせることで多様なデータが扱える…
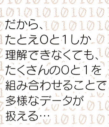

13. それが、「ディジタルデータ」という考え方

CD-ROMの中身だって、実は「オン」と「オフ」の集合なのです

14. ちなみにこの、「オン」と「オフ」しかあらわせない最小の単位

いわば　いっこの電球ね

15. これをコンピュータの世界では
bit（ビット）
← 1 bit
← 2 bit
← 4 bit
…と呼びます

16.
「びっと」しか表現できないから
bit（びっと）なんだね？
それは…
ちがうと思うよ

Chapter 2-1 ディジタル世界は、0と1だけの2進数

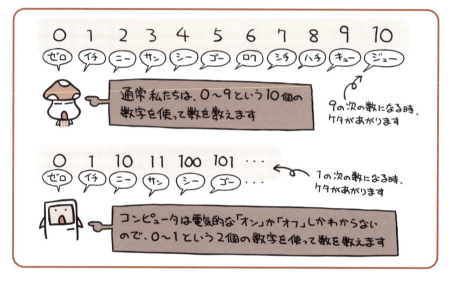

 私たちのような数え方を「10進数」、
コンピュータのような数え方を「2進数」といいます。

　10進数は10個の数字しかないのに、10個以上の数をあらわすことができますね。私たちは0〜9という数字でおさまりきらなくなった時でも、「9の次は10だ」と桁（ケタ）をあげることで、それ以上の数を数える習慣が身についています。

　さて、オンとオフしか理解できないコンピュータでもそれは同じ。オフを0、オンを1とみなし、0〜1という数字でおさまりきらなくなった時は、「1の次は10（10進数の2）だ」と桁をあげることで、それ以上の数をあらわすことができるようになっているのです。この数え方を2進数といいます。

　とっつきづらいことこの上なしですね! なんだこれ!?

　はい、その気持ちはよくわかります。でもコンピュータが0と1だけで考えることができる仕組みや、ネットワークで情報をやり取りしたり、DVDからデータを読み取ったり…なんてできる理由を読み解くには欠かせない概念です。なのでがんばって理解…できない時も、苦手意識だけは芽生えさせないように気をつけて、とりあえずは流し読みしてぐいぐい次へと進みましょう。

2進数であらわす数値を見てみよう

2進数の2という数字は「桁が進む数」をあらわしています。「2になるごとに桁が進む数え方」という感じ。これは同時に「使える数字の数」だと思って差し支えありません。つまり2進数だと使える数字の数は2個。それで収まらない時は、どんどん桁をあげていく。10進数だと、使える数字の数は10個で、収まりきらなきゃ桁あがり。16進数なら16個使えて…とそんな感じ。

さて、それでは実際に2進数で数を数えた時、それぞれの数値はどんな書き方になるのでしょうか。細かく順をおって見ていきましょう。

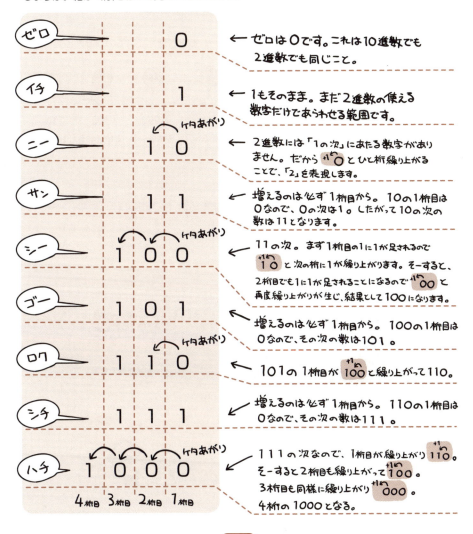

2進数の重みと10進数への変換

まず、先ほどのページにある2進数の数値を、いくつか抜粋して見てみましょう。

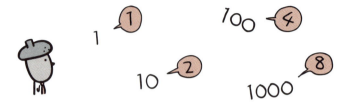

1という数字が1桁左へ移動するごとに、倍々ゲームで値が増えているのがわかるでしょうか。

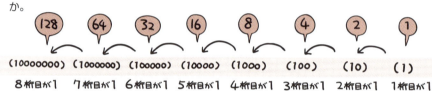

これを、2進数が持つ各桁の重みといいます。

1桁目は2の0乗、2桁目は2の1乗、3桁目は2の2乗…と、桁ごとに「2の(桁数−1)乗」を行なった数値がその正体です。

ちょっとここで10進数に立ち返ってみましょう。

そう、三百三十二.五mですね。三三二.五mではありません。

私たちは10進数であれば、自然と各桁の重みを使って、その表記の示す値を認識できるようになっているのです。

これでなにができるかというと、2進数から10進数への変換が簡単にできるようになります。実際に、2進数表記で「1011.011」という数値が10進数だといくつになるか、計算してみましょう。

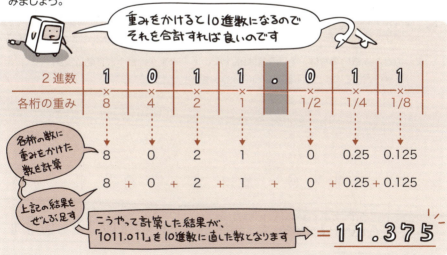

10進数から2進数への変換

　重みを使った10進数への変換は理解できましたでしょうか？特に1〜8桁目までの重みはよく使いますので、覚えておくと便利です。

　さて、10進数への変換と同様に、10進数から2進数への変換という逆のパターンを行なう時も重みを使います。先ほど算出した「11.375」という10進数を使って、2進数の表記がどのようになるか変換してみましょう。

　先ほど計算した逆をやればいいはずなので、やはり似たような表をひっぱり出して考えます。さて、この表のどこに1を入れていってやればいいのでしょうか。

各桁の重み	8	4	2	1	．	1/2	1/4	1/8
	?	?	?	?		?	?	?

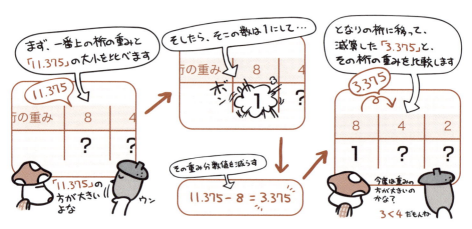

　重みの方が大きい場合は、そこの数は0にして、そのまま次の桁へと移動します。
　これを繰り返していくと、下図のようになります。

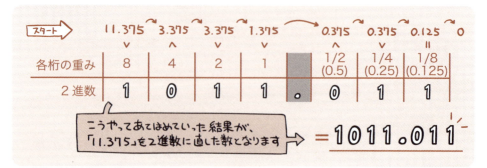

このように出題されています
過去問題練習と解説

問 1 (IP-R02-A-62)

10進数155を2進数で表したものはどれか。
ア 10011011　　イ 10110011　　ウ 11001101　　エ 11011001

解説

10進数155を2進数に置き換えは、下記のような方法を使うことが一般的です。

```
2) 155
2)  77 …1    ← : 155を2で割ると、商は77、余りは1
2)  38 …1    ← :  77を2で割ると、商は38、余りは1
2)  19 …0    ← :  38を2で割ると、商は19、余りは0
2)   9 …1    ← :  19を2で割ると、商は 9、余りは1
2)   4 …1    ← :   9を2で割ると、商は 4、余りは1
2)   2 …0    ← :   4を2で割ると、商は 2、余りは0
2)   1 …0    ← :   2を2で割ると、商は 1、余りは0
     0 …1    ← :   1を2で割ると、商は 0、余りは1
             ← :   商が0になると終了
             : 太い矢印線のように、下から上へと余りを並べると
               2進数になります。10011011
```

正解:ア

問 2 (IP-R03-89)

情報の表現方法に関する次の記述中のa～cに入れる字句の組合せはどれか。

情報を，連続する可変な物理量（長さ，角度，電圧など）で表したものを ﾎ a ﾎ データといい，離散的な数値で表したものを ﾎ b ﾎ データという。音楽や楽曲などの配布に利用されるCDは，情報を ﾎ c ﾎ データとして格納する光ディスク媒体の一つである。

	a	b	c
ア	アナログ	ディジタル	アナログ
イ	アナログ	ディジタル	ディジタル
ウ	ディジタル	アナログ	アナログ
エ	ディジタル	アナログ	ディジタル

解説

連続する可変な物理量（長さ，角度，電圧など）で表したものを「アナログ」データといいます。これに対し，「ディジタル」データは，2進数の「0」と「1」のような離散的な数値で表されます。コンピュータで用いるのは「ディジタル」データです。

正解:イ

Chapter 2-2 2進数の足し算と引き算

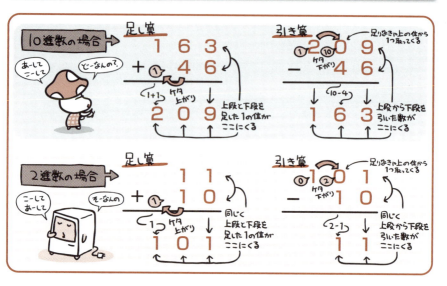

 足し算と引き算の基本は10進数も2進数もかわりありません。

　「3+2はさあいくつ?」「5-2はさあいくつ?」という、簡単な足し算引き算を聞かれて答えに詰まる人は、多分この本の読者さんにはいないと思います。3+2は5ですし、5-2は3ですよね。カンタンカンタン。

　でも、それはあくまでも「10進数なら簡単」という話。じゃあ2進数で「11+10はさあいくつ?」「101-10はさあいくつ?」と聞かれたら? これは思わず「うっ」と答えに詰まってしまう方…居そうです。慣れてないですもんね、2進数。

　でも、上のイラストを見ていただければわかるように、10進数だろうが2進数だろうが、足し算引き算の基本は同じなのです。桁が上がったり下がったりする時の数が少々異なるので面食らいますが、違いはホントにそれだけ。計算する手順自体は変わらないんですよね。

　ただ…、なるべくシンプルに回路を構成したいですわーというコンピュータの求めに応じて、実はコンピュータには「引き算」という概念が載ってません。じゃあどうやって引き算をするのか。それについては、次ページ以降で詳しく見ていきましょう。

足し算をおさらいしながら引き算のことを考える

2進数の足し算引き算を考える上で、欠かせないのが足し算に対する理解です。

足し算については前ページのイラストでもふれました。あの通りで間違いないのですが、アチラの絵はちょっと詰め込みすぎかな…という感もなきにしもあらず。

そんなわけで、あらためて足し算だけにフォーカスをあて、理解を確実なものにするところからはじめましょう。

それでは練習問題。

2進数の1111と2進数の101。両者を加算すると結果はいくつになるでしょうか？

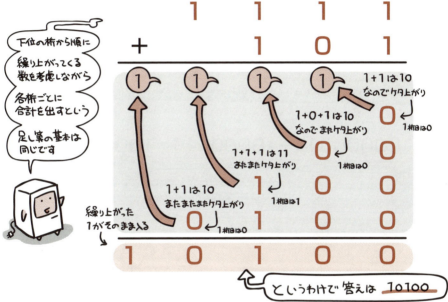

さてさて、ここでクイズです。

「引き算」という概念がないものに「引き算」を行わせたい場合、どうすれば引き算をさせることができるでしょうか。

いやいや、実はキノコが正解なのです。

仮に5-3という計算をさせたい場合、5+(-3) という計算ができれば、足し算を使って引き算と同じ結果を得ることができるはず。つまり引き算を知らなくとも、「負の数」を表現することができれば、足し算の回路だけで両方できるようになるのです。

負の数のあらわし方

単純に「負の数があらわせればいい」と考えれば、やり方は様々です。もっとも単純なところでは、「先頭の1ビットは符号にするね」と決めてしまう方法があります。

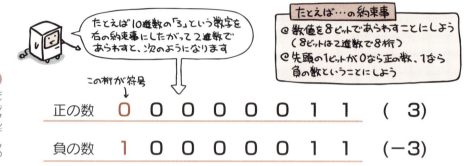

ところがこれだと、「足し算だけで引き算も済ませちゃうぜイェイ」という目的が果たせません。

$$00000011+10000011=10000110$$

そこで出てくるのが補数という表現方法です。

補数とは、言葉の通り「補う数」という意味。補数の種類には、「その桁数での最大値を得るために補う数」と「次の桁に繰り上がるために補う数」という2つの補数が存在します。…と書いただけじゃよくわかんないと思うので、10進数の数字を例に実際の数字を見てみましょう。

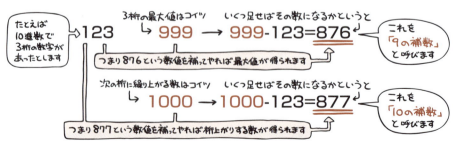

このような10進数でいうところの「9の補数」と「10の補数」と同じものが、2進数にもあるわけです。2進数では、「1の補数」と「2の補数」という2つの補数を使います。

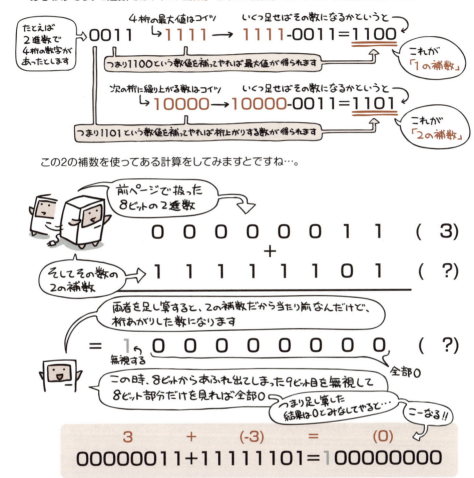

このように、ある数値に対する2の補数表現は、そのままその数値の負の値として使えるというわけなのです。このことから、コンピュータは負の数をあらわすのに2の補数を使います。2の補数は、次のようにすると簡単に求めることができます。

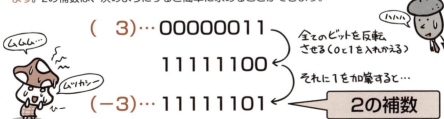

このように出題されています
過去問題練習と解説

問 1
(IP-H29-S-72)

二つの2進数01011010と01101011を加算して得られる2進数はどれか。ここで，2進数は値が正の8ビットで表現するものとする。

ア　00110001　　イ　01111011　　ウ　10000100　　エ　11000101

解説

2進数01011010との01101011を加算すると、以下のようになります。

桁上り		1	1	1	1		1		
		0	1	0	1	1	0	1	0
+		0	1	1	0	1	0	1	1
		1	1	0	0	0	1	0	1

正解：エ

問 2
(IP-H21-S-64)

2進数10110を3倍したものはどれか。

ア　111010　　イ　111110　　ウ　1000010　　エ　10110000

解説

61ページと同じ問題ですが、あえて異なる方法で問題を解く練習として解説します。2進数10110を3倍することは、2進数10110+10110+10110を計算することと同じです。

①：2進数10110+10110を計算する　　②：2進数101100+10110を計算する

```
      1 0 1 1 0              1 0 1 1 0 0
  +   1 0 1 1 0          +     1 0 1 1 0
    1 0 1 1 0 0            1 0 0 0 0 1 0
```

したがって、加算した結果は、1000010 になります。

正解：ウ

ビットとバイトと その他の単位

Chapter 2-3

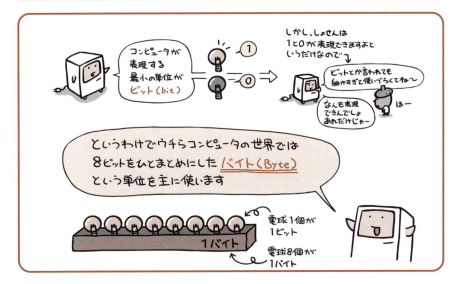

 8ビットをひとまとめにした単位を「バイト」と呼びます。
メモリの記憶容量などは、主にバイトを用いてあらわします。

　ビット（bit）はコンピュータの扱う最小の単位なので、あれもこれもこの単位であらわそうとすると、やたら大きな数字になって扱いに困ります。また、しょせんは1と0が表現できるだけなので、1ビットという情報量だけじゃあ、その中にあまり意味を持たせることもできません。

　そこで、ある程度まとまった扱いやすい単位として、8ビットをひとまとめにしたバイト（Byte）という単位が、コンピュータでは主に用いられています。

　ビットとバイトには、それぞれ省略形の書き方があります。コンピュータの情報量をあらわす際に、「500b」と末尾に小文字のbが書いてある場合はビット、「500B」と大文字のBが書いてある場合はバイトを示しています。

　ちなみに、なんで8ビットなんて一見半端なサイズにまとめたかというと、アルファベット一文字をあらわすのに8ビットくらいがちょうどいい案配だったから。そう、1バイトとは、アルファベット一文字をあらわす単位でもあるのです…が、そのあたりについては本節ではなく、次の節でくわしく触れることにします。

1バイトであらわせる数の範囲

2進数の1桁であらわせる範囲は、何度も出てきているように電球のオンとオフ。つまり1か0かという2通りしかありません。これが1ビットという単位であらわせる限度。

じゃあ2ビット使えばどうなるかというと、4通りに増えます。2ビットだと2進数2桁になるので、2^2個の数を表現できるのです。

同じ理屈で、3ビットあれば2^3個で8通り。4ビットだと2^4個で16通り。

じゃあ8ビット…つまり1バイトだといくつ表現できるかというと、2^8個になるので2×2×2×2×2×2×2×2でなんと256通り。0〜255という数をあらわすことができちゃいます。

ちなみに負の数を入れると表現できる数値は正と負に2等分されるので、符号ありの場合あらわせる数は次のようになります。

様々な補助単位

　m（メートル）という長さの単位がありますよね。身長とか建物の高さとか、目的地までの距離とか、様々なシチュエーションで使う単位です。

　ところで、たとえば目的地まで40,000mだった時。ほとんどの人が「あと40,000mだよ」とは言わないと思います。わかりやすいように「あと40kmだよ」と言うのではないでしょうか。

　この時の「k」というのが補助単位です。

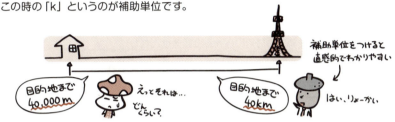

　これまでビットだバイトだと小さい基本単位の話をしてきましたが、実際にコンピュータで扱うデータは、もっと大きな情報量になっていることがほとんどです。けれどもその時に、「このデータは1,000,000,000バイトです」なんて言われたらわかりづらくてしょうがないですよね。

　そこで、先のkmの例と同様に、コンピュータの世界でも補助単位を使います。補助単位には、記憶容量などでよく使う「大きい数値をあらわす補助単位」と、処理速度などでよく使う「小さい数値をあらわす補助単位」がありますので、どちらも名前を覚えておきましょう。

 記憶容量など大きい数値をあらわす補助単位

補助単位	意味	説明
キロ (k)	10^3	基本単位×1,000倍の意味
メガ (M)	10^6	基本単位×1,000,000倍の意味
ギガ (G)	10^9	基本単位×1,000,000,000倍の意味
テラ (T)	10^{12}	基本単位×1,000,000,000,000倍の意味

 処理速度など小さい数値をあらわす補助単位

補助単位	意味	説明
ミリ (m)	10^{-3}	基本単位×1/1,000倍の意味
マイクロ (μ)	10^{-6}	基本単位×1/1,000,000倍の意味
ナノ (n)	10^{-9}	基本単位×1/1,000,000,000倍の意味
ピコ (p)	10^{-12}	基本単位×1/1,000,000,000,000倍の意味

このように出題されています
過去問題練習と解説

問1 (IP-S31-S-66)

値の小さな数や大きな数を分かりやすく表現するために，接頭語が用いられる。例えば，10^{-3}と10^3を表すのに，それぞれ "m" と "k" が用いられる。10^{-9}と10^9を表すのに用いられる接頭語はどれか。

　ア　nとG　　　　イ　nとM　　　　ウ　pとG　　　　エ　pとM

解説

「n」は10^{-9}、「G」は10^9です。69ページを参照してください。

正解：ア

問2 (IP-H24-S-52)

負の整数を2の補数で表現するとき，8桁の2進数で表現できる数値の範囲を10進数で表したものはどれか。

　ア　−256 〜 255　　　　イ　−255 〜 256
　ウ　−128 〜 127　　　　エ　−127 〜 128

解説

　2の補数とは、負の数の表現方法の一つであり、2進数の各ビットを反転させて1加算したものです。こうすれば、正負が逆の数値になります。例えば、10進数の1を8ビットの2進数で表現すれば、00000001です。これを各ビット反転させると11111110になり、それに1加算すれば、11111111になり、これがマイナス1になります。

　2の補数を使った2進数の場合、2進数の桁数をnとすると、最大値は$2^{n-1}-1$、最小値は-2^{n-1}になります。したがって、8桁の2進数では、最大値は$2^{8-1}-1 = 127$、最小値は$-2^{8-1} = -128$です。

正解：ウ

問3 (IP-R01-A-80)

パスワードの解読方法の一つとして，全ての文字の組合せを試みる総当たり攻撃がある。"A" から "Z" の26種類の文字を使用できるパスワードにおいて，文字数を4文字から6文字に増やすと，総当たり攻撃でパスワードを解読するための最大の試行回数は何倍になるか。

　ア　2　　　　イ　24　　　　ウ　52　　　　エ　676

解説

　26種類の文字を4文字使って作られるパスワードの組合せは、26の4乗です。また、6文字の場合は、26の6乗です。したがって、文字数を4文字から6文字に増やすと、総当たり攻撃でパスワードを解読するための最大の試行回数は、26の6乗÷26の4乗＝26の2乗＝676倍になります。

正解：エ

70

Chapter 2-4 文字の表現方法

 コンピュータは文字に数値を割り当てることで、文字データを表現します。

　前節でも書いたように、そもそもバイトという単位には「1文字をあらわすのに事足りるひとまとまりのサイズ」なんて理由がこめられています。

　さて、「事足りる」とはどういうことか。それは、「アルファベットそれぞれに数値を対応づけるには、256通りもあれば足りてくれるでしょ」ということに他なりません。実際には8ビット分丸々は使わず、1ビット分は他の用途に使ったりとか色々ありますが、それはとりあえず置いといて。

　そんなわけで、コンピュータは文字を「こんな感じの図形ね」くらいにしか思ってなくて、実際には「○番に該当する図形データを表示せよ」と言われてその通りに処理しているだけなのです。文字の意味など知ったこっちゃなし。文字コードとして各文字に割り当てられた数値だけが大事な情報なのです。

　ところでこの文字コード。世界中のコンピュータがすべて同じ起源かというとそうでない以上、数値の割り当て方にも方言が出てきます。しかも、ひらがなカタカナ漢字となんでもござれな日本みたいな国だと、たかが256通りですべての文字を網羅できるはずもありません。そのため文字コードには様々な種類が存在しています。

文字コードの種類とその特徴

文字コードの代表的な種類としては、次のようなものがあります。

ASCII（アスキー）

米国規格協会（ANSI）によって定められた、かなり基本的な文字コード。含まれる文字はアルファベットと数字、あといくつかの記号のみで、1文字を7ビットであらわします。

EBCDIC（エビシディック）

IBM社が定めた文字コードで、8ビットを使って1文字をあらわします。大型の汎用コンピュータなどで使われています。

シフトJISコード（S-JIS）

ASCIIのコード体系の文字と混在させて使えるようになっている日本語文字コードです。ひらがなや漢字、カタカナなどが扱えます。マイクロソフト社のOSであるWindowsでも使われており、1文字を2バイトであらわします。

EUC（イーユーシー）

拡張UNIXコードとも呼ばれ、UNIXというOS上でよく使われる日本語文字コードです。基本的には1文字を2バイトであらわしますが、補助漢字などでは3バイト使います。

Unicode（ユニコード）

全世界の文字コードをひとつに統一してしまえということで、各国のありとあらゆる文字を1つのコード体系であらわそうとした文字コード。当初は1文字を2バイトであらわす予定でしたが、それでは文字数が足りないということで3バイト、4バイトとどんどん拡張されています。1993年にISOで標準化されています。

たとえばASCIIで「HELLO」という文字列を表現しようとすると、必要なデータ量は5バイトです（バイト単位で文字を扱うため）。各バイトには次のような数値が入っています。

このように出題されています
過去問題練習と解説

問1
(AD-H18-A-57)

複数バイトからなる文字コードで，漢字も表現できるものはどれか。

ア ASCII　　　イ EBCDIC
ウ EUC　　　　エ JIS X 0201

解説

EUCは、Extended Unix Codeの略であり、拡張UNIXコードともいいます。EUCは、UNIXでの英数字・漢字を取り扱います。

正解：ウ

問2
(IP-H25-S-78)

世界の主要な言語で使われている文字を一つの文字コード体系で取り扱うための規格はどれか。

ア ASCII　　　　　　　　イ EUC
ウ SJIS（シフトJIS）　　エ Unicode

解説

Unicodeは、多国籍文字を扱うために、日本語や中国語などの形の似た文字に同一コードを割り当てて2バイトで1文字を表現します。

正解：エ

問3
(IP-H30-S-75)

A～Zの26種類の文字を表現する文字コードに最小限必要なビット数は幾つか。

ア 4　　　イ 5　　　ウ 6　　　エ 7

解説

選択肢ア～エの各4ビット数で表現できる最大の文字種類は、下表のとおりです。

	選択肢ア	選択肢イ	選択肢ウ	選択肢エ
ビット数	4	5	6	7
表現可能な文字数	2の4乗＝16（●）	2の5乗＝32（★）	2の6乗＝64	2の7乗＝128

上表より、A～Zの26種類の文字を表現するには、16（●）では足りず、32（★）が必要です。

正解：イ

Chapter 2-5 画像など、マルチメディアデータの表現方法

 画像や音声はディジタルデータへ変換することで、数値であらわせるようにして扱います。

　アナログ時計は針が境目なく連続して回っていきますが、ディジタル時計はカチャリカチャリと秒単位や分単位で数値の書き換えが行われます。このように、連続して変化する情報のことをアナログ情報と呼び、ある範囲を規定の桁数で区切って数値化したものをディジタル情報と呼びます。

　したがってこの例で言えば、ディジタル時計とは「1分という範囲を60で区切って数値表現したもの」だからディジタル時計なのです。決して「コンピュータっぽい文字だからディジタル時計」ではないんですね。

　写真や音声、動画など、自然界にある情報はいずれも連続した区切りのないアナログ情報です。このような情報をコンピュータで扱うためには、情報に区切りを持たせ、数値で表現できるように「ディジタルデータへの変換」作業を行う必要があります。

　たとえば静止画であれば、点描画のような細かい点の集合と見なした上で、各点の色情報を数値化すればディジタルデータに変換できます。音声なら、微少な時間単位に波形を区切って、その単位ごとの音程を数値化するなどしてディジタル化します。

画像データは点の情報を集めたもの

コンピュータの扱う、代表的な画像データのあらわし方はビットマップ方式です。これは、画像を細かいドットの集まりで表現します。

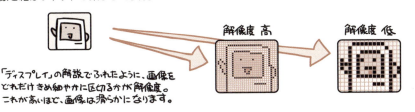

たとえば640×480ドットの画像データだった場合。その画像を構成するドットの数は307,200個です。

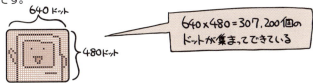

ドットの集まりを絵にするためには、「そのドットは何色か」という情報が必要になります。そんなわけで、ドットひとつひとつに色情報というデータがぶら下がります。

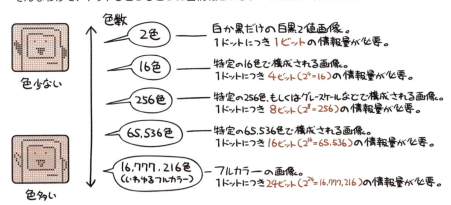

画像をあらわすために必要なデータサイズは、1ドットの色情報を保持するために必要なビット数と、画像全体のドット数とをかけ算することで求められます。

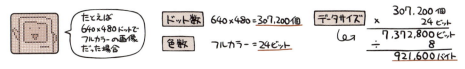

音声データは単位時間ごとに区切りを作る

続いては音声データ。アナログの波形データを、ディジタル化して数値表現する代表格はPCM（Pulse Code Modulation）方式です。節の最初でも述べたように、音声を微小な時間単位に区切り、その単位ごとの音程を数値化することで表現します。

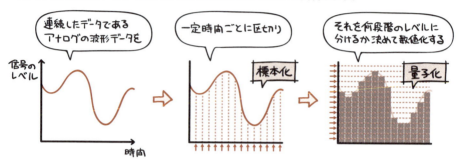

標本化（サンプリング）

アナログデータを一定の時間単位で区切り、その時間ごとの信号レベルを標本として抽出する処理が標本化（サンプリング）です。

まずは時間軸を「無段階の連続したアナログデータ」から、「区切りのあるディジタルデータ」にしてやるわけです。

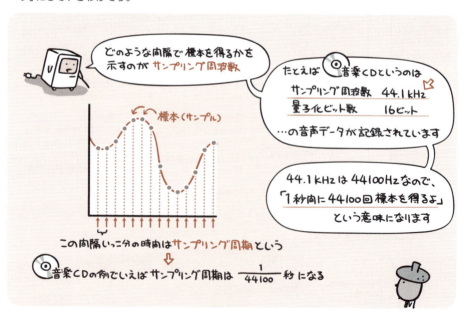

量子化

　信号レベルを何段階で表現するか定め、サンプリングしたデータをその段階数に当てはめて整数値に置き換える処理が量子化です。

　今度は縦軸の信号レベルを「無段階の連続したアナログデータ」から、「区切りのあるディジタルデータ」にしてやるわけですね。

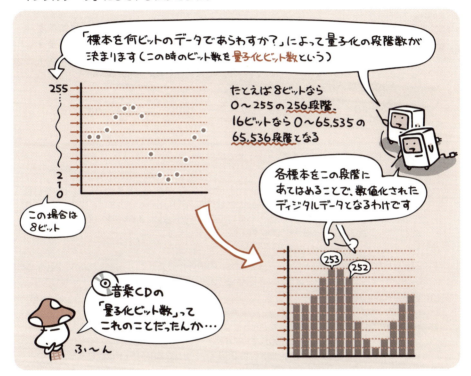

　最後に、上記で得た数値を2進数に直す符号化が待ってたりしますが、それはまあ置いといて、以上が音声データをディジタルであらわすおおまかな流れとなります。

　サンプリング周期は短く、量子化ビット数は多く…とすることで、より原音に近いディジタルデータを作ることができますが、その分データ量も大きくなります。

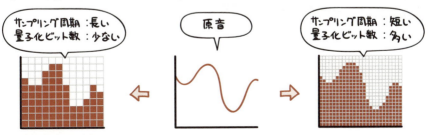

このように出題されています
過去問題練習と解説

問 1
(AD-H11-S-80)

スキャナを使ってカラー写真のディジタル化を行う。このスキャナは解像度が600dpiで24ビットカラーの画像を取り込むことができる。データ圧縮を全く行わないとき，20cm×30cmのカラー写真1枚を保存するためのディスク容量は，およそ何Mバイトか。ここで，1インチは2.5cmとし，1M=10の6乗とする。

ア 10　　　　イ 20　　　　ウ 100　　　　エ 200

解説

問題の条件にしたがって、以下のように計算します。

(1) カラー写真のドット数
　1インチは2.5cmとされているので、20cm×30cmをインチに直すと8インチ×12インチになります。600dpiのdpiは、dot per inchの略なので、600dpi は1インチに600ドットあることを示します。したがって、このカラー写真の短辺のドット数は、8インチ×600=4,800ドット、長辺のドット数は、12インチ×600=7,200ドットになります。

(2) 1ドット当たりに必要なバイト数
　24ビットカラーは、「1ドットに対して、24ビットの情報が必要」という意味であり、24ビットは24÷8=3バイトです。したがって、1ドット当たりに必要なバイト数は、3バイトになります。

(3) カラー写真のバイト数
　(1)より、カラー写真の総ドット数は、4,800ドット×7,200ドットになります。また、(2)より1ドット当たりに必要なバイト数は、3バイトになるので、カラー写真の総バイト数は、
　4,800×7,200×3=103,680,000バイトです。
1M=10の6乗とされているので、103,680,000バイト=103.68Mバイトになります。

103.68に最も近い数値は、選択肢ウの100です。

正解：ウ

問 2
(AD-H11-A-33)

200dpiのプリンタを使って画像を加工せずに9×6 (cm) の大きさで印刷したい。このとき，ディジタルカメラの解像度を幾つにして撮影すべきか。ここで，1インチ=2.5cmとする。

ア 360×240　　イ 720×480　　ウ 960×640　　エ 1,020×680

解説

問題の条件にしたがって、以下のように計算します。

(1) cmからインチへの換算

本問では、1インチ＝2.5cmとしているので、
9cm ÷ 2.5cm ＝ 3.6インチ 　　　6cm ÷ 2.5cm ＝ 2.4インチ　になります。

(2) インチからドットへの換算
200dpiのdpiは、dot per inchの略なので、200dpiは1インチに200ドットあることを示します。
3.6インチ×200ドット/インチ ＝ 720ドット
2.4インチ×200ドット/インチ ＝ 480ドット　　　になります。
したがって、720ドット×480ドットの解像度が必要になります。

正解：イ

RGBの各色の階調を、それぞれ3桁の2進数で表す場合、混色によって表すことができる色は何通りか。

ア　8　　　　　　イ　24　　　　　　ウ　256　　　　　　エ　512

解　説

3桁の2進数で表せる最大の色数は、2×2×2＝8です。R（Red）G（Green）B（Blue）のそれぞれを使って表せる混色の数は、8×8×8＝512です。

正解：エ

PCの画面表示の設定で、解像度を1,280×960ピクセルの全画面表示から1,024×768ピクセルの全画面表示に変更したとき、ディスプレイの表示状態はどのように変化するか。

ア　MPEG動画の再生速度が速くなる。
イ　画面に表示される文字が大きくなる。
ウ　縮小しないと表示できなかったJPEG画像が縮小なしで表示できるようになる。
エ　ディスプレイの表示色数が少なくなる。

解　説

1ピクセルと1ドットは同じ意味です。解像度を1,280×960ピクセルの全画面表示から1,024×768ピクセルの全画面表示に変更すると、右図のようになり、画面自体の大きさは変わらないので、変更後の1ピクセルは、変更前の1ピクセルよりも大粒になります。したがって、画面に表示される文字が大きくなります。

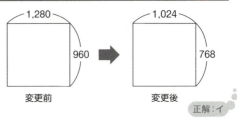

正解：イ

Chapter 3 ファイルとディレクトリ

Chapter 3-1 ファイルとは文書のこと

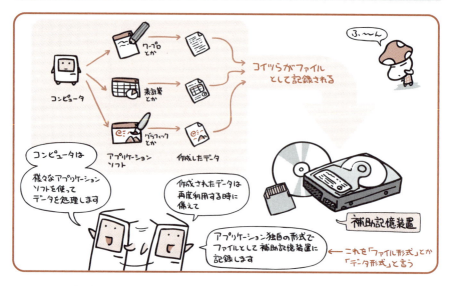

 アプリケーションソフトで作った文書（データ）は、ファイルとして補助記憶装置に記録されます。

　ファイルはデータをひとつの固まりとして記録するために使う入れ物…というか単位です。なにか特別な「ファイル」という媒体があるわけじゃなくて(昔はあったんですが)、「何番地から何番地までのデータは、○○という名前のファイルですから、読み込む時はその単位で区切るようよろしく」と名目上分けているだけでなのです。

　ファイルには、文字や画像といった実データの他に、多くの場合アプリケーションソフト独自の編集情報(文字の大きさや印刷のために必要な情報などなど)も記録されています。このようなファイルは独自フォーマットのファイル形式といって、そのファイルを作成したアプリケーションソフト以外では読み込めません。

　一方、共通フォーマットとされるファイル形式もあります。多種多様な環境でデータのやり取りを行いたい場合は、それらのファイル形式でデータを記録します。

　ちなみにアプリケーションソフト自体も、普段はどこかにしまわれていないと、いざ使いたいとなった時に呼び出せません。なので実はそれらも、プログラムというファイル形式で補助記憶装置にしまわれているのです。

データの種類と代表的なファイル形式

共通フォーマットとして広く利用されているファイル形式には下記があります。

表の中に「圧縮」だとか「不可逆」だ「可逆」だとわけのわからん言葉が出てきていますが、圧縮とはデータのサイズをぎゅっと小さく縮めることで、不可逆というのはその時にいくつか情報が欠けちゃってもとに戻せなくなること。可逆はその反対です。なんでそーなるのって理屈部分は次ページで詳しくふれていきます。

テキスト形式

文字コードと、改行やタブなど一部の制御文字のみで作られるファイル形式です。文字を扱うアプリケーションソフトであれば、まず間違いなく読み書きすることができます。

CSV形式

基本的にはテキスト形式なのですが、個々のデータである文字や数字をカンマ(,)で区切り、行と行を改行で区切ることで、表形式のデータを保存することに特化したファイル形式です。

PDF

画像が埋め込まれた書類を、コンピュータの機種やOSの種類に依らず、元の通りに再現して表示することができる電子文書のファイル形式です。文書配布時における標準的なフォーマットとなっています。

画像用のファイル形式

ビットマップ BMP	画像を圧縮せずにそのまま保存するファイル形式です。画質は一切劣化しませんが、ファイルサイズは大きくなります。
ジェーペグ JPEG	写真を保存するのに向いている画像圧縮形式です。圧縮率が高く、フルカラーの画像を扱えるため、ディジタルカメラで写真を記録する用途などでも使われています。不可逆圧縮を行うため、圧縮のレベルに応じて画質が劣化します。
ジフ GIF	イラストやアイコンなどの保存に適した画像圧縮形式です。可逆圧縮であるため画質の劣化はありませんが、扱える色数が256色までという制限を持ちます。
ピング PNG	当初はGIFの代替として登場しましたが、フルカラーを扱える上に可逆圧縮であるため画質の劣化もないという、ある意味万能な画像圧縮形式です。ただし単純な圧縮率ではJPEGの方が勝ります。

音声用のファイル形式

エムピースリー MP3	音声を圧縮して保存するファイル形式です。人に聞こえない範囲の信号を削り落とすことでデータ量を削減するなど、不可逆の圧縮を行います。音楽CDレベルの音質を表現できるとされていることから、インターネット上の音楽配信や携帯音楽プレーヤーなどで用いられています。
ミディ MIDI	音声そのものではなく、ディジタル楽器の演奏データを保存することのできるファイル形式です。MIDIデータを使うことで、ディジタル楽器を演奏させることができます。

動画用のファイル形式

エムペグ MPEG	動画を圧縮して保存するファイル形式で、不可逆圧縮を行います。ビデオCDに使われるMPEG-1、DVDに使われるMPEG-2、インターネット配信や携帯電話で使われるMPEG-4などがあります。

マルチメディアデータの圧縮と伸張

画像や音声、動画などのマルチメディアデータは、そのまま保存すると膨大なデータ量になってしまいます。

そのため、なんらかの圧縮技術を用いて、データサイズを小さくして保存するのが普通なのです。

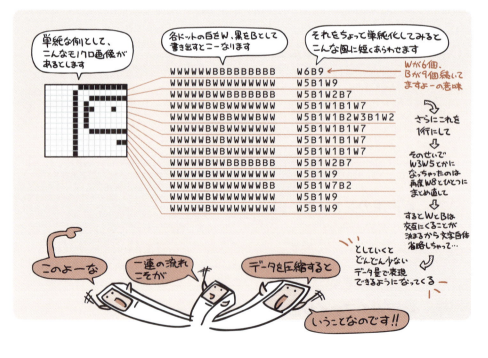

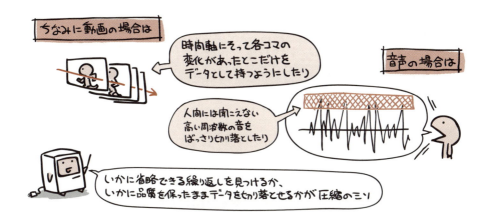

そうして圧縮されたファイルを開く時は、逆方向の伸張という展開作業を行って、元のデータを復元します。

元々のデータを間引く形で圧縮したものは、伸張後も厳密な意味の「元と同じ」データにはなり得ません。このような圧縮方法を不可逆圧縮と呼びます。

このように出題されています
過去問題練習と解説

問 1
(IP-H23-S-73)

表のセルA1～C2に値が入力されている。表の値をCSV形式で出力した結果はどれか。ここで，レコード間の区切りは改行コード "C_R" を使用するものとする。

	A	B	C
1	月	1月	2月
2	売上高	500	600

ア　月，1月，2月 C_R 売上高，500，600 C_R
イ　月，売上高 C_R 1月，500 C_R 2月，600 C_R
ウ　月 / 1月 / 2月 C_R 売上高 / 500 / 600 C_R
エ　月 / 売上高 C_R 1月 / 500 C_R 2月 / 600 C_R

解説

　CSV (Comma Separated Values) は、名前のとおり、データをカンマで区切る形式です。したがって正解は、選択肢アかイのどちらかに絞られます。CSVの出力は、A1→B1→C1，A2→B2→C2，A3→B3→C3のように同一行の左から右に進み、1行が終わると次の行の左端に移動して同一行の左から右に進む順序を繰り返します。さらに行が変わるごとに改行コードを付けます。
　表計算ソフトのExcelはCSV形式の保存ができますので、わかりにくい場合は動かしてみるとよいでしょう。

正解：ア

問 2
(IP-H21-S-78)

マルチメディアのファイル形式であるMP3はどれか。

ア　G4ファクシミリ通信データのためのファイル圧縮形式
イ　音声データのためのファイル圧縮形式
ウ　カラー画像データのためのファイル圧縮形式
エ　ディジタル動画データのためのファイル圧縮形式

解説

ア　当選択肢に該当するものに、MMR (Modified Modified Read) があります。
イ　MP3は、MPEG-1 Audio Layer-3の略であり、iPod等のMP3プレイヤで聞くことができます。
ウ　当選択肢に該当するものに、JPEG (Joint Photographic Experts Group) があります。
エ　当選択肢に該当するものに、MPEG (Moving Picture Experts Group) があります。

正解：イ

問3 (AD-H17-S-59)

PDF (Portable Document Format) の特徴として，適切なものはどれか。

ア 印刷イメージを正しく表現できる"ページ記述言語"であるが，ファイルを圧縮して保存することができない。
イ 使用ソフトウェアに関係なく文書を流通させることができるが，書式を受け渡すことができない。
ウ タグを含んだテキストファイルで，タグを用いた検索が効果的に行える。
エ ワープロソフトなどで作成した文書の体裁を保持でき，異なるプラットフォームでも表示ができる。

解説

　PDFを表示するソフトウェア（PDF Reader）は、Windows7・XP、MAC OS、LinuxなどのOSごとに開発されているので、異なるプラットフォームでも表示できます。

正解：エ

問4 (IP-H25-S-79)

映像データや音声データの圧縮方式はどれか。

ア BMP　　イ GIF　　ウ JPEG　　エ MPEG

解説

ア　BMPは、画像を圧縮せずそのまま保存します。
イ・ウ　GIFとJPEGは、画像の圧縮方式の1つです。
エ　MPEGは、映像や音声を含む動画データの圧縮方式の1つです。

正解：エ

問5 (IP-H30-A-86)

イラストなどに使われている，最大表示色が256色である静止画圧縮のファイル形式はどれか。

ア GIF　　イ JPEG　　ウ MIDI　　エ MPEG

解説

ア〜エ　GIF・JPEG・MIDI・MPEGの説明は、すべて83ページにあります。

正解：ア

Chapter 3-2 文書をしまう場所がディレクトリ

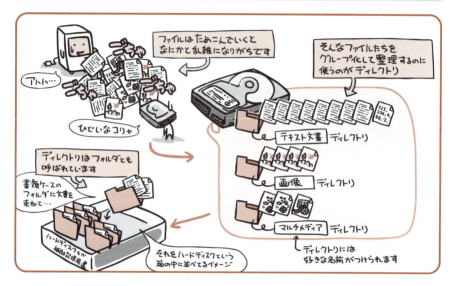

 ディレクトリは、ファイルをグループ化して整理するもの。
補助記憶装置の中は、ディレクトリで管理されています。

　ファイルが文書ならば、ディレクトリというのはそれを束ねるための  フォルダの役割を果たします。というか、ディレクトリのことをフォルダともいいますしね。フォルダといえば書類をまとめて整理するための文房具なわけで、名は体をあらわすの通りなのです。
　ハードディスクなど補助記憶装置はたくさんのファイルを保存しておくことができます。言うなれば大きな箱のようなものです。しかし、大きな箱に書類をドンドカ入れてっちゃったら、後で「あれはどこだ」と探すのが大変になってしまうように、ハードディスクの中も乱雑に散らかって「あのファイルはどこだ」ということになってしまいます。
　それを防いでくれるのがディレクトリ。箱の中に書類をただポンと放り込むのではなく、用途別でフォルダにまとめておくなどすることで、「あれはどこだ?」と迷わなくて済むようになるのです。

ルートディレクトリとサブディレクトリ

ディレクトリには、ファイルだけじゃなくて、他のディレクトリも入れることができます。そうすることで、補助記憶装置全体に階層構造(ツリー構造)を持たせて管理することができるのです。

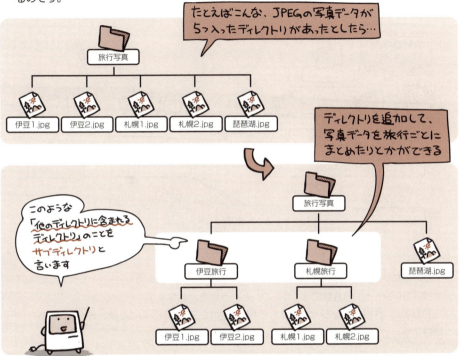

階層構造の一番上位に位置するディレクトリはルートディレクトリと呼びます。

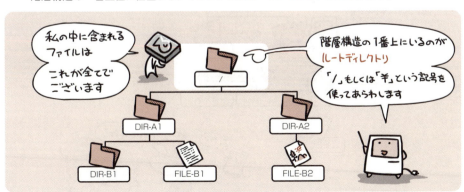

カレントディレクトリ

ディレクトリを開いて確認できる範囲は、そのディレクトリに含むファイルとサブディレクトリの一覧です。サブディレクトリの中に何があるかは、さらにそのディレクトリを開いてみなければわかりません。

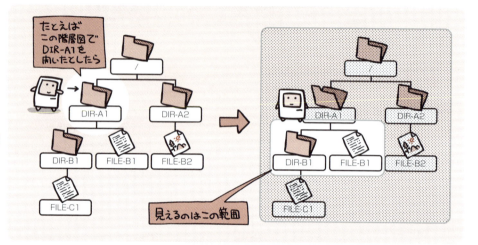

この時に、自分が今開いて作業しているディレクトリのことをカレントディレクトリと言います。カレントという言葉には「現在の」という意味があります。

ちなみにカレントディレクトリを含む1階層上のディレクトリのことは、親ディレクトリと呼びます。

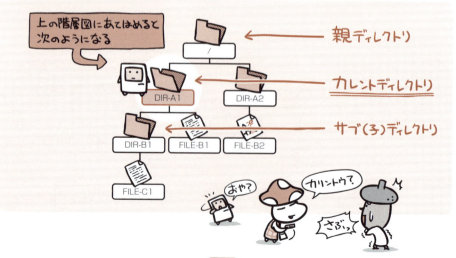

このように出題されています 過去問題練習と解説

問1 (IP-R01-A-83)

ファイルの階層構造に関する次の記述中のa，bに入れる字句の適切な組合せはどれか。

階層型ファイルシステムにおいて，最上位の階層のディレクトリを　a　ディレクトリという。ファイルの指定方法として，カレントディレクトリを基点として目的のファイルまでのすべてのパスを記述する方法と，ルートディレクトリを基点として目的のファイルまでの全てのパスを記述する方法がある。ルートディレクトリを基点としたファイルの指定方法を　b　パス指定という。

	a	b
ア	カレント	絶対
イ	カレント	相対
ウ	ルート	絶対
エ	ルート	相対

解説

ルートディレクトリは89ページの下、絶対パスは93ページに説明がありますので、そちらを参照してください。

正解：ウ

問2 (IP-H23-A-74)

階層型ディレクトリ構造のファイルシステムに関する用語と説明a～dの組合せとして，適切なものはどれか。

a　階層の最上位にあるディレクトリを意味する。
b　階層の最上位のディレクトリを基点として，目的のファイルやディレクトリまで，全ての経路をディレクトリ構造に従って示す。
c　現在作業を行っているディレクトリを意味する。
d　現在作業を行っているディレクトリを基点として，目的のファイルやディレクトリまで，全ての経路をディレクトリ構造に従って示す。

	カレントディレクトリ	絶対パス	ルートディレクトリ
ア	a	b	c
イ	a	d	c
ウ	c	b	a
エ	c	d	a

解説

カレントディレクトリの「カレント」は「現在の」、ルートディレクトリの「ルート」は「根っこ」＝「最上位」、絶対パスは、「ルートから」と覚えます。

正解：ウ

Chapter 3-3 ファイルの場所を示す方法

 ファイルは、ファイルへのパスを用いてその場所を指し示します

　今はずいぶんと事情も変わりましたが、昔はファイルにつける名前なんかも「日本語だと4文字までしか使っちゃだめよ」なんて制約があったりしたものでした。だから、なんでもかんでも同じディレクトリに入れておこうとすると、すぐにファイル名が重複しそうになるのです。ディレクトリさえ違っていれば同じ名前をつけても問題ないので、余計に細々とディレクトリで仕分けするのが常でした。

　というのが前置き。

　つまりファイルにつけた名前だけじゃ、それがどのファイルを指し示しているかという特定は無理なのです。どこのディレクトリに入っているファイルで、そのディレクトリはどこにあるか、ちゃんとわかるように指示しなくてはいけません。

　この「ファイルまでの場所を指し示す経路」のことをパスと言います。

　パスには、ルートディレクトリからの経路を書き記す絶対パスと、カレントディレクトリからの経路を書き記す相対パスという2種類の書きあらわし方があります。

絶対パスの表記方法

パスを表記するにあたっては、次の約束事に従います。

① ルートディレクトリは「/」または「¥」であらわす。
② ディレクトリと次の階層との間は「/」または「¥」で区切る。
③ カレントディレクトリは「.」であらわす。
④ 親ディレクトリは「..」であらわす。

絶対パス表記の場合 この2つはまず関係ありません

絶対パスで表記する場合は、ルートディレクトリからはじまって、目的のファイルに至るまでの経路を書き記さなければなりません。

それでは上記の約束事に従って、ルートディレクトリからの経路を絶対パスとして書き出してみましょう。

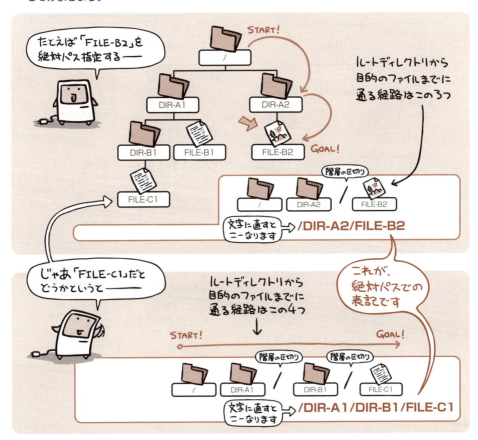

相対パスの表記方法

相対パスにおいても、パスを表記するにあたっては、同じ約束事に従います。

① ルートディレクトリは「/」または「￥」であらわす。←相対パスの場合これは関係ありません
② ディレクトリと次の階層との間は「/」または「￥」で区切る。
③ カレントディレクトリは「.」であらわす。
④ 親ディレクトリは「..」であらわす。

相対パスで表記する場合は、「自分が今どのディレクトリにいるか」が基準となります。そのため目的のファイルに至るまでの経路は、自分がいる位置からの道順を書き記します。

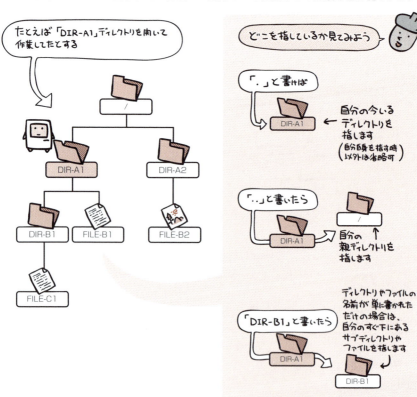

それでは前述の約束事に従って、次に示すファイルまでの経路を相対パスで書き出してみましょう。

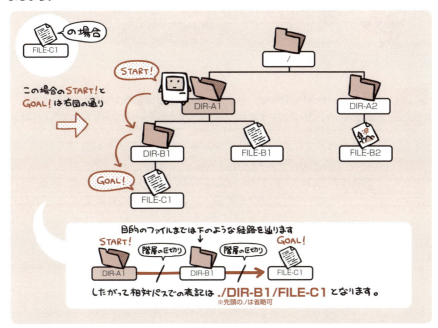

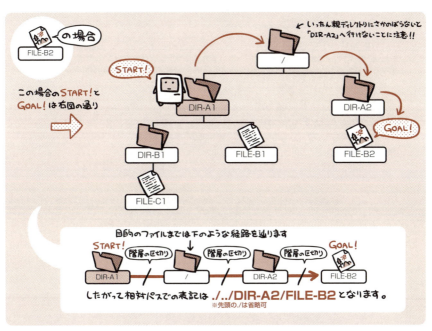

このように出題されています
過去問題練習と解説

問1

(IP-H26-A-75)

あるWebサーバにおいて，五つのディレクトリが図のような階層構造になっている。このとき，ディレクトリBに格納されているHTML文書からディレクトリEに格納されているファイルimg.jpgを指定するものはどれか。ここで，ディレクトリ及びファイルの指定は，次の方法によるものとする。

〔ディレクトリ及びファイルの指定方法〕
(1) ファイルは，"ディレクトリ名/…/ディレクトリ名/ファイル名" のように，経路上のディレクトリを順に "/" で区切って並べた後に "/" とファイル名を指定する。
(2) カレントディレクトリは "." で表す。
(3) 1階層上のディレクトリは ".." で表す。
(4) 始まりが "/" のときは，左端にルートディレクトリが省略されているものとする。
(5) 始まりが "/"，"."，".." のいずれでもないときは，左端にカレントディレクトリ配下であることを示す "./" が省略されているものとする。

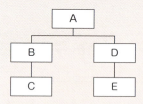

ア　../A/D/E/img.jpg　　　イ　../D/E/img.jpg
ウ　./A/D/E/img.jpg　　　エ　./D/E/img.jpg

解 説

　問題文の最初に「ディレクトリBに格納されているHTML文書からディレクトリEに格納されているファイルimg.jpgを指定する」とされていますので、HTML文書が格納されているディレクトリBがカレントディレクトリです。また、img.jpgはディレクトリEに格納されているので、HTML文書は下図のようなルートを経て、img.jpgを読み取ります。

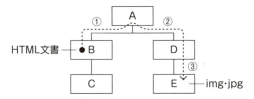

問題文中の〔ディレクトリ及びファイルの指定方法〕にしたがって、上図の①〜③をたどっていくと、下記になります。

①：カレントディレクトリである「ディレクトリB」から見て、「ディレクトリA」は1階層上のディレクトリなので、「..」になります。

②：ディレクトリAから見て、「ディレクトリD」は1階層下のディレクトリなので、〔ディレクトリ及びファイルの指定方法〕(1)に従って、「../D」になります。

③：ディレクトリDから見て、「ディレクトリE」は1階層下のディレクトリなので、〔ディレクトリ及びファイルの指定方法〕(1)に従って、「../D/E」になります。また、img.jpgはディレクトリEの中にあるので、「../D/E/img.jpg」になります。

上記より、「../D/E/img.jpg」を指定すればよいので、選択肢イが正解です。

正解：イ

Chapter 4 ハードディスク

Chapter 4-1 ハードディスクの構造と記録方法

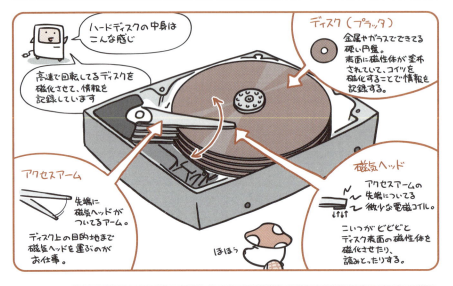

 ハードディスク（磁気ディスク装置）は、高速回転しているディスクに磁気ヘッドを使って情報を読み書きします。

　ハードディスクは、大容量で安価、しかも比較的高速という特徴を持つことから、ほぼすべてのパソコンに搭載されるほどの代表的な補助記憶装置です。

　内部には容量に応じて**プラッタ**と呼ばれる金属製のディスクが1枚以上入っていて、その表面に磁性体が塗布もしくは蒸着されています。この磁性体を磁気ヘッドで磁化させることによってデータの読み書きを行うのです。

　磁気ヘッドはアクセスアームと呼ばれる部品の先端に取付けられています。このアームは、「あそこに書け」「あそこを読め」という指令を受けると目的位置の同心円上へと磁気ヘッドを運びます。そうすると、プラッタはぐるぐる回っているので、やがて目的位置が磁気ヘッドの真下へとやってくるわけです。そこでビビビと磁化したりする。これが、ハードディスクの基本的な読み書き手順となります。

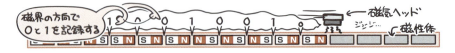

セクタとトラック

ハードディスクを最初に使う時は、フォーマット(初期化)という作業を行う必要があります。この作業を行うことで、プラッタの上にデータを記録するための領域が作成されます。

作成された領域の、扇状に分かれた最小範囲をセクタ、そのセクタを複数集めたぐるりと1周分の領域をトラックと呼びます。

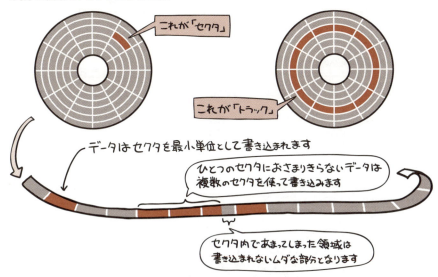

同心円状のトラックを複数まとめると、シリンダという単位になります。

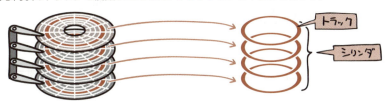

ファイルはクラスタ単位で記録する

　ハードディスクが扱う最小単位はセクタですが、基本ソフトウェアであるOSがファイルを読み書きする時には、複数のセクタを1ブロックと見なしたクラスタという単位を用いるのが一般的です。

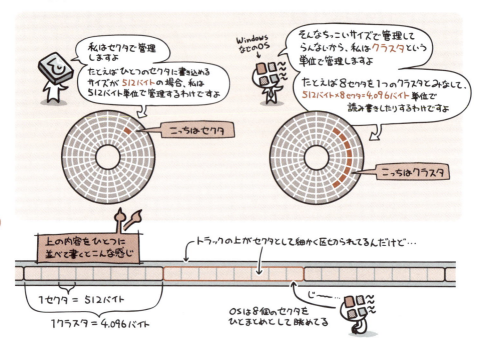

　OSはクラスタ単位でファイルを読み書きするために、クラスタ内であまった部分については、使用されないムダな領域となってしまいます。

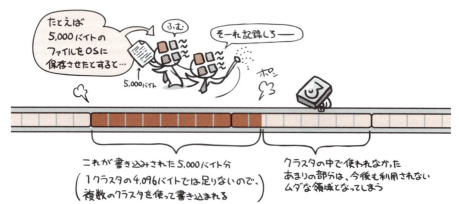

データへのアクセスにかかる時間

「データへアクセスする」というのは、実際にデータを書き込んだり、書き込み済みのデータを読み込んだりする作業のこと。ハードディスクはこれらの作業を、次の3ステップで行います。

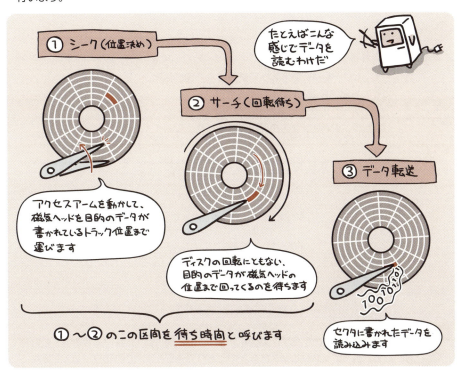

したがって、データへのアクセスにかかる時間というのは、これら3ステップそれぞれの時間を合計して求めることができます。

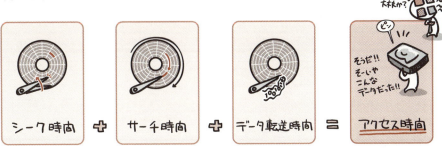

このように出題されています
過去問題練習と解説

問1
(IP-H24-S-63)

PCの補助記憶装置であるハードディスク装置の説明として，適切なものはどれか。

ア　CD-ROM装置に比べて読み書きの速度は遅い。
イ　主記憶装置としても利用される。
ウ　データの保持に電力供給が必要である。
エ　ランダムアクセスが可能である。

解説

ア　ハードディスク装置は、CD-ROM装置に比べて、速く読み書きできます。
イ　ハードディスク装置は、主記憶装置としては利用されません。ハードディスク装置は、補助記憶装置です。
ウ　ハードディスク装置は、データの保持に電力供給が必要ありません。不揮発性の記憶媒体であるといえます。
エ　ハードディスク装置は、ランダムアクセスが可能です。ランダムアクセスとは、任意の場所をいきなり読み書きできることです。最初から順々にしか読み書きできないことを「シーケンシャルアクセス」といいます。

正解：エ

問2
(AD-H20-S-03)

記録面が2面の磁気ディスク装置において，1面当たりのトラック数が1,500で，各トラックのセクタ数が表のとおりであるとき，この磁気ディスク装置の容量は約何Mバイトか。ここで，1セクタの長さは500バイト，1Mバイト=10^6バイトとする。

トラック番号	セクタ数
0～699	300
700～1499	250

ア　205
イ　410
ウ　413
エ　826

解説

問題の条件にしたがって，以下の計算をします。

(1) トラック番号0～699の記憶容量
　　300セクタ×500バイト×700トラック＝105,000,000バイト＝105Mバイト
(2) トラック番号700～1499の記憶容量
　　250セクタ×500バイト×800トラック＝100,000,000バイト＝100Mバイト

(3) 1面の記憶容量
　　105M＋100M＝205Mバイト
(4) 磁気ディスク装置の記憶容量
　　205Mバイト×2面＝410Mバイト

正解：イ

磁気ディスク装置において，磁気ヘッドをある位置から目的の位置に移動させるのに要する時間を何と呼ぶか。

ア　アクセス時間　　　イ　サーチ時間
ウ　シーク時間　　　　エ　データ転送時間

問3
(AD-H19-S-01)

解説

ア　アクセス時間は、シーク時間＋サーチ時間＋データ転送時間の合計時間です。
イ　サーチ時間は、ディスクの回転に伴い目的のデータがあるセクタに磁気ヘッドが移動するのを待つ時間であり、回転待ち時間ともいいます。
ウ　シーク時間は、位置決め時間ともいいます。
エ　データ転送時間は、セクタにデータを書いたり、読んだりする時間です。

正解：ウ

磁気ディスク装置の仕様のうち，サーチ時間に直接影響を及ぼすものはどれか。

ア　シリンダ数　　　　イ　単位時間当たりのディスク回転数
ウ　データ転送速度　　エ　ヘッドの位置決め速度

問4
(AD-H20-S-01)

解説

　サーチ時間は、ディスクの回転に伴い目的のデータがあるセクタに磁気ヘッドが移動するのを待つ時間です。したがって、単位時間当たりのディスク回転数が高ければ高いほど、サーチ時間が短くなります。

正解：イ

Chapter 4-2 フラグメンテーション

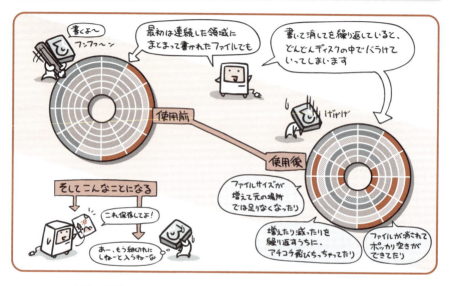

 ハードディスクに書き込みや消去を繰り返していくと、連続した空き領域が減り、ファイルが断片化していきます。

　ハードディスクの空きが十分にあれば、ファイルは通常、連続した領域に固まって記録されます。こうすることで、データを読み書きする際に必要となるシーク時間（目的のトラックまで磁気ヘッドを動かすのにかかる時間）やサーチ時間（目的のデータが磁気ヘッド位置にくるまでの回転待ち時間）が最小限で済むからです。

　しかしファイルの書き込みと消去を繰り返していくと、プラッタ上の空き領域はどんどん分散化していきます。その状態でさらに新しく書き込みを行うと、時には「連続した領域は確保できないから、途中からはあっちの離れた場所へ書くようにするね」なんてことも起こるようになってきます。

　こうなると、ファイルをひとつ読み書きするだけでも、あちこちのトラックへ磁気ヘッドを移動させなきゃいけません。当然その度に、回転待ちの時間もかさみます。つまりハードディスクのアクセス速度は遅くなってしまうのです。

　このような、「ファイルがあちこちに分かれて断片化してしまう」状態のことをフラグメンテーション（断片化）と呼びます。

デフラグで再整理

　前ページでも書いたように、フラグメンテーションを起こすと何が困るかというと、「ファイルをひとつ読み出したいだけなのに、あっちこっちにシークさせられてやたら時間がかかって腹が立つ」…ということが困りものなわけです。

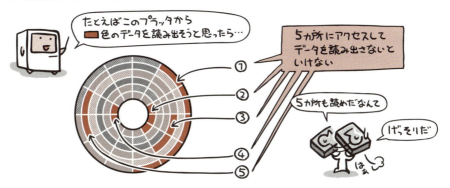

　これは書く時もやっぱり同じで、「ファイルをひとつ書き込みたいだけなのに、あっちこっちの領域に分けて書き込みさせられるから時間がかかって腹が立つ」ということになる。

　このようなフラグメンテーションを解消するために行う作業を**デフラグメンテーション（デフラグ）**と呼びます。デフラグは、断片化したファイルのデータを連続した領域に並べ直して、フラグメンテーションを解消します。

このように出題されています
過去問題練習と解説

(IP-H23-S-80)

PCのハードディスクにデータの追加や削除を繰り返していると，データが連続した領域に保存されなくなることがある。改善策を講じない場合，どのような現象が起こり得るか。

ア　ウイルスが検出されなくなる。
イ　データが正しく書き込めなくなる。
ウ　データが正しく読み取れなくなる。
エ　保存したデータの読取りが遅くなる。

解説

問題文は、ハードディスクの「フラグメンテーション」を説明しています。フラグメンテーションが発生すると、保存されたデータはハードディスク内にバラバラに飛び散っていますので、データの読取りが遅くなります。

正解：エ

(AD-H17-A-08)

ファイルのフラグメンテーション発生時の状況と対策に関する記述のうち，適切なものはどれか。

ア　同時にアクセスするファイル数が多くなり，磁気ディスクのシーク動作に時間がかかるようになってファイルのアクセス効率が低下している。対策として，同時にアクセスするファイルを磁気ディスク内で近接させて配置する。
イ　ファイル削除時に，対象ファイルを一時的に保存しておくごみ箱が満杯になり，新たなファイルの作成や削除のたびに，ごみ箱内の古いファイルを物理的に消去したので，アクセス効率が低下している。対策として，ごみ箱内のファイルをまとめて消去する。
ウ　ファイル作成時に，一つの連続領域でなく，小さく分断された領域が割り当てられたので，ファイルのアクセス効率が低下している。対策として，ファイルや空きを連続した領域に割り当て直す。
エ　ファイルのデータ領域は十分であるが，ファイルの管理領域が不足した状態になり，ファイル作成時にこの管理領域確保のために時間を要するようになっている。対策として，複数ファイルを一つにまとめるか，管理領域を拡大する。

解説

選択肢ウのようにします。

正解：ウ

RAIDは
ハードディスクの合体技

Chapter 4-3

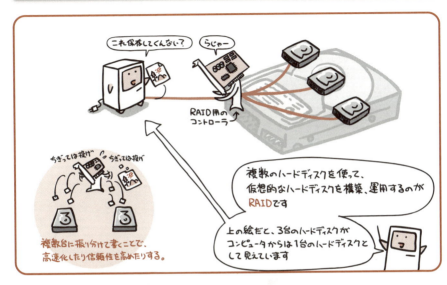

 RAIDは複数のハードディスクを組み合わせることで、
ハードディスクの速度や信頼性を向上させます。

　複数のハードディスクを論理的にひとつにまとめて（つまり仮想的なひとつのハードディスクにして）運用する技術をディスクアレイと呼びますが、RAIDはその代表的な実装手段のひとつです。

　その主な用途はハードディスクの高速化や信頼性向上など。RAIDはRAID0からRAID6までの7種類に分かれていて、求める速度と信頼性に応じて各種類を組み合わせて使えるようにもなっています。

　ちなみに、RAIDの種類の中で一般的に使われているのは、高速化を実現するRAID0と、信頼性を高めるRAID1、そしてRAID5です。それらの特徴については次ページを見てください。

RAIDの代表的な種類とその特徴

 RAID0（ストライピング）

　RAID0では、ひとつのデータを2台以上のディスクに分散させて書き込みます。

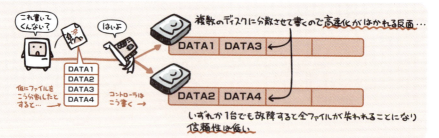

 RAID1（ミラーリング）

　RAID1では、2台以上のディスクに対して常に同じデータを書き込みます。

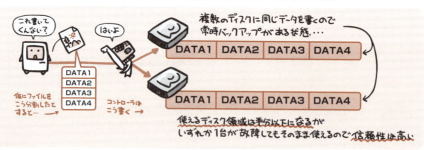

 RAID5

　RAID5では、3台以上のディスクを使って、データと同時にパリティと呼ばれる誤り訂正符号も分散させて書き込みます。

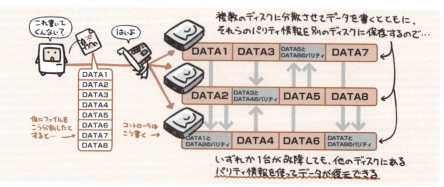

このように出題されています
過去問題練習と解説

問1 (IP-H21-A-78)

RAIDの利用目的として，適切なものはどれか。

ア 複数のハードディスクに分散してデータを書き込み，高速性や耐故障性を高める。
イ 複数のハードディスクを小容量の体に収納し，設置スペースを小さくする。
ウ 複数のハードディスクを使って，大量のファイルを複数世代にわたって保存する。
エ 複数のハードディスクを，複数のPCからネットワーク接続によって同時に使用する。

解説

　RAIDは複数のハードディスクを組み合わせて，読み書きの速度を向上させ，1台のハードディスクが故障しても，残りのハードディスクから記録していたデータを復旧させます。

正解：ア

問2 (IP-H30-S-94)

サーバに2台のHDDを接続しているとき，HDDの故障がどちらか片方だけであれば運用が続けられるようにしたい。使用する構成として，適切なものはどれか。

ア　ストライピング　　　　イ　データマイニング
ウ　テザリング　　　　　　エ　ミラーリング

解説

アとエ　ストライピング・ミラーリングの説明は，110ページを参照してください。
イ　データマイニングとは，データウェアハウスから有用な相関関係や顕著な傾向を発見すること，もしくはその手法です。
ウ　テザリングとは，無線通信機能を持つスマートフォンなどの携帯端末がルータの役割を担当し，ゲーム機やパソコンなどの他機器との通信を中継することです。

正解：エ

問3 (IP-H30-S-77)

4台のHDDを使い，障害に備えるために，1台分の容量をパリティ情報の記録に使用するRAID5を構成する。1台のHDDの容量が500Gバイトのとき，実効データ容量はおよそ何バイトか。

ア　500G　　　　イ　1T　　　　ウ　1.5T　　　　エ　2T

解説

　問題文は，「4台のHDDを使い，障害に備えるために，1台分の容量をパリティ情報の記録に使用する」としていますので，パリティ情報以外のデータ容量は，(4台−1台)＝3台分です。したがって，実効データ容量は，3台×500G＝1,500G＝1.5Tバイトです。

正解：ウ

Chapter 5 OSとアプリケーション

1. 前にも書きましたが、コンピュータはソフトウェアなしでは働けません

2. たとえばアナタは、コンピュータでなにがしたいですか？

3. なるほど、それだとワープロソフトやゲームソフトが必要になるわけです

4. ところで、コンピュータって5大装置が連携して動くわけですけど

5. ワープロやゲームがあればこれらの装置が使えるかというと…

6. いっさいなんの面倒も見てくれなかったり

7. つまり他の誰かが

8. …なんてことをして、5大装置とワープロやゲーム等ソフトウェアとの仲立ちをしてやらんといかんのです

Chapter 5-1 OSの役割

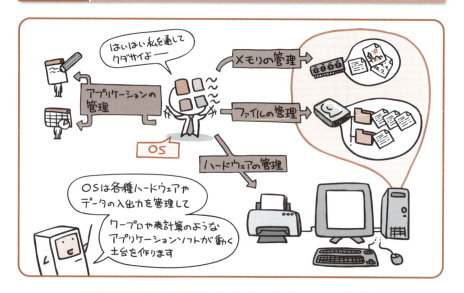

 OSとはオペレーティングシステム（Operating System）の略。コンピュータの基本動作を実現する「基本ソフトウェア」です。

　コンピュータは様々なハードウェアが連携して動きます。メモリは編集中のデータを保持していますし、ハードディスクには作成したファイルが保存されています。キーボードを叩けば文字が入力されて、マウスを動かせば画面内の矢印（マウスポインタ）が動いて…と。
　ところで誰がそれを制御してくれるのでしょうか。
　そう、「ワープロソフトを使って文章を作りたい」「表計算ソフトを使って集計を行いたい」という前に、そもそも誰かがコンピュータをコンピュータとして使えるようにする必要があるのです。
　その役割を担うのがOS。コンピュータの基本的な機能を提供するソフトウェアで、基本ソフトウェアとも呼ばれます。
　OSは、コンピュータ内部のハードウェアや様々な周辺機器を管理する他、メモリ管理、ファイル管理、そしてワープロソフトなどのアプリケーションに「今アナタが動作して良いですよ」と実行機会を与えるタスク管理などを行います。

OSは間をつないで対話する

　OS上で動くアプリケーションソフトは、「今このコンピュータにはどれだけメモリが積まれているか」とか「どんな補助記憶装置が用意されているか」というようなことを一切意識せずに処理を行うことができます。

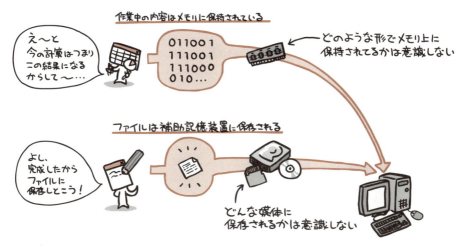

　それはなぜかというと、OSが間に立って、必要なリクエストをすべて仲介してくれるから。

　このように、ハードウェアの違いや入出力をすべてブラックボックス化して、そのOS上の基本サービスとして提供するのが、基本ソフトウェアたるOSの役割です。

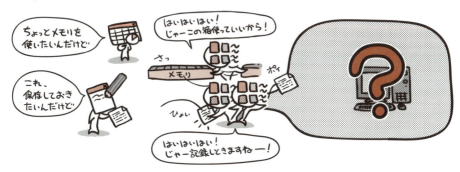

代表的なOS

OSとして有名なのはMicrosoft社のWindowsですが、その他にも様々な種類が存在します。

Windows	現在もっとも広く使われている、Microsoft社製のOSです。GUI（グラフィックユーザインタフェース）といって、マウスなどのポインティングデバイスを使って画面を操作することで、コンピュータに命令を伝えます。
Mac OS	グラフィックデザインなど、クリエイティブ方面でよく利用されているApple社製のOSです。GUIを実装したOSの先駆けとしても知られています。
MS-DOS	Windowsの普及以前に広く使われていたMicrosoft社製のOSです。CUI（キャラクタユーザインタフェース）といって、キーボードを使って文字ベースのコマンドを入力することで、コンピュータに命令を伝えます。
UNIX	サーバなどに使われることの多いOSです。大勢のユーザが同時に利用できるよう考えられています。
Linux	UNIX互換のOSです。オープンソース（プログラムの元となるソースコードが公開されている）のソフトウェアで、無償で利用することができます。

5 OSとアプリケーション

このように出題されています
過去問題練習と解説

問1 (IP-H25-A-70)

OSに関する記述のうち，適切なものはどれか。

ア　1台のPCに複数のOSをインストールしておき，起動時にOSを選択できる。
イ　OSはPCを起動させるためのアプリケーションプログラムであり，PCの起動後は，OSは機能を停止する。
ウ　OSはグラフィカルなインタフェースをもつ必要があり，全ての操作は，そのインタフェースで行う。
エ　OSは，ハードディスクドライブだけから起動することになっている。

解説

ア　当選択肢は、マルチブートローダ（もしくはマルチブート、2つのOSに限定すればデュアルブート）に関する記述です。
イ　OSは、基本ソフトウェアとも呼ばれ、ハードウェアや様々な周辺機器の管理などを行います。
ウ　OSは、必ずしもグラフィカルなインタフェースをもつ必要がありません。キャラクタユーザインタフェースを持つMS-DOSのようなOSもあります。
エ　OSは、DVD-ROMやUSBメモリなどからも起動できます。

正解：ア

問2 (AD-H20-S-07)

UNIXのプログラム実行環境はどれか。

ア　シングルユーザ，シングルタスクである。
イ　シングルユーザ，マルチタスクである。
ウ　マルチユーザ，シングルタスクである。
エ　マルチユーザ，マルチタスクである。

解説

　UNIXは、マルチユーザ（複数の利用者）が、マルチタスク（複数のタスク）を同時に実行できます。現在稼動している他のサーバOSのほとんども、マルチユーザ・マルチタスクの実行環境を持っています。

正解：エ

Chapter 5-2 アプリケーションとはなんぞや

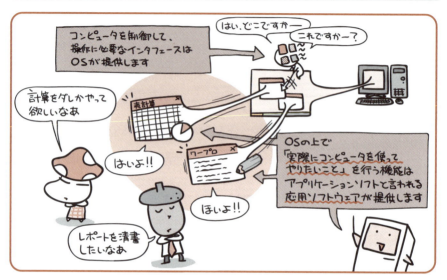

アプリケーションソフトは、OS上で様々な機能を実現するソフトウェアのことで、「応用ソフトウェア」とも呼ばれます。

　コンピュータをどのような業務に使うか。それぞれに適した機能を提供して、コンピュータの応用範囲を広げてくれるのが、アプリケーションソフトと言われる応用ソフトウェアたちです。

　OSは基本ソフトウェアとしてコンピュータを「操作することはできる」状態にしてくれますが、それだけでは業務の手助けをするには足りません。文書を作るためには文書の作成を手助けしてくれる応用ソフトウェア（ワープロソフト）が必要ですし、表の計算をするには表計算を手助けしてくれる応用ソフトウェア（表計算ソフト）が必要です。

　これらのように、様々な業務で共通して使うことのできる応用ソフトウェアのことを共通応用ソフトウェアと呼びます。一方、企業内で使われていることの多い、自社の特定業務に特化させた専用アプリケーションのことを個別応用ソフトウェアと呼びます。

代表的なアプリケーション

代表的なアプリケーションには次のような種類があります。いずれも様々な業務で使うことのできる共通応用ソフトウェアです。

ワープロソフト	様々な文書を作成するためのソフトウェアです。単に文章を書き記すだけではなく、図や表、写真など、多種多様なデータを文書上に混在させて貼り込むことができます。 Microsoft社のWordやジャストシステム社の一太郎などが有名です。
表計算ソフト	表形式のデータを集計・編集するためのソフトウェアです。表内の数値データを自動的に計算させたり、そのデータをグラフ化したりする機能を有しています。 Microsoft社のExcelなどが有名です。
プレゼンテーションソフト	講演や技術発表などのプレゼンテーション用資料を作るためのソフトウェアです。文字や図のほか、様々なマルチメディア素材を組み合わせることで、印象的なスライドを作成することができます。 Microsoft社のPowerPointやApple社のKeynoteなどが有名です。
Webブラウザ	インターネットのWebページを閲覧するためのソフトウェアで、単にブラウザとも呼ばれます。 Microsoft社のInternetExplorerやMozilla財団のFirefoxなどが有名です。
メールソフト	電子メールの作成と送受信を行うためのソフトウェアで、メーラーとも呼ばれます。 Microsoft社のOutlookなどが有名です。

このように出題されています
過去問題練習と解説

問1 (IP-H21-A-80)

マルチメディアを扱うオーサリングソフトの説明として，適切なものはどれか。

ア 文字や図形，静止画像，動画像，音声など複数の素材を組み合わせて編集し，コンテンツを作成する。

イ 文字や図形，静止画像，動画像，音声などの情報検索をネットワークで簡単に行う。

ウ 文字や図形，静止画像，動画像，音声などのファイルの種類や機能を示すために小さな図柄で画面に表示する。

エ 文字や図形，静止画像，動画像，音声などを公開するときに著作権の登録をする

解説

　オーサリングソフトは、文字・画像・音声・動画といったデータを編集してマルチメディアコンテンツを作成するソフトウェアのことです。プログラムを書かなくてもコンテンツが作れる場合がほとんどですが、必要に応じて小さなプログラムを書く場合もあります。例えば、Webオーサリングソフトの1つにAdobe Dreamweaverがあります。

正解：ア

問2 (IP-H21-S-60)

次のような特徴をもつソフトウェアを何と呼ぶか。

ブラウザなどのアプリケーションソフトウェアに組み込むことによって，アプリケーションソフトウェアの機能を拡張する。個別にバージョンアップが可能で，不要になればアプリケーションソフトウェアに影響を与えることなく削除できる。

ア スクリプト　　イ パッチ　　ウ プラグイン　　エ マクロ

解説

ア スクリプトは、JavaScriptやperlなどの比較的簡単なプログラムもしくはプログラム言語のことです。一般的なプログラムとスクリプトを区別する明確な定義はありません。

イ パッチは、完成したプログラムの全部もしくは一部を修正するための差分のプログラムです。例えば、セキュリティパッチは、完成したプログラムにセキュリティ上の問題が見つかり、それを改善しなければならない場合に配布されるプログラムです。

ウ プラグインは、ソフトウェアに機能を追加するための小さなプログラムです。Adobe Photoshopなどで使われます。

エ マクロは、表計算ソフトやワープロなどで繰り返し行う動作を定型化・自動化するための仕組みです。プログラムに近いものですので、マクロ言語と呼ばれる場合もあります。

正解：ウ

OSにおけるシェルの役割に関する記述として，適切なものはどれか。

ア　アプリケーションでメニューからコマンドを選択したり，設定画面で項目などを選択したりするといったマウス操作を，キーボードの操作で代行する。
イ　複数の利用者が共有資源を同時にアクセスする場合に，セキュリティ管理や排他制御を効率的に行う。
ウ　よく使用するファイルやディレクトリへの参照情報を保持し，利用者が実際のパスを知らなくても利用できるようにする。
エ　利用者が入力したコマンドを解釈し，対応する機能を実行するようにOSに指示する。

問 3
(AD-H20-A-08)

解　説

ア　ショートカットキーを使った操作の説明です。
イ　当選択肢の共有資源が、データベースであるならば、DBMS (DataBase Management System) の説明になります。
ウ　ファイルシステムへのパス設定、もしくはアイコンの一機能の説明のようです。
エ　シェルはOSを操作する場合のユーザインタフェース部分であり、利用者はシェルに対してコマンドを入力し、シェルが表示する画面を見て実行結果を判断します。

正解：エ

Chapter 5-3 ソフトウェアの分類

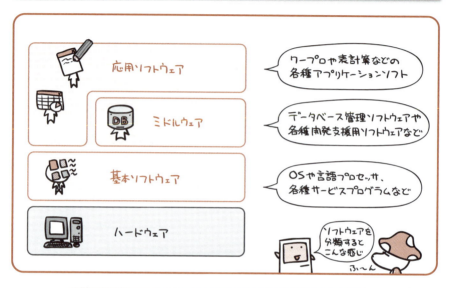

ソフトウェアは、「基本ソフトウェア」「ミドルウェア」「応用ソフトウェア」の3つに分類することができます。

　これまでに何度も出ているように、ハードウェアを管理するOSのようなソフトウェアを基本ソフトウェアと呼びます。他にも、プログラミング言語を解釈してソフトウェアを作成する言語プロセッサや、バックグラウンドで動作する色んなサービスプログラムなんかもこの一種です。

　基本ソフトウェアの上では、応用ソフトウェアと呼ばれるワープロや表計算などの様々なアプリケーションソフトが動作します。

　…と、ここまでは前節、前々節で述べた通り。

　そして実はもうひとつ、ミドルウェアと呼ばれるソフトウェアが、基本ソフトウェアと応用ソフトウェアの間に介在することがあります。これは、ある特定の用途に特化して、基本ソフトウェアと応用ソフトウェアとの間の橋渡しをするためのソフトです。たとえばデータベースを利用する応用ソフトウェアのために、データベース管理と入出力機能を提供したりするソフトウェアがこれにあたります。

ソフトウェアによる自動化（RPA）

人手不足の解消などを目的として、業務改革を進めるために活用されつつあるのがRPAです。RPAとは、以下の英文の略語です。

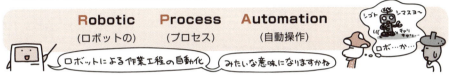

Robo（ロボ）とあるものの、これは物理的な産業用ロボットなどを指すものではありません。コンピュータの中に閉じたソフトウェア的なロボットを指します。

機械化以前の各工場では、工員さんたちが手作業で様々な作業を行っていました。それらは産業用ロボットの登場によって自動化が進み、生産性を飛躍的に向上させました。同様の効果を、ソフトウェアの世界にもたらすためのテクノロジーがRPAなわけです。

需要の高まりを反映してか、近年はWindows 11やMac OSなどのOSでも、RPA機能を実現するソフトウェアが標準で搭載されています。

このように出題されています
過去問題練習と解説

問 1
(AD-H13-A-25)

ミドルウェアに関する記述として，最も適切なものはどれか。

ア　基本ソフトウェアとアプリケーションソフトウェアの中間で動作し，統一的なインタフェースや便利なコンピュータ利用機能をアプリケーションに提供する。

イ　再配布や変更，使用の自由が認められたソフトウェアで，一般的に無料である。

ウ　対話型処理システムにおいて，端末から入力されたコマンドを解釈し，それに応じたプログラムを実行する。

エ　プログラムのソースコード又は中間コードを，逐次解釈しながら実行する。

解説

ア　ミドルウェアは，「基本ソフトウェアとアプリケーションソフトウェアのミドル（中間）にある」と覚えればよいでしょう。
イ　オープンソースソフトウェアとフリーウェアの特徴を混ぜた説明になっています。
ウ　UNIXで使われるシェルの説明と思われます。
エ　インタプリタの説明です。

正解：ア

問 2
(IP-R03-11)

RPA（Robotic Process Automation）の特徴として，最も適切なものはどれか。

ア　新しく設計した部品を少ロットで試作するなど，工場での非定型的な作業に適している。

イ　同じ設計の部品を大量に製造するなど，工場での定型的な作業に適している。

ウ　システムエラー発生時に，状況に応じて実行する処理を選択するなど，PCで実施する非定型的な作業に適している。

エ　受注データの入力や更新など，PCで実施する定型的な作業に適している。

解説

RPAは，123ページにある、メールで受信した営業日報をCSVファイルに変換して，アップロードする説明のように、人がソフトウェアを動かす場合の定型的な操作を、人に代わって自動実行することを示す用語です。

正解：エ

パソコンOSの入出力管理の説明として，適切なものはどれか。

ア　デバイスドライバによって，周辺装置を制御する。
イ　入出力終了やタイマなどの割込みによるタスクの状態遷移を管理する。
ウ　必要に応じて，主記憶と補助記憶の間でプロセスの退避と再ロードを行う。
エ　ファイルを効率よく格納し，高速にアクセスする。

問 3
(AD-H16-S-08)

解　説

ア　入出力管理は，「CPUへの入力とCPUからの出力を管理する」という意味です。周辺装置は「CPUの周辺にある装置」と解釈すれば理解しやすいでしょう。デバイスドライバとは周辺装置を制御するプログラムのことです。
イ　タスク管理の説明です。
ウ　記憶管理の説明です。
エ　データ管理もしくはファイル管理の説明です。

正解：ア

Chapter 6 表計算ソフト

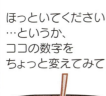

ほっといてください
…というか、
ココの数字を
ちょっと変えてみて

じゃじゃーん

「なに?」じゃなくて
よく見てください、
ココとココの数字
変わってるでしょ？

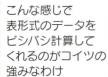
こんな感じで
表形式のデータを
ビシバシ計算して
くれるのがコイツの
強みなわけ

数字を扱う
事務仕事をはじめ、
業務では欠かせない
ソフトなのです

Chapter 6-1 表は行・列・セルでできている

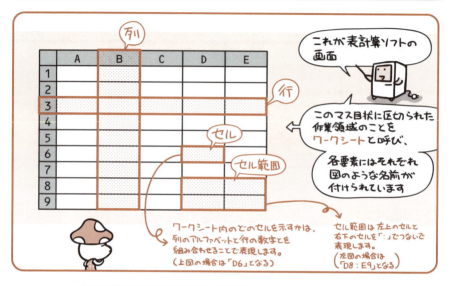

表計算ソフトは、行と列で細かく区切られたワークシートを使って色んな計算を行います。

　業務で扱うアプリケーションの中でも、数値の扱いに長けた表計算ソフトはかなり活用度の高いソフトウェアです。このソフトでは、ワークシート上の細かく区切られたマス目（セル）にデータを入力して、計算や集計を行います。

　ワークシート上にあるたくさんのセルの中から「ここ」と場所を指し示すには、セルアドレス（セル番地）という表記を用います。これは列位置を示すアルファベットと行位置を示す数字とを組み合わせたもので、たとえば左上端のセルなら「A1」、左から3列目で上から5行目のセルなら「C5」というようにあらわします。

　他にもセル範囲といって、複数のセルをまとめて範囲指定する表記方法があります。たとえば複数のデータを参照してその平均を取ったり、合計を計算したりする場合などに使える表記方法で、「範囲内の左上端のセル番地：範囲内の右下端のセル番地」という書き方をします。「A1：D2」と書くと、ワークシートの左上端からワークシートの4列目&2行目のセルまで、つまり8個分のセルをまとめて範囲指定したことになるわけです。

他のセルを参照する

ワークシート上のデータを活用する手段として、セルの参照は欠かすことのできない機能です。表計算ソフトでは、セルの中に他のセルアドレスを入力して、その内容を引用することができます。

式を入れて自動計算

それでは表計算のキモともいうべき計算機能を使って、先ほどの表を「もっとそれっぽい」表に書きかえてみましょう。

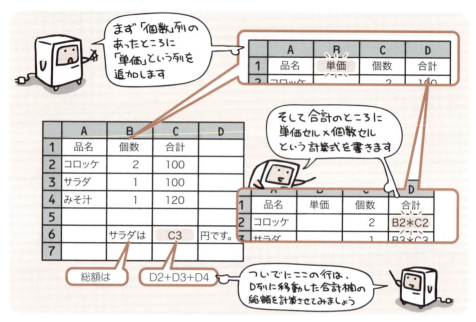

この状態で単価をそれぞれに入力していくと…。

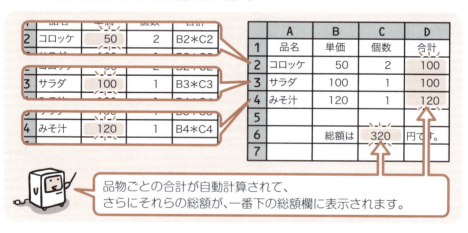

品物の単価や個数を変更すると、それぞれの計算結果も自動的に更新されます。これを再計算機能といいます。

表計算で用いる演算子

　前ページのように、表計算ソフトではセルの中に計算式を書いておくことで、ソフトウェアに自動計算させることができます。

　計算式は、次のような演算子を使って書くことができます。あ、演算子というのは、「+」とか「-」のような計算に使う記号のことです。

計算の内容		演算子	計算式の例
足し算（加算）	✚	+	6+2=8
引き算（減算）	―	-	6-2=4
掛け算（乗算）	✕	*	6*2=12
割り算（除算）	÷	/	6/2=3
○のX乗（べき乗）	2^x	^	6^2=36

掛け算と割り算に使う記号が
「＊」と「/」になるところは要注意!!

セルの複写は超便利！

表計算ソフトでは、セルに入力した計算式を複写して使うことができます。
え？ そんなのは当たり前じゃないか？　いえいえ、たとえば次の表を見てください。

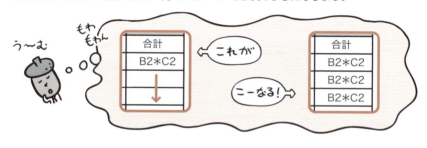

通常私たちが抱く「複写（コピー）」のイメージでは次のようになります。

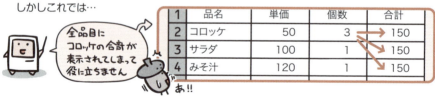

しかしこれでは…

そのため、表計算ソフトの複写機能は、複写する方向に応じて、自動的にセルアドレスを調節するようになっています。

このように出題されています
過去問題練習と解説

問1 (AD-H06-32)

表計算ソフトにおいて，各セルに次のような計算式が設定してあるとき，セルA1に数値2を入力すると，セルB3に表示される数値はどれか。この表計算ソフトでは，あるセルに値が入力されたときは，他のセルの再計算が直ちに行われるものとする。

	A	B
1		A1
2	A1+1	A2+B1
3	A2+1	A3+B2

ア 3　　イ 4　　ウ 5　　エ 9

解説

　セルA1に2を入力すると、セルB1は、A1なので、2になります。セルA2は、A1+1なので、2+1=3になります。セルB2は、A2+B1なので、3+2=5になります。セルA3は、A2+1なので、3+1=4になります。セルB2は、A3+B2なので、4+5=9になります。

正解：エ

Chapter 6-2 相対参照と絶対参照

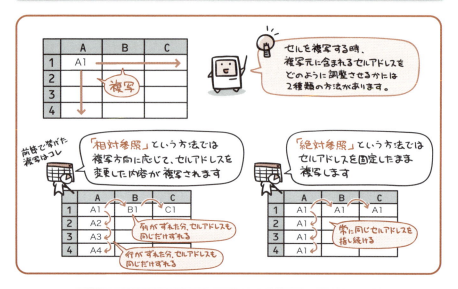

 表計算の複写には、セルアドレスを自動調整する「相対参照」と、固定のまま複写する「絶対参照」とがあります。

　表計算ソフトの複写は、複写元のデータに含まれるセルアドレスを、自動的に調整した上で貼り付けてくれるようになっています。これにより、計算式などが複写先でも有効に活用できるんですよーというのは前節でもふれた通り。

　これは相対参照といって、複写元を基準に、「どれだけ移動したか」という情報を、元データ内のセルアドレスへ反映させた上で貼り付ける複写方法です。実に便利な機能です。

　しかしこれだと、「各行の合計を算出する」とか、「列ごとの平均を算出する」みたいな使い方の時は助かるのですが、「ある固定の値を参照して、それをもとに計算を行う」ような式の場合は困ることになります。たとえば全体の合計をもとに、各行で算出した数値の割合を計算するとか…って、文字で書いてもわかりづらいですね。なので具体例については、後のページに譲りますが、とにかくそんなケースがあるのです。

　そういう時は、絶対参照という複写方法を用います。これは、複写元からの移動距離に関係なく、元データ内のセルアドレスを固定させたまま貼り付ける複写方法です。

相対参照は行・列ともに変化する

相対参照では、セルの内容を複写するというよりも、指し示す先との相対位置関係を複写するイメージが近いと言えます。

たとえばこの表、「A1」を参照している「B3」を複写してみると…

右へ / 下へ / 右下へ

	A	B	C
1	10	11	12
2	20	21	22
3	30	A1	
4	40		

	A	B	C
1	10	11	12
2	20	21	22
3	30	A1	B1
4	40		

	A	B	C
1	10	11	12
2	20	21	22
3	30	A1	
4	40	A2	

	A	B	C
1	10	11	12
2	20	21	22
3	30	A1	
4	40		B2

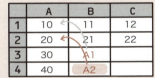

セルの内容というよりも、参照先を示すこの矢印こそが複写される対象なのだということがわかります。

このように、常に参照先との位置関係を保ちつつ複写されるところが、相対参照の特徴です。

行ごとに合計を算出するような、同じ位置関係が繰り返される計算式の複写に適しています

	A	B	C	D
1	品名	単価	個数	合計
2	コロッケ	50	2	B2＊C2
3	サラダ	100		B3＊C3
4	みそ汁	120	1	B4＊C4

複写

こーいうのね

へー

絶対参照は行・列を任意で固定する

　セルアドレスを固定したまま複写を行う絶対参照という方法では、セルアドレスの記述に「$」マークを用います。列名や行番号の前に「$」をつけることで、その要素を固定させたまま複写を行うことができるのです。
　ちょっとわかりづらいので、絶対参照では実際にどのような複写が行われるかを詳しく見ていきましょう。

「$」マークが列名の前（→$A）につけられているので、列方向の複写をしても、列は「A」に固定されたまま変化しません。

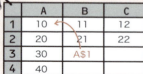

「$」マークが行番号の前（→$1）につけられているので、行方向の複写をしても、行は「1」に固定されたまま変化しません。

じゃあ「$A$1」と書いた時は？

	A	B	C
1	10	11	12
2	20	21	22
3	30	$A$1	$A$1
4	40	$A$1	$A$1

行・列ともに固定されるので、どこに複写しても内容は変わりません。

それでは実際の使用例を見てみましょう。

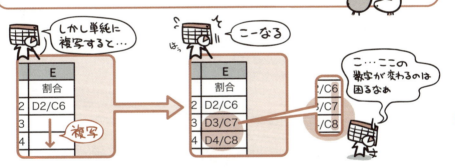

そこで、変わっちゃ困る要素の前に「$」マークをつけてやる。

このように出題されています
過去問題練習と解説

問1
(IP-H29-S-91)

表計算ソフトを用いて，天気に応じた売行きを予測する。表は，予測する日の天気(晴れ，曇り，雨)の確率，商品ごとの天気別の売上予測額を記入したワークシートである。セル E4 に商品Aの当日の売上予測額を計算する式を入力し，それをセル E5 ～ E6 に複写して使う。このとき，セル E4 に入力する適切な式はどれか。ここで，各商品の当日の売上予測額は，天気の確率と天気別の売上予測額の積を求めた後，合算した値とする。

	A	B	C	D	E
1	天気	晴れ	曇り	雨	
2	天気の確率	0.5	0.3	0.2	
3	商品名	晴れの日の売上予測額	曇りの日の売上予測額	雨の日の売上予測額	当日の売上予測額
4	商品A	300,000	100,000	80,000	
5	商品B	250,000	280,000	300,000	
6	商品C	100,000	250,000	350,000	

ア　B2*B4+C2*C4+D2*D4
イ　B$2*B4+C$2*C4+D$2*D4
ウ　$B2*$B4+$C2*C$4+$D2*D$4
エ　$B$2*$B$4+$C$2*$C$4+$D$2*$D$4

解説

① : セルE3の「当日の売上予測額」は，問題の最終文にあるとおり，「★天気の確率と天気別の売上予測額の積を求めた後，合算した値」です。

② : ①の★の下線部を式にすると，(晴れの日の売上予測額×晴れの確率) + (曇りの日の売上予測額×曇りの確率) + (雨の日の売上予測額×雨の確率) となります。

③ : ②の式を，表計算ソフトの計算式に置き換えて，セルE4に当てはめれば，●B2*B4+C2*C4+D2*D4　となります。

④ : 問題の3文目は，「セル E4 に商品Aの当日の売上予測額を計算する式を入力し，それをセル E5 ～ E6 に複写して使う」とされています。もし，セルE4にある③の●下線部を，そのままE5に複写すると，セルアドレスが行方向に座標調整され，「B3*B5+C3*C5+D3*D5」がセルE5に格納されます。しかし，これは正しくありません。セルE5には「B2*B5+C2*C5+D2*D5」が入るべきです。

⑤ : ④の不具合を解消するために，●の下線部のB2の2，C2の2，D2の2は，それぞれ行方向への座標調整を行わない絶対座標である「$2」にします。したがって，●の下線部は「B$2*B4+C$2*C4+D$2*D4」になります。

正解：イ

Chapter 6-3 関数で、集計したり平均とったり自由自在

 「関数」を使うと、複雑な計算式をセルに記述することなく計算結果だけを受け取ることができます。

　表計算ソフトは様々な計算ができる。それはいいのですが、だからといって毎回複雑な計算式をセルに入力せよと言われたらげんなりしてしまいますよね。

　そこで関数の出番となるわけです。

　関数というのは複雑な計算式をひとまとめにして簡単に呼び出せるようにしたもので、次のように表記します。

> 関数名（計算の元となる数値）
> 　呼び出したい関数の名前↗　　　↖セルやセル範囲なんかを指定する

　括弧の中には計算の元となる数値を指定します。するとそれを受けた関数が、所定の計算を行った後で答えを返してくれるのです。

　この時、括弧の中に指定する数値のことを引数と呼びます。返される計算結果のことを戻り値と呼びます。たとえば合計を求める関数は「合計（セル範囲）」というように記述しますが、この場合はセル範囲が引数で、それらを合計した値が戻り値となります。

合計や平均の求め方

それでは実際に関数を使って、セルの合計や平均値を求めてみましょう。

合計を計算する

合計を計算させるには、次の合計関数を使います。

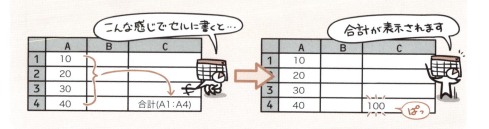

平均を計算する

平均を求めるには、次の平均関数を使います。

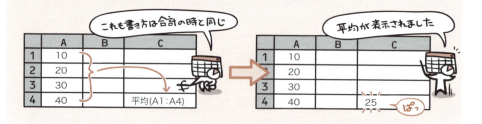

普通だと「A1+A2+A3+…」と書いていかなきゃダメなところが、関数を使うことですっきりした記述におさまっているのがわかります。計算対象が増えれば増えるほど、複雑な式になればなるほど、関数を使うことのメリットは大きくなります。

有名どころの関数たち

前ページで扱った合計や平均といった関数の他にも、表計算では様々な関数が用意されています。その中でも代表的なものを次の表にまとめます。

こんなあたりが代表的でございます

関数	使用例	説明
合計	合計（A1：A5）	引数として指定されたセル範囲の合計を求めます。
平均	平均（A1：A5）	引数として指定されたセル範囲の平均値を求めます。
最大	最大（A1：A5）	引数として指定されたセル範囲の中から、もっとも大きな値を求めます。
最小	最小（A1：A5）	引数として指定されたセル範囲の中から、もっとも小さな値を求めます。
個数	個数（A1：A5）	引数として指定されたセル範囲の中で、空白じゃないセルの個数を求めます。
標準偏差	標準偏差（A1：A5）	引数として指定されたセル範囲の標準偏差を求めます。
剰余	剰余（A1,A5）	1番目の引数であるA1を、2番目の引数であるA5で割った時のあまりを求めます。
平方根	平方根（A1）	引数として指定された数値の平方根を求めます。
絶対値	絶対値（A1）	引数として指定された数値の絶対値を求めます。
整数部	整数部（A1）	引数として指定された数値の整数部を求めます。たとえばセルA1の内容が1.2であった場合は1を返します。
論理積	論理積（式1,式2,…）	引数として指定された2つ以上の式が、すべて成立する場合に「真」、そうでない場合に「偽」を返します。 ※論理積について詳しくはP.167を参照してください。
論理和	論理和（式1,式2,…）	引数として指定された2つ以上の式のうち、いずれかひとつでも成立する場合に「真」、そうでない場合に「偽」を返します。 ※論理和について詳しくはP.166を参照してください。

便利っすよ

「真」とか「偽」とかなに言ってんだこいつ

その辺は次節で詳しくやるみたいよ？今は流しちゃってOKだって

このように出題されています
過去問題練習と解説

問1
(IP-R01-A-76)

ある商品の月別の販売数を基に売上に関する計算を行う。セルB1に商品の単価が，セルB3～B7に各月の商品の販売数が入力されている。セルC3に計算式 "B$1*合計(B$3：B3)／個数(B$3：B3)" を入力して，セルC4～C7に複写したとき，セルC5に表示される値は幾らか。

	A	B	C
1	単価	1,000	
2	月	販売数	計算結果
3	4月	10	
4	5月	8	
5	6月	0	
6	7月	4	
7	8月	5	

ア 6 **イ** 6,000 **ウ** 9,000 **エ** 18,000

解説

(1) 問題文は、「セルC3に計算式 "B$1*合計(B$3：B3)／個数(B$3：B3)" を入力して，セルC4～C7に複写したとき」としています。"B$1*合計(B$3：B3)／個数(B$3：B3)" のうち、「B$1」の「B」は相対参照されますが、セルC3をセルC4～C7に複写する場合、下方向（＝行方向）に複写されるので、「B」は変わらず「B」のままです。また「$1」は絶対参照され、「$1」のままです。したがって、セルC4～C7には「B$1」が格納されます。また、「B$3」も同様に、セルC3がセルC4～C7に複写されても「B$3」のままです。しかし、「B3」は下方向に相対参照され、「B4」・「B5」・「B6」・「B7」が、それぞれセルC4～C7に複写されます。そこで、下表が出来ます。

	A	B	C
1	単価	1,000	
2	月	販売数	計算結果
3	4月	10	B$1*合計(B$3：B3)／個数(B$3：B3)
4	5月	8	B$1*合計(B$3：B4)／個数(B$3：B4)
5	6月	0	B$1*合計(B$3：B5)／個数(B$3：B5)
6	7月	4	B$1*合計(B$3：B6)／個数(B$3：B6)
7	8月	5	B$1*合計(B$3：B7)／個数(B$3：B7)

(2) 上表の「B$1」・「合計 (セル範囲)」・「個数 (セル範囲)」を具体的な数値に置き換え、計算すると、下表になります。

	A	B	C
1	単価	1,000	
2	月	販売数	計算結果
3	4月	10	1,000＊10／1 = 10,000
4	5月	8	1,000＊18／2 = 9,000
5	6月	0	1,000＊18／3 = 6,000 ★
6	7月	4	1,000＊22／4 = 5,500
7	8月	5	1,000＊27／5 = 5,400

左表の★より、セルC5は「6,000」になります。

正解：イ

問2 (IP-R02-A-71)

表計算ソフトを用いて、ワークシートに示す各商品の月別売上額データを用いた計算を行う。セルE2に式 "条件付個数 (B2:D2, >15000)" を入力した後、セルE3とE4に複写したとき、セルE4に表示される値はどれか。

	A	B	C	D	E
1	商品名	1月売上額	2月売上額	3月売上額	条件付個数
2	商品A	10,000	15,000	20,000	
3	商品B	5,000	10,000	5,000	
4	商品C	10,000	20,000	30,000	

ア 0　　イ 1　　ウ 2　　エ 3

解 説

　ITパスポートの問題冊子の巻末にある「表計算ソフトの機能と用語」6．関数「条件付個数 (セル範囲, 検索条件の記述)」の解説欄は、「セル範囲に含まれるセルのうち、検索条件の記述で指定された条件を満たすセルの個数を返す」となっています。したがって、E2に「条件付個数 (B2:D2, >15000)」を入力すると、セルB2、C2、D2の中で、15000よりも大きい値は、D2の20000だけなので、E2には「1」が表示されます。

　セルE2の「条件付個数 (B2:D2, >15000)」を、セルE3とE4に複写すると、相対参照がなされ、セルE4には「条件付個数 (B4:D4, >15000)」が入ります。セルB4、C4、D4の中で、15000よりも大きい値は、C4の20000とD4の30000ですので、E4には「2」が表示されます。

正解：ウ

Chapter 6-4 「もし○○なら」と条件分岐するIF関数

IF(条件, 条件が真の場合, 条件が偽の場合)
　　　　　YES　　　　　　　　NO

「IF関数」は、条件によってセルの内容を変えることができるちょっと特殊な条件分岐用の関数です。

　データを表にまとめていると、上記イラストにある「この目標値に達してない場合は評価欄をDにしたい」というようなことがままあります。学生さんでいえば、「テストの点が40点に満たない場合は赤点とする」みたいな例の方が身近でしょうか。
　そこでIF関数。
　これは条件分岐を記述するための関数で、「もし○○だった場合はXXとする」という条件式を、セルの中に入れ込むことができる便利なやつなのです。
　IF関数は3つの引数を持ちます。ひとつめは条件式。「もし○○だったら」の○○にあたる部分ですね。残りの2つはIF関数の戻り値になるデータです。IF関数は、条件が一致した場合（真だった場合）には2番目の引数を戻り値として返し、条件が一致しなかった場合（偽だった場合）には3番目の引数を戻り値として返します。
　ようするに、「条件式を判定して、真だったら2番目、偽だったら3番目の引数を戻り値として返してね」というのがIF関数の動きというわけです。

IF関数の使い方

IF関数は、条件判定とその結果によって振り分ける処理を、次のように記述します。

実際にIF関数を使って評定表を作ってみるとこんな感じで…

	A	B	C	D
1	名前	売上目標[千円]	売上実績[千円]	評価
2	田中一郎	25,000	30,000	IF(C2>B2, 'A', 'D')
3	山本二郎	30,000	28,000	IF(C3>B3, 'A', 'D')
4	佐藤三郎	6,000	7,000	IF(C4>B4, 'A', 'D')
5	ウチのシロ	1	0	IF(C5>B5, 'A', 'D')

こーなります。

	A	B	C	D
1	名前	売上目標[千円]	売上実績[千円]	評価
2	田中一郎	25,000	30,000	A
3	山本二郎	30,000	28,000	D
4	佐藤三郎	6,000	7,000	A
5	ウチのシロ	1	0	D

引数の「条件が真の場合」「条件が偽の場合」には、文字の他に数式やセルアドレスなどを書くこともできます。これを利用することで、「条件によって計算方法を変える」というような幅広い使い方ができます。

IF関数にIF関数を入れてみる

IF関数は、さらにIF関数を入れ子状態にして、複雑な条件を処理させることができます。

えっと、わかりづらいですか？入れ子状態というのはIF関数の中に、さらにIF関数を書いちゃうことを言います。次のような感じです。

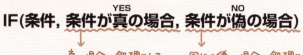

これを使って、先ほどの評定表に「S評価」というのを足してみましょう。売上目標よりも20％以上実績をあげた人には「S」という評価をつけることにします。

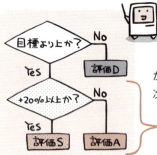

今回の評定表で追加されることになるのは、「+20％以上か？」と問い合わせてる以降の部分。これをIF関数で書くと次のようにあらわせます。

IF(売上実績>=(売上目標*1.2), 'S', 'A')

じゃあコイツを、前回「条件が真の場合」のところに書いてた値と入れ替えてやる。

IF(売上実績>売上目標, 'A', 'D')

これで、上図の条件分岐をIF関数で書きあらわすことができました。

IF(売上実績>売上目標, IF(売上実績>=(売上目標*1.2), 'S', 'A'), 'D')

それではこのIF関数を使った評定表を作ってみましょう。こんな感じ。

	A	B	C	D
1	名前	売上目標[千円]	売上実績[千円]	評価
2	田中一郎	25,000	30,000	IF(C2>B2, IF(C2>=(B2*1.2), 'S', 'A'), 'D')
3	山本二郎	30,000	28,000	IF(C3>B3, IF(C3>=(B3*1.2), 'S', 'A'), 'D')
4	佐藤三郎	6,000	7,000	IF(C4>B4, IF(C4>=(B4*1.2), 'S', 'A'), 'D')
5	ウチのシロ	1	0	IF(C5>B5, IF(C5>=(B5*1.2), 'S', 'A'), 'D')

で、IF関数の結果はこーなります。

	A	B	C	D
1	名前	売上目標[千円]	売上実績[千円]	評価
2	田中一郎	25,000	30,000	S
3	山本二郎	30,000	28,000	D
4	佐藤三郎	6,000	7,000	A
5	ウチのシロ	1	0	D

さて、結果として「評価S」になったのは田中一郎さん1人だけだったわけですが、この時セルD2はどのようにしてこの結果に辿り着いたのでしょうか。

せっかくなので、1ステップずつその変化を見ていくことにしましょう。

① まず一番はじめに、「C2>B2」という条件式が判定されます。

IF(C2>B2, IF(C2>=(B2*1.2), 'S', 'A'), 'D') 〔セルD2〕

② C2は30,000、B2は25,000なので、「C2>B2」は真となり、セルD2に「IF(C2>=(B2*1.2), 'S', 'A')」という式が返されます。

IF(C2>=(B2*1.2), 'S', 'A') 〔セルD2〕

③ 「C2>=(B2*1.2)」という条件式が判定されます。

IF(C2>=(B2*1.2), 'S', 'A') 〔セルD2〕

④ 「30,000>=(25,000*1.2)」なので真となり、セルD2に'S'という字が返されます。

S 〔セルD2〕

このように出題されています
過去問題練習と解説

問1
(IP-H30-S-60)

支店ごとの月別の売上データを評価する。各月の各支店の"評価"欄に，該当支店の売上額がA～C支店の該当月の売上額の平均値を下回る場合に文字"×"を，平均値以上であれば文字"○"を表示したい。セルC3に入力する式として，適切なものはどれか。ここで，セルC3に入力した式は，セルD3，セルE3，セルC5～E5，セルC7～E7に複写して利用するものとする。

	A	B	C	D	E
1	月	項目	A支店	B支店	C支店
2	7月	売上額	1,500	1,000	3,000
3		評価			
4	8月	売上額	1,200	1,000	1,000
5		評価			
6	9月	売上額	1,700	1,500	1,300
7		評価			

単位 百万円

ア　IF($C2 ＜ 平均(C2：E2), '○', '×')
イ　IF($C2 ＜ 平均(C2：E2), '×', '○')
ウ　IF(C2 ＜ 平均($C2：$E2), '○', '×')
エ　IF(C2 ＜ 平均($C2：$E2), '×', '○')

解説

(1) 問題文は，「該当支店の売上額がA～C支店の該当月の売上額の平均値を下回る場合に文字"×"を，平均値以上であれば文字"○"を表示したい」とされています。これをセルC3だけに限定して解釈すれば，「A支店の7月の売上額が，7月のA～C支店の売上額の平均値を下回る場合に文字"×"を，平均値以上であれば文字"○"を表示したい」となり，セルC3には，「IF(C2 ＜ 平均(C2：E2), '×', '○')」が入りそうです。したがって，正解の候補は，選択肢イとエに絞られます。

(2) 問題文は，「セルC3に入力した式は，セルD3，セルE3，セルC5～E5，セルC7～E7に複写して利用するものとする」としています。そこで，選択肢イの「IF($C2 ＜ 平均(C2：E2), '×', '○')」を，セルC3からセルD3に複写すると，「$C」は絶対参照され，そのまま変わらず，また「C」と「E」は相対参照され，それぞれ「D」と「F」になり，セルD3には「IF($C2 ＜ 平均(D2：F2), '×', '○')」が格納されます。これでは，本問の要求に合致しないので，選択肢イは不正解です。

(3) 選択肢エの「IF(C2 ＜ 平均($C2：$E2), '×', '○')」を，セルC3からセルD3に複写すると，「$C」と「$E」は絶対参照され，そのまま変わらず，また「C」は相対参照され，「D」になり，セルD3

には「IF(D2 ＜ 平均($C2：$E2)，'×'，'○')」が格納されます。これが、本問の要求に合致しているので、選択肢エが正解です。

正解：エ

表計算ソフトを用いて、二つの科目X，Yの成績を評価して合否を判定する。それぞれの点数はワークシートのセルA2，B2に入力する。合計点が120点以上であり、かつ、2科目とも50点以上であればセルC2に"合格"、それ以外は"不合格"と表示する。セルC2に入れる適切な計算式はどれか。

	A	B	C
1	科目X	科目Y	合否
2	50	80	合格

ア　IF(論理積((A2+B2)≧120，A2≧50，B2≧50)，'合格'，'不合格')
イ　IF(論理積((A2+B2)≧120，A2≧50，B2≧50)，'不合格'，'合格')
ウ　IF(論理和((A2+B2)≧120，A2≧50，B2≧50)，'合格'，'不合格')
エ　IF(論理和((A2+B2)≧120，A2≧50，B2≧50)，'不合格'，'合格')

解説

(1) 問題文の「合計点が120点以上であり、かつ、2科目とも50点以上であれば」は、「A2+B2が120点以上であり、かつ、A2が50点以上、かつ、B2が50点以上であれば」と解釈できます。したがって、正解の候補は、「論理積」を使った選択肢アとイに絞られます。

(2) IF関数は、「IF（条件，条件が真の場合，条件が偽の場合)」の書式で記述されますので、本問の場合、「IF（条件，'合格'，'不合格')」と書かれなければならず、選択肢アが正解です。

正解：ア

Chapter 7 データベース

① 企業が業務活動を重ねていくと…

② そこには様々なデータが生まれてきます

③ そしてこれがまた、各々独立してるようでつながってたりとややこしい

④ なにがややこしいって？

⑤ 別々に情報があると更新も別々になって内容の不整合が甚だしいのです

⑥ そこで出てくるのがデータベース

⑦ データベースとはその名のとおり「データの基地」とも言える存在で…

⑧ 複数のシステムやユーザが扱うデータを一元的に管理します

Chapter 7-1 DBMSと関係データベース

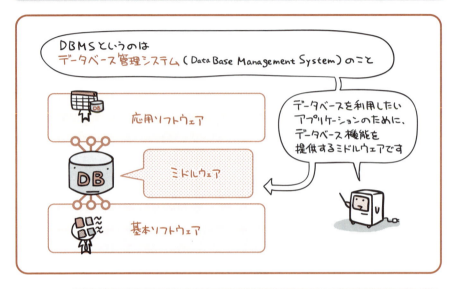

「データベース管理システム (DBMS)」は、データベースの定義や操作、制御などの機能を持つミドルウェアです。

　データベースは、アプリケーションのデータを保存・蓄積するためのひとつの手段です。大量のデータを蓄積しておいて、そこから必要な情報を抜き出したり、更新したりということが柔軟に行えるため、多くのデータを扱うアプリケーションでは欠かすことができません。特に、複数の利用者が大量のデータを共同利用する用途で強みを発揮します。

　そうしたデータベース機能を、アプリケーションから簡単に扱えるようにしたのが「データベース管理システム」というミドルウェア。普段アプリケーションは、ファイルの読み書きについてはOS任せで細かいところまで関知しません。あれのデータベース版みたいなもの…と思えば良いでしょう。

　データベースにはいくつか種類があります。代表的なのは次の3つ。中でも関係型と呼ばれるデータベースが現在の主流です。

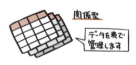

関係データベースは表、行、列で出来ている

関係データベースは表の形でデータを管理するデータベースです。

データベースには、データ1件が1つの行として記録されるイメージで、追加も削除も基本的に行単位で行います。この行が複数集まることで表の形が出来上がります。

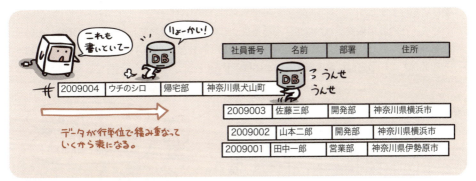

表、行、列には別の呼び名もありますので、ひと通りおさえておきましょう。

表（テーブル）	複数のデータを収容する場所のことです。
行（レコード、組、タプル）	1件分のデータをあらわします。
列（フィールド、属性）	データを構成する各項目をあらわします。

ちなみに、なんで「関係」データベースなのかというと、データの内容次第で複数の表を関係付けして扱うことができるから。

この「関係」のことをリレーションシップと言います。なので、関係データベースは、リレーショナルデータベース（RDB：Relational Database）とも呼ばれます。

表を分ける「正規化」という考え方

関係データベースでは、蓄積されているデータに矛盾や重複が発生しないように、表を最適化するのがお約束です。

具体的には、「ああ、この表は同じ内容をアチコチに書いちゃってるから更新の仕方によっては古い情報と新しい情報が混在しちゃったりするかもなー」という時に、そうならないよう表を分割したりするのです。

これを正規化と呼びます。

たとえば下の表を見てください。この社員表には、社員番号や名前の他に、所属部署が書いてありますよね。

さて、社内の組織変更なんかはよくあることです。仮に「開発部」が「法人開発部」という名前に変わったとしましょう。そうすると、この「開発部」と書いてある行は、すべて「法人開発部」という名前に書き換えないといけません。

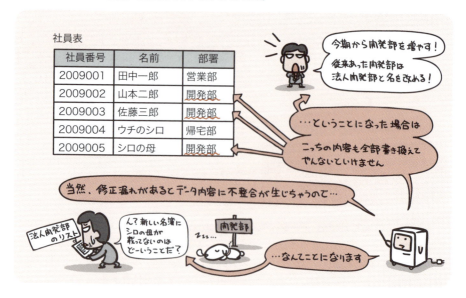

そこで、表をこんな感じに分けてやる。

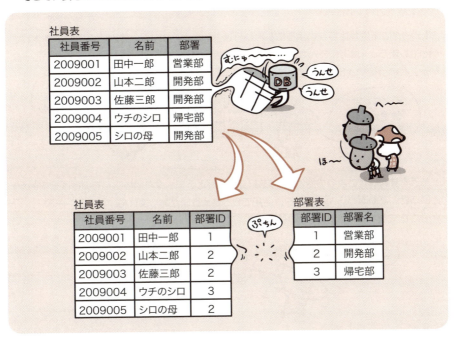

部署の名前を書いていた列には、部署IDだけを記録するように変更しています。
　これなら、部署名が変更されても部署表を書き換えれば良いだけとなり、データに矛盾が生じる恐れはありません。

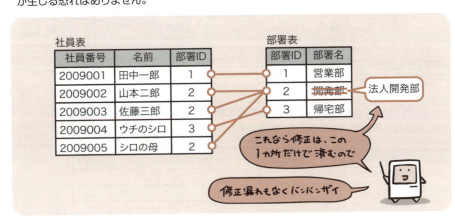

　このように、正規化しておくことが、データの矛盾や重複を未然に防ぐことへとつながるのです。

関係演算とビュー表

「データに矛盾が生じないように」という理由はわかりますが、表がどんどん分割されていってしまうと「はて、こんな細切れになった表がひとつあっても使い物にならないじゃないか」という疑問が出てきます。

そうですね。ここまでの話というのは、いわば「どうデータを溜め込んでいけば効率的か」という話。でも溜め込んだデータは活用できなきゃ意味がありません。

そこで、関係演算が出てくるわけですよ。

関係演算というのは、表の中から特定の行や列を取り出したり、表と表をくっつけて新しい表を作り出したりする演算のこと。「選択」「射影」「結合」などがあります。

 選択

選択は、行を取り出す演算です。この演算を使うことで、表の中から特定の条件に合致する行だけを取り出すことができます。

社員番号	名前	部署ID
2009001	田中一郎	1
2009002	山本二郎	2
2009003	佐藤三郎	2
2009004	ウチのシロ	3
2009005	シロの母	2

社員番号	名前	部署ID
2009002	山本二郎	2
2009003	佐藤三郎	2
2009005	シロの母	2

特定の部署の行だけを抜き出してみましたよ、の図

 **射影**

　射影は、列を取り出す演算です。この演算を使うことで、表の中から特定の条件に合致する列だけを取り出すことができます。

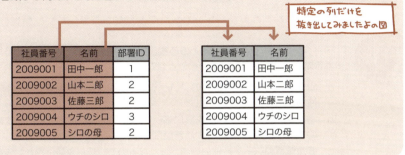

結合

　結合は、表と表とをくっつける演算です。表の中にある共通の列を介して2つの表をつなぎあわせます。

　…というわけでありまして、関係演算を用いると、溜め込んだデータを使って様々な表を生み出すことができちゃうのです。

　このような、仮想的に作る一時的な表のことをビュー表といいます。

このように出題されています
過去問題練習と解説

問1 (IP-R02-A-64)

データ処理に関する記述a～cのうち，DBMSを導入することによって得られる効果だけを全て挙げたものはどれか。

a 同じデータに対して複数のプログラムから同時にアクセスしても，一貫性が保たれる。
b 各トランザクションの優先度に応じて，処理する順番をDBMSが決めるので，リアルタイム処理の応答時間が短くなる。
c 仮想記憶のページ管理の効率が良くなるので，データ量にかかわらずデータへのアクセス時間が一定になる。

ア a　　　イ a, c　　　ウ b　　　エ b, c

解説

a … そのとおりです。b … 各トランザクションに、優先度は付けられません。複数のトランザクションの処理順番は、基本的に、発生順（先入先出法）です。c … DBMSの導入と、仮想記憶のページ管理の効率性は、無関係です。また、DBMSを導入しても、処理するデータ量が増えると、一般的にデータへのアクセス時間は長くなります。

正解：ア

問2 (IP-H29-S-89)

情報処理に関する用語a～dのうち，関係データベースの関係演算だけを全て挙げたものはどれか。

a.結合　　b.射影　　c.順次　　d.選択

ア a, b　　　イ a, b, c　　　ウ a, b, d　　　エ a, d

解説

関係データベースの関係演算は、結合、射影、選択の3つです。結合、射影、選択の説明は、156～157ページを参照してください。

正解：ウ

問3 (IP-R01-A-87)

売上伝票のデータを関係データベースの表で管理することを考える。売上伝票の表を設計するときに，表を構成するフィールドの関連性を分析し，データの重複及び不整合が発生しないように，複数の表に分ける作業はどれか。

ア 結合　　　イ 射影　　　ウ 正規化　　　エ 排他制御

解　説

　各選択肢の説明は、結合と射影…157ページ、正規化…154ページ、排他制御…170ページ、を参照してください。なお、本問の「フィールド」は「列」と同じ意味です。

正解：ウ

問 4

(IP-R02-A-57)

次に示す項目を使って関係データベースで管理する"社員"表を設計する。他の項目から導出できる，冗長な項目はどれか。

社員

社員番号	社員名	生年月日	現在の満年齢	住所	趣味

　ア　生年月日　　　イ　現在の満年齢　　　ウ　住所　　　エ　趣味

解　説

　「現在の満年齢」は、「生年月日」から、導き出せます。例えば、現在が2020年10月であれば、生年月日が2000年4月1日の社員の満年齢は、20才です。

正解：イ

問 5

(IP-H30-S-81)

顧客名と住所，商品名と単価，顧客が注文した商品の個数と注文した日付を関係データベースで管理したい。正規化された表として，適切なものはどれか。ここで，下線は主キーを表し，顧客名や商品名には，それぞれ同一のものがあるとする。

ア

顧客

顧客番号	顧客名	住所

商品

商品番号	商品名	単価

注文

注文番号	顧客番号	商品番号	個数	日付

イ

顧客

顧客番号	顧客名	住所

商品

商品番号	商品名	単価

注文

注文番号	顧客番号	商品名	個数	日付

ウ

顧客

顧客番号	顧客名	住所	日付

注文

注文番号	顧客名	商品名	単価	個数

エ

商品

商品番号	商品名	単価	個数

注文

注文番号	商品番号	顧客名	住所	日付

解　説

ア　消去法により、本選択肢が正解です。

イ～エ　選択肢イの注文表の「顧客名」と「商品名」に、選択肢ウの注文表の「顧客名」と「商品名」と「単価」に、選択肢エの注文表の「顧客名」と「住所」に、それぞれ154ページの「部署」のような重複した値が生じる可能性があります。例えば、顧客名に「キタミ商店」、商品名に「薄型テレビ 32インチ」などです。選択肢イ～エには、他にも不具合はありますが、説明を割愛します。

正解：ア

Chapter 7-2 主キーと外部キー

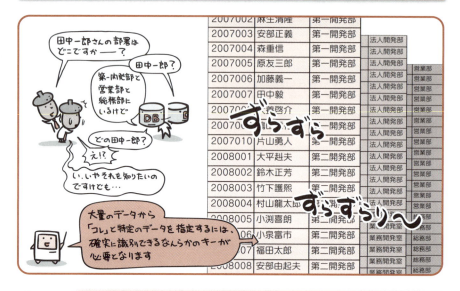

 行を特定したり、表と表に関係を持たせたりするためには
主キーや外部キーという「鍵となる情報」が必要です。

　データベースを扱う場合、そこには行を特定するためのキーが必要になります。たとえば「第一開発部の田中一郎さんが異動になったから部署情報更新しなきゃ」という時は、「第一開発部の田中一郎さん」を示す行がどれか特定できないと内容を書き換えられないですよね。
　そのため、データベースの表には、その中の行ひとつひとつを識別できるように、キーとなる情報が必ず含まれています。これを主キーと呼びます。身近なところにある主キー的な例といえば、社員番号や学生番号などがまさにそれ。
　え？ 個人を識別するなら名前をそのまま使えばいいじゃないか？
　いえいえ、あれは可能性が低いとはいえ同姓同名の存在が否定できないので、主キーには使えないのですよ。
　それだけではなく、表と表とを関係付けする時にもこの主キーが活躍します。その場合は「よその主キーを参照してますよー」という意味で外部キーという呼び名が出てくるのですが…これについて詳しくはまた後で。

主キーは行を特定する鍵のこと

前ページでもふれたように、表の中で各行を識別するために使う列のことを主キーと呼びます。ようするに主キーというのは、ID番号みたいなのが入った列のこと…と思えば、だいたいの場合正解です。

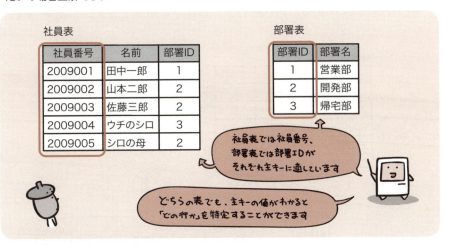

たとえばお店で「○○って製品置いてますか?」と聞いた時に、「詳しい型番などわかりますでしょうか」と返されることがありますよね。製品の型番というのは一意であることが保証された主キーなので、それがわかると話が早いわけです。

主キーとできる条件は、「表の中で内容が重複しないこと」と「内容が空ではないこと」の2点。中身が空だと指定しようがないのでダメなのです。

ちなみに、ひとつの列では一意にならないけど、複数の列を組み合わせれば一意になるぞという場合があります。このような複数列を組み合わせて主キーとしたものを複合キーと呼びます。

外部キーは表と表とをつなぐ鍵のこと

　関係データベースは、表と表とを関係付けできるところに特色があります。でも、「なにを基準に」関係を持たせるのでしょうか。

　ここでも主キーが出てきます。

　表と表とを関係付けるため、他の表の主キーを参照する列のことを外部キーと呼びます。

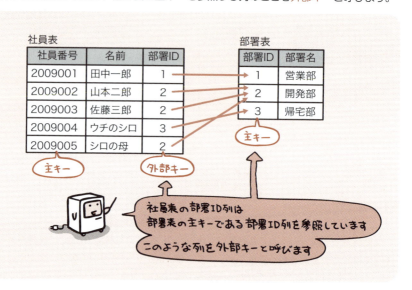

外部キーによって両者が関係付けされていることで…

…というやり取りができるわけです。

このように出題されています
過去問題練習と解説

問1 (IP-R03-95)

関係データベースで管理された"商品"表,"売上"表から売上日が5月中で,かつ,商品ごとの合計額が20,000円以上になっている商品だけを全て挙げたものはどれか。

商品

商品コード	商品名	単価 (円)
0001	商品A	2,000
0002	商品B	4,000
0003	商品C	7,000
0004	商品D	10,000

売上

売上番号	商品コード	個数	売上日	配達日
Z00001	0004	3	4/30	5/2
Z00002	0001	3	4/30	5/3
Z00005	0003	3	5/15	5/17
Z00006	0001	5	5/15	5/18
Z00003	0002	3	5/5	5/18
Z00004	0001	4	5/10	5/20
Z00007	0002	3	5/30	6/2
Z00008	0003	1	6/8	6/10

ア　商品A, 商品B, 商品C
イ　商品A, 商品B, 商品C, 商品D
ウ　商品B, 商品C
エ　商品C

解説

「売上」表の外部キーである「商品コード」と、それが参照する「商品」表の主キーである「商品コード」の対応関係を線で結びつけると下図になります (商品ごとに線色を変えています)。

売上

売上番号	商品コード	個数	売上日	配達日
Z00001	0004	3	4/30	5/2
Z00002	0001	3	4/30	5/3
Z00005	0003	3	5/15	5/17
Z00006	0001	5	5/15	5/18
Z00003	0002	3	5/5	5/18
Z00004	0001	4	5/10	5/20
Z00007	0002	3	5/30	6/2
Z00008	0003	1	6/8	6/10

商品

商品コード	商品名	単価 (円)
0001	商品A	2,000
0002	商品B	4,000
0003	商品C	7,000
0004	商品D	10,000

上図より、商品A～Dの5月中の売上金額合計は、下記のとおりです。

商品A …(Z0006の5個 + Z0004の4個) × 2,000円 = 18,000円
商品B …(Z0003の3個 + Z0007の3個) × 4,000円 = 24,000円
商品C …(Z0005の3個) × 7,000円 = 21,000円
商品D …(なし) × 10,000円 = 0円

上記より、売上日が5月中で、かつ、商品ごとの合計額が20,000円以上になっている商品は、商品Bと商品Cです。

正解：ウ

Chapter 7-3 論理演算でデータを抜き出す

論理演算を使うと、「AかつB」「AまたはB」というように
複数の条件を組み合わせて使うことができます。

　データベースというのは、まず「大量のデータを溜め込む」ことに長けています。そして、その中から必要な列だけを抽出した上で表同士を結合させたりと、「欲しい表を欲しい形にして取り出す」ことにも長けています。ビュー表なんかがそうですよね。
　でも、溜め込んだデータを活用するという意味では、それだけじゃまだ不十分。
　欲しい形の表から、求めるデータを的確に抽出できてこそデータベース 。それも単純な条件じゃなくて、「○年度入社で営業部に在籍しているもののリスト」とか、「開発部所属で、役職主任以上、年齢30歳以上の者リスト」とか、そういう複数の条件を使ってデータを絞り込んでこそ、活用範囲が一気に広がるのです。
　そのために使うのが論理演算。中でも代表的なのが、「論理和(OR)」「論理積(AND)」「否定(NOT)」の3つです。
　ちなみにこの論理演算というのは、データベース以外に、Webの検索とか、プログラミング時の条件指定などでも使いますので、よーく理解しておきましょう。

ベン図は集合をあらわす図なのです

「ベン図」とか言われても、昔学校で習ったかもしれんけど覚えてない…という人のために、まずはベン図を軽くおさらいしておきましょう。

ベン図というのは集合（グループ）同士の関係を、図として視覚的にあらわしたものです。ん？難しい？たとえば下記の会社員軍団を見てください。

「スーツを着ている人」と「ネクタイをしめている人」でグループ分けしてみると次のようになります。

これをベン図であらわしてみましょう。円で囲った条件ごとにグループが形成されていて、複数の条件に合致するところは円と円が重なり合っているのがわかります。

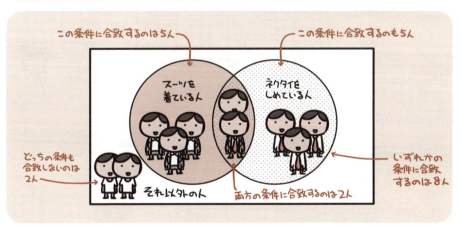

このようにして、集合同士の関係をあらわすのがベン図。論理演算を使うと、この図の中から任意のグループを取り出すことができるのです。

論理和（OR）は「○○または××」の場合

論理演算の論理和（OR）では、2つある条件の、いずれかが合致するものを真とみなします。先の例でいえば下記の範囲が該当することになります。

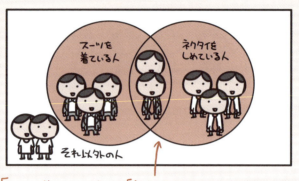

「スーツを着ている人」または「ネクタイをしめている人」が該当する。

たとえば次の表で、「年齢30歳以上」「開発部所属」という条件の論理和（OR）を求めたとすると…。

抽出されるデータはこのようになります。

論理積（AND）は「○○かつ××」の場合

論理演算の論理積（AND）では、2つある条件の、両方が合致するものを真とみなします。先の例でいえば下記の範囲が該当することになります。

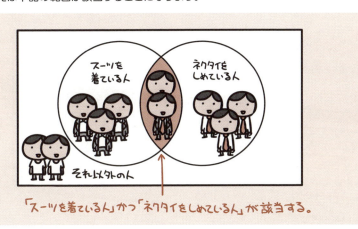

たとえば次の表で、「年齢30歳以上」「開発部所属」という条件の論理積（AND）を求めたとすると…。

抽出されるデータはこのようになります。

社員番号	名前	年齢	性別	部署名
2008003	△△次郎	35	男	開発部
2008005	××幸子	33	女	開発部

否定（NOT）は「○○ではない」の場合

論理演算の否定（NOT）では、ある条件の「合致しない」ものを真とみなします。たとえば「スーツを着ている人」を条件とすると、下記の範囲が該当することになります。

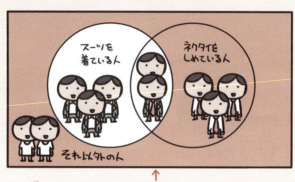

たとえば次の表で、「年齢30歳以上」という条件の否定（NOT）を求めたとすると…。

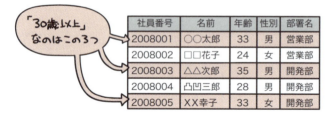

抽出されるデータはこのようになります。

このように出題されています
過去問題練習と解説

問1 (IP-H29-A-98)

次のベン図の網掛けした部分の検索条件はどれか。

ア　(not A) and (B and C)
イ　(not A) and (B or C)
ウ　(not A) or (B and C)
エ　(not A) or (B or C)

解説

正解：イ

問2 (IP-R02-A-73)

関係データベースにおいて，表Aと表Bの積集合演算を実行した結果はどれか。

表A

品名	価格
ガム	100
せんべい	250
チョコレート	150

表B

品名	価格
せんべい	250
チョコレート	150
どら焼き	100

ア

品名	価格
ガム	100
せんべい	250
チョコレート	150
どら焼き	100

イ

品名	価格
ガム	100
せんべい	500
チョコレート	300
どら焼き	100

ウ

品名	価格
せんべい	500
チョコレート	300

エ

品名	価格
せんべい	250
チョコレート	150

解説

積集合演算とは、167ページの論理積のことです。表Aと表Bの両方に共通してあるデータは、「せんべい　250」と「チョコレート　150」です。

正解：エ

Chapter 7-4 排他制御

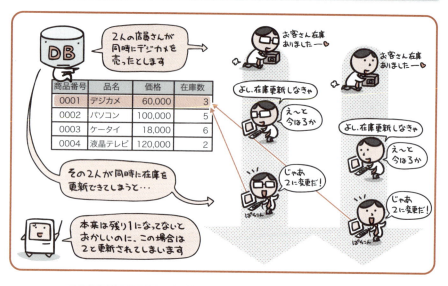

データベースを複数の人が同時に変更できてしまうと、
内容に不整合が生じる恐れがあります。

　データベースは複数の人で共有して使うことのできる便利なものですが、それだけに、利用者が誰も彼も好き勝手にデータを操作できてしまうと、ロクでもない事態に陥りがちだったりします。

　たとえばイラストにあるような、複数の人が同じデータを同時に読み書きしてしまいましたという場合。

　本来は、在庫がひとつ減って3から2になり、後の人はその在庫数をさらにひとつ減らして1とする…という流れにならなくてはいけません。でも、ほぼ同時に読み書きしてしまったがために、どっちの店員さんにも「今の在庫数は3」と見えてしまいます。結局、後から書いた店員さんのデータには前の店員さんの変更が反映されておらず、在庫数の値はおかしなことになったまま…。

　他にも、「ちょうど更新作業中のデータが、別の人によって削除された」なんてことも起こりえます。とにかく誰も彼もが好き勝手に操作している限り、データの不整合を引き起こす要因は枚挙にいとまがないのです。

　そうした問題からデータベースを守るのが排他制御と呼ばれる機能です。

排他制御とはロックする技

排他制御は、処理中のデータをロックして、他の人が読み書きできないようにしてしまいます。それによって、データに不整合が生じる恐れをなくすのです。

ロックする方法には、次の2種類があります。

 共有ロック

各ユーザはデータを読むことはできますが、書くことはできません。

 **専有ロック**

他のユーザはデータを読むことも、書くこともできません。

このように出題されています
過去問題練習と解説

問1
(IP-H27-S-77)

DBMSにおいて，データへの同時アクセスによる矛盾の発生を防止し，データの一貫性を保つための機能はどれか。

ア 正規化　　イ デッドロック　　ウ 排他制御　　エ リストア

解説

- ア 正規化は、154ページを参照してください。
- イ デッドロックは、2つのデータを排他的に使用する2つのアクセスがあるときに発生することがある「処理が進まなくなる現象」のことです。
- ウ 排他制御は、170ページを参照してください。
- エ データベースにおけるリストアは、定期的に保存してあるバックアップから、データをデータベースに復元することです。

正解：ウ

問2
(IP-R02-A-72)

2台のPCから一つのファイルを並行して更新した。ファイル中のデータnに対する処理が①〜④の順に行われたとき，データnは最後にどの値になるか。ここで，データnの初期値は10であった。

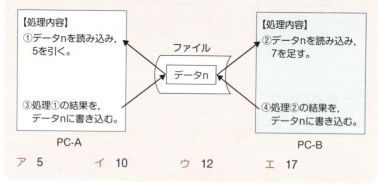

ア 5　　イ 10　　ウ 12　　エ 17

解説

データnの初期値は10です。①：データn「10」を読み込み、5を引くと「5」になります。②：データnを読み込むと、その値は「10」です。①で行った処理結果の「5」は、PC-A内に保持されており、ファイル内のデータnとは無関係です。したがって、データn「10」を読み込み、7を足すと「17」になります。③：処理①の結果「5」をデータnに書き込むと、データnは「5」になります。④：処理②の結果「17」をデータnに書き込むと、データnは「17」になります。

正解：エ

Chapter 7-5 トランザクション管理と障害回復

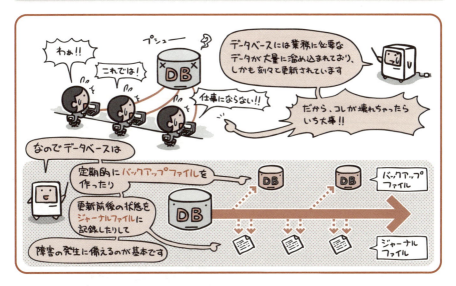

 データベースの障害回復には「バックアップファイル」や「ジャーナルファイル」を使います。

　機械が壊れても代替品を買ってくれば済みますが、壊れたデータには代替品なんてありません。それは困りますよね。データベースは中に納められたデータにこそ価値があるのに。
　そんなわけで、データベースは障害の発生に備えて定期的にバックアップを取ることが基本です。1日に1回など頻度を決めて、その時点のデータベース内容を丸ごと別のファイルにコピーして保管するのです。
　これなら万が一障害が発生しても、データは守られているから安心安心？ いや、まだそうは言えません。だって、バックアップを取ってから、次のバックアップを取るまでの間に更新された内容は保護されていないのですから。
　そこで、バックアップ後の更新は、ジャーナルと呼ばれるログファイルに、更新前の状態（更新前ジャーナル）と更新後の状態（更新後ジャーナル）を逐一記録して、データベースの更新履歴を管理するようにしています。
　実際に障害が発生した場合は、これらのファイルを使って、ロールバックやロールフォワードなどの障害回復処理を行い、元の状態に復旧します。

トランザクションとは処理のかたまり

データベースでは、一連の処理をひとまとめにしたものをトランザクションと呼びます。データベースは、このトランザクション単位で更新処理を管理します。

たとえば口座間の銀行振込を見てみましょう。

仮にAさんがBさんに1,000円振り込むとした場合、処理の流れは次のようになります。

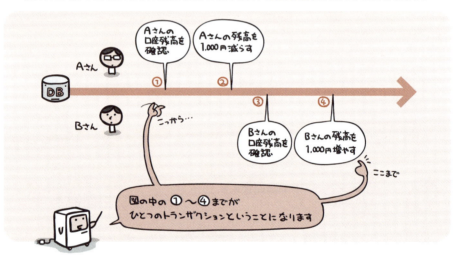

この中で、たとえばどこかの処理がずっこけちゃって、「Aさんの口座は減額されてるのに、Bさんの口座はお金が増えてない」なんてことになると困りますよね。場合によっては「訴えてやる!」なんて言われて、大変なことになりかねません。

つまり、「一連の流れの中で、どこか1箇所でもエラーが発生したら、全体を取り消しにしないといけない」という処理のかたまりを、トランザクションとして管理しているわけです。これによって、更新に失敗した場合でも、データベース内の整合性が保たれるようになっています。

ロールバックはトランザクションを巻き戻す

トランザクション処理中になんらかの障害が発生して更新に失敗した場合、そこまでに行った処理はすべてなかったことにしないとデータに不整合が生じます…というのは前ページでも述べた通り。

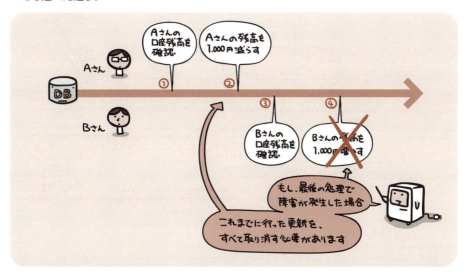

そこでこのような場合には、データベース更新前の状態を更新前ジャーナルから取得して、データベースをトランザクション開始直前の状態にまで戻します。
この処理をロールバックと呼びます。

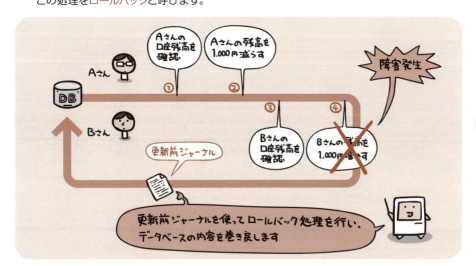

ロールフォワードはデータベースを復旧させる

ディスク障害などでデータベースが故障してしまった場合は、定期的に保存してあるバックアップファイルからデータを復元します。

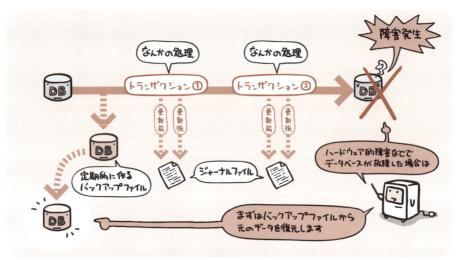

けれどもそれだけだと、バックアップ後に加えられた変更分は失われたままです。そこで、データベースに行った更新情報を、バックアップ以降の更新後ジャーナルから取得して、データベースを障害発生直前の状態にまで復旧させます。

バックアップファイルによる復元から、ここに至るまでの一連の処理をロールフォワードと呼びます。

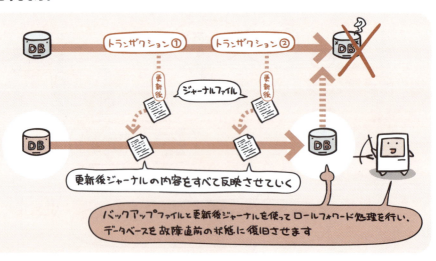

このように出題されています
過去問題練習と解説

問1 (IP-H29-A-76)

データベースの処理に関する次の記述中のa, bに入れる字句の適切な組合せはどれか。

データベースに対する処理の一貫性を保証するために、関連する一連の処理を一つの単位にまとめて処理することを a といい、 a が正常に終了しなかった場合に備えて b にデータの更新履歴を取っている。

	a	b
ア	正規化	バックアップファイル
イ	正規化	ログファイル
ウ	トランザクション処理	バックアップファイル
エ	トランザクション処理	ログファイル

解説

「トランザクション処理」の説明は174ページ、「ログファイル」の説明は173ページを参照してください。

正解：エ

問2 (IP-R03-62)

金融システムの口座振替では、振替元の口座からの出金処理と振替先の口座への入金処理について、両方の処理が実行されるか、両方とも実行されないかのどちらかであることを保証することによってデータベースの整合性を保っている。データベースに対するこのような一連の処理をトランザクションとして扱い、矛盾なく処理が完了したときに、データベースの更新内容を確定することを何というか。

ア　コミット　　イ　スキーマ　　ウ　ロールフォワード　　エ　ロック

解説

データベースに対する一連の処理をトランザクションとして扱い、矛盾なく処理が完了したときに、データベースの更新内容を確定することを「コミット」といいます。これに対し、トランザクション処理中になんらかの障害が発生し、処理内容に矛盾が生じた場合に、トランザクション処理開始直前の状態に戻すことを「ロールバック」といいます。

正解：ア

177

Chapter 8 ネットワーク

Chapter 8-1 LANとWAN

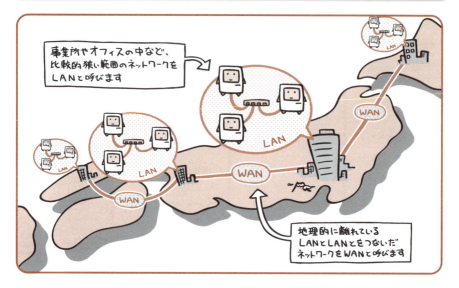

事業所やオフィスの中など、比較的狭い範囲のネットワークをLANと呼びます

地理的に離れているLANとLANとをつないだネットワークをWANと呼びます

事業所など局地的な狭い範囲のネットワークをLAN、
LAN同士をつなぐ広域ネットワークをWANと呼びます。

　コンピュータのネットワークを語る上で欠かすことの出来ない用語が、LANとWANです。
　LANはLocal Area Network（ローカル・エリア・ネットワーク）の略。最近では自宅に複数のパソコンがあるという家庭も多いですが、そのような家庭で構築する宅内ネットワークもLANになります。
　一方、企業などで「東京本社と大阪支社をつなぐ」ような、遠く離れたLAN同士を接続するネットワークがWAN。これはWide Area Network（ワイド・エリア・ネットワーク）の略で、広い意味ではインターネットも、このWANの一種だと言えます。
　コンピュータの扱うディジタルデータは、こうしたLANやWANというネットワークを介すことで、距離を意識せずにやり取りすることができます。その利便性から、今ではオフィスや家庭といった枠に関係なく、標準的なインフラとして広く利用されています。

データを運ぶ通信路の方式とWAN通信技術

コンピュータがデータをやりとりするためには、互いを結ぶ通信路が必要です。

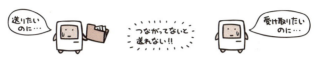

もっともシンプルな形は、互いを直接1本の回線で結んでしまうこと。これを専用回線方式と言います。

しかしこれでは1対1の通信しか行えません。やはりネットワークというからには、より多くのコンピュータで自由にやりとりできるようにしたいものです。

このように、交換機(にあたるもの)が回線の選択を行って、必要に応じた通信路が確立される方式を交換方式と言います。交換方式には、大きく分けて次の2種類があります。

回線交換方式

送信元から送信先にまで至る経路を交換機がつなぎ、通信路として固定します。

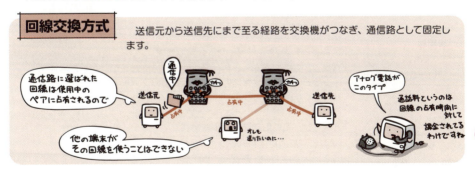

パケット交換方式

パケット（小包の意）という単位に分割された通信データを、交換機が適切な回線へと送り出すことで通信路を形成します。

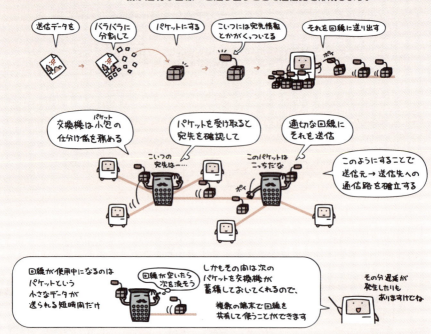

WANの構築で拠点間を接続する場合などを除いて、現在のコンピュータネットワークで用いられるのは基本的にすべてパケット交換方式です。

専用線	拠点間を専用回線で結ぶサービス。回線速度と距離によって費用が決まる。セキュリティは高いが、非常に高額。
フレームリレー方式	パケット交換方式をもとに、伝送中の誤り制御を簡略化して高速化を図ったもの。データ転送の単位は可変長のフレームを用いる。
ATM交換方式（セルリレー方式）	パケット交換方式をもとに、データ転送の単位を可変長ではなく固定長のセル（53バイト）とすることで高速化を図ったもの。パケット交換方式と比べて、伝送遅延は小さい。
広域イーサネット	LANで一般的に使われているイーサネット（P.184）技術を用いて拠点間を接続するもの。高速で、しかも一般的に使用している機器をそのまま使えるためコスト面でのメリットも大きい。WAN構築における近年の主流サービス。

LANの接続形態（トポロジー）

LANを構築する時に、各コンピュータをどのようにつなぐか。その接続形態のことをトポロジーと呼びます。
次の3つが代表的なトポロジーです。

✳ スター型

ハブを中心として、放射状に各コンピュータを接続する形態です。
イーサネットの100BASE-TXや1000BASE-Tという規格などで使われています。

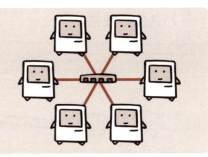

⊥ バス型

1本の基幹となるケーブルに、各コンピュータを接続する形態です。
イーサネットの10BASE-2や10BASE-5という規格などで使われています。

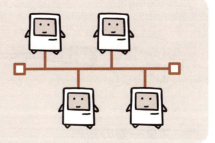

○ リング型

リング状に各コンピュータを接続する形態です。
トークンリングという規格などで使われています。

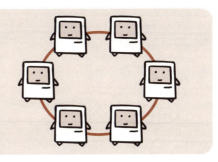

現在のLANはイーサネットがスタンダード

　LANの規格として、現在もっとも普及しているのがイーサネット (Ethernet) です。IEEE（米国電気電子技術者協会）によって標準化されており、接続形態や伝送速度ごとに、次のような規格に分かれています。

　伝送速度に使われているbps (bits per second) という単位は、1秒間に送ることのできるデータ量（ビット数）をあらわしています。

⊥ バス型の規格

規格名称	伝送速度	伝送距離	伝送媒体
10BASE5	10Mbps	最大500m	同軸ケーブル (Thick coax)

太さ10mmのこんなケーブルを使います

規格名称	伝送速度	伝送距離	伝送媒体
10BASE2	10Mbps	最大185m	同軸ケーブル (Thin coax)

太さ5mmのこんなケーブルを使います

✳ スター型の規格

規格名称	伝送速度	伝送距離	伝送媒体
10BASE-T	10Mbps	最大100m	ツイストペアケーブル
100BASE-TX	100Mbps	最大100m	ツイストペアケーブル
1000BASE-T	1G (1000M) bps	最大100m	ツイストペアケーブル

電話線のモジュラーケーブルと似たこんなケーブルを使います

イーサネットはCSMA/CD方式でネットワークを監視する

イーサネットは、アクセス制御方式としてCSMA/CD (Carrier Sense Multiple Access/Collision Detection) 方式を採用しています。

CSMA/CD方式では、ネットワーク上の通信状況を監視して、他に送信を行っている者がいない場合に限ってデータの送信を開始します。

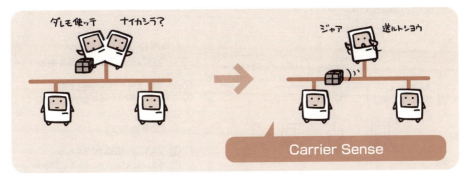

それでも同時に送信してしまい、通信パケットの衝突（コリジョン）が発生した場合は、各々ランダムに求めた時間分待機してから、再度送信を行います。

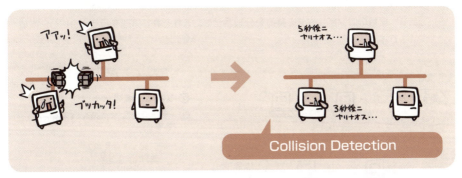

このように通信を行うことで、1本のケーブルを複数のコンピュータで共有することができるのです。

クライアントとサーバ

ネットワークにより、複数のコンピュータが組み合わさって働く処理の形態にはいくつか種類があります。中でも代表的なのが次の2つです。

集中処理

ホストコンピュータが集中的に処理をして、他のコンピュータはそれにぶら下がる構成です。

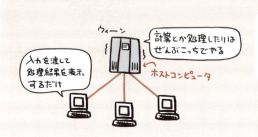

○ 長所はココ！
ホストコンピュータに集中して対策を施すことで…
① データの一貫性を維持・管理しやすい
② セキュリティの確保や運用管理がカンタン

✕ 短所はココ！
① システムの拡張がタイヘン
② ホストコンピュータが壊れると全体が止まっちゃう

分散処理

複数のコンピュータに負荷を分散させて、それぞれで処理を行うようにした構成です。

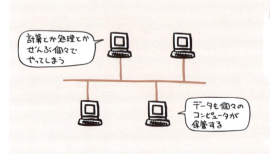

○ 長所はココ！
① システムの拡張がカンタン
② 一部のコンピュータが壊れても全体には影響しない

✕ 短所はココ！
① データの一貫性を維持・管理しづらい
② セキュリティの確保や運用管理がタイヘン

昔は小型のコンピュータがあまりに非力だったので、大型のコンピュータが処理を担当する「集中処理」が主流でした

大・勝・利

186

しかしコンピュータの性能があがってきたことにより…

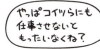
やっぱコイツらにも仕事させないともったいなくね？

う〜ん、でも分散処理だとデータを一元管理できないという問題が…

　というわけで、分散処理ではあるんですが、集中処理のいいところも取り込んだようなシステム形態が出てきました。それが、クライアントサーバシステムです。

クライアントサーバシステム

　集中的に管理した方が良い資源（プリンタやハードディスク領域など）やサービス（メールやデータベースなど）を提供するサーバと、必要に応じてリクエストを投げるクライアントという、2種類のコンピュータで処理を行う構成で、現在の主流となっています。

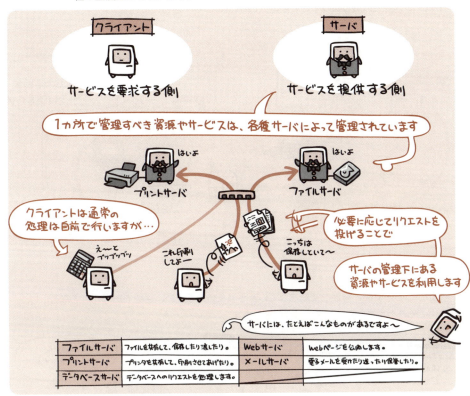

　ちなみに、「サーバ」や「クライアント」というのは役割を示す言葉であり、そうした名前で専用の機械があるわけではありません。
　ですから、サーバ自体がクライアントとして他のサーバに要求を出すこともありますし、1台のサーバマシンに複数のサーバ機能を兼任させることもあります。

線がいらない無線LAN

ケーブルを必要とせず、電波などを使って無線で通信を行うLANが無線LANです。IEEE802.11シリーズとして規格化されています。

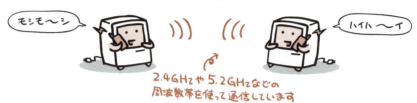

無線なので電波の届く範囲であれば自由に移動することができます。そのため、特にノートパソコンなど、持ち運びできる装置をLANへとつなぐ場合に便利です。

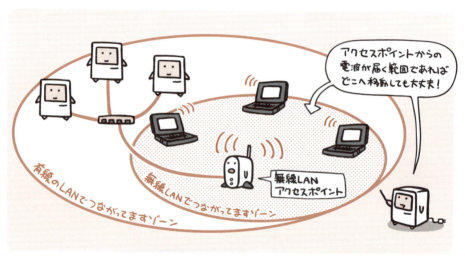

しかしその反面、電波を盗聴されてしまう恐れもあるため、通信を暗号化するなど、しっかりとしたセキュリティ対策が必要になります。

このように出題されています
過去問題練習と解説

問1 (IP-R02-A-63)

記述a～dのうち、クライアントサーバシステムの応答時間を短縮するための施策として、適切なものだけを全て挙げたものはどれか。

a　クライアントとサーバ間の回線を高速化し、データの送受信時間を短くする。
b　クライアントの台数を増やして、クライアントの利用待ち時間を短くする。
c　クライアントの入力画面で、利用者がデータを入力する時間を短くする。
d　サーバを高性能化して、サーバの処理時間を短くする。

ア　a, b, c　　イ　a, d　　ウ　b, c　　エ　c, d

解説

aとd　そのとおりです。b　クライアントの台数を増すと、クライアントの利用待ち時間は長くなります。c　クライアントの入力画面で、利用者がデータを入力する時間を短くしても、クライアントサーバシステムの応答時間は変わりません。クライアントサーバシステムの応答時間は、クライアントからサーバにデータの送信が開始されてから、処理結果がサーバからクライアントに到着するまでの時間です（利用者がデータを入力する時間は含まれません）。

正解：イ

問2 (IP-R02-A-88)

無線LANに関する記述のうち、適切なものだけを全て挙げたものはどれか。

a　使用する暗号化技術によって、伝送速度が決まる。
b　他の無線LANとの干渉が起こると、伝送速度が低下したり通信が不安定になったりする。
c　無線LANでTCP/IPの通信を行う場合、IPアドレスの代わりにESSIDが使われる。

ア　a, b　　イ　b　　ウ　b, c　　エ　c

解説

a　使用する暗号化技術によって、伝送速度は多少影響を受けますが、伝送速度が決まるとは言えません。b　そのとおりです。c　無線LANでTCP/IPの通信を行う場合、IPアドレスが使われます（有線LANでも同様です）。ESSID (Extended Service Set IDentifier) とは、無線アクセスポイントを含む無線LANの識別名であり、基本的に、無線LANではIPアドレスとESSIDの両方を使っています。

正解：イ

問3 (IP-H23-S-82)

無線LANの規格はどれか。

　ア　CDMA　　イ　IEEE802.11n　　ウ　IEEE802.3　　エ　ISDN

解説

ア　CDMAは、Code Division Multiple Accessの略であり、通信技術のひとつです。携帯電話の多元接続方式として広く普及しています。
イ　IEEE802.11nは、理論上の最高伝送速度が600Mbpsである無線LANの規格です。これ以外の無線LAN規格には、IEEE802.11a、IEEE802.11b、IEEE802.11g、IEEE802.11ac、IEEE802.11axなどがあり、いずれもIEEE802.11で始まります。
ウ　IEEE802.3は、CSMA/CDを使う有線LANの規格です。
エ　ISDNは、Integrated Service Digital Networkの略であり、電話・FAX・データ通信を統合したデジタルネットワークです。最近はあまり使われなくなりました。

正解：イ

問4 (IP-R01-A-77)

無線LANに関する記述のうち，適切なものはどれか。

　ア　アクセスポイントの不正利用対策が必要である。
　イ　暗号化の規格はWPA2に限定されている。
　ウ　端末とアクセスポイント間の距離に関係なく通信できる。
　エ　無線LANの規格は複数あるが，全て相互に通信できる。

解説

ア　消去法により、本選択肢が正解です。
イ　暗号化の規格は、WEP、WPA、WPA2、WPA3など複数あります。
ウ　障害物がない状況下において、端末とアクセスポイント間の距離が約100m以下であれば通信可能です（ただし、アクセスポイントの製品等の違いによって50m程度の場合もあります）。
エ　無線LANの規格は複数ありますが、相互に通信できません（＝アクセスポイントの無線LANの規格と無線端末の無線LANの規格を一致させなければなりません）。

正解：ア

問5 (IP-H27-S-67)

PCをネットワークに接続せずに単独で利用する形態を何と呼ぶか。

　ア　シンクライアント　　イ　シングルプロセッサ
　ウ　スタンドアロン　　　エ　ピアツーピア

解説

アとエ　シンクライアントとピアツーピアは、393ページを参照してください。
イ　シングルプロセッサは、プロセッサが1つだけのコンピュータを指す用語です。マルチプロセッサは、2つ以上のプロセッサを持つコンピュータです。
ウ　スタンドアロンは、ネットワークに接続せず、アローン（単独）でスタンドする（立つ）と覚えるとよいでしょう。

正解：ウ

Chapter 8-2 プロトコルとパケット

コンピュータは色んな約束事にのっとって、
ネットワークを介したデータのやり取りを行います。

　私たち人間は、言葉を使って情報を伝達することができます。でも、私は英語でペラペラ話しかけられたって「This is a pen.」くらいしかわかりません。そしてそんなことを話しかけてくる人はまずいません。つまりまるでわからない。これと同様に、英語しか話せない人に日本語で話しかけても、まず通じることはないでしょう。
　つまり「言葉で情報を伝達できる」といったって、両方が同じ言語、同じ「言語という約束事」を共有できていないと意味がないわけです。
　コンピュータのネットワークもこれと同じことが言えます。
　どんなケーブルを使って、どんな形式でデータを送り、それをどうやって受け取って、どのように応答するか。全部共通の約束事が定められています。
　考えてみれば、手紙をやり取りするのだって、電話をかけたり受けたりするのだって、全部なんらかの約束事が定められていますよね。
　情報をやり取りするためには約束事が必要。その約束事を互いに共有するからこそ、間違いのない形で、相手に情報が送り届けられるのです。

プロトコルとOSI基本参照モデル

ネットワークを通じてコンピュータ同士がやり取りするための約束事。これを プロトコル といいます。

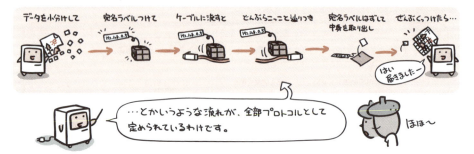

プロトコルには様々な種類があり、「どんなケーブルを使って」「どんなデータ形式で」といったことが、事細かに決まっています。それらを7階層に分けてみたのが OSI基本参照モデル 。基本的には、この第1階層から第7階層までのすべてを組み合わせることで、コンピュータ同士のコミュニケーションが成立するようになっています。

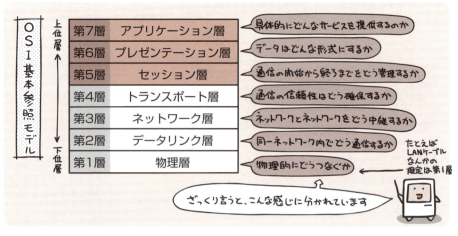

ちなみになんで階層に分けているのかというと、「プロトコルを一部改変したいんだけど、どの機能を差し替えればいいかなー」という時に、これなら一目瞭然だから。

現在は、インターネットの世界で標準とされていることから、「TCP/IP」というプロトコルが広く利用されています。

なんで「パケット」に分けるのか

TCP/IPというプロトコルを使うネットワークでは、通信データをパケットに分割して通信路へ流します。

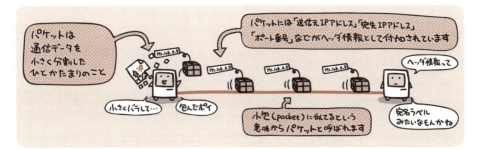

なんでわざわざ分割して流すのかというと、通信路上を流せるデータ量は有限だから。たとえば100BASE-TXのネットワークだと、1秒間に流せるのは100Mbitまでと決まってます。

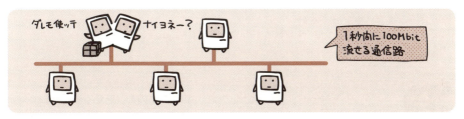

仮にデータを細切れにせず、そのままの形でドカンと流したとすると…。

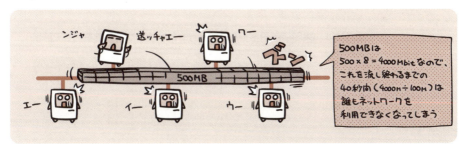

これを避けるために、小さなパケットに分割してから流すようにして、ネットワークの帯域を分け合っているのです。

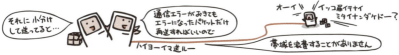

このように出題されています
過去問題練習と解説

問 1
(IP-H26-A-70)

インターネット上でデータを送るときに，データを幾つかの塊に分割し，宛先，分割した順序，誤り検出符号などを記したヘッダを付けて送っている。このデータの塊を何と呼ぶか。

ア ドメイン　　イ パケット　　ウ ポート　　エ ルータ

解説

ア　ネットワークで使われる「ドメイン」は、ネットワークのある範囲を指す用語として使われます。例えば、パケットが衝突（コリジョン）する可能性があるネットワークの範囲のことを「コリジョンドメイン」といいます。
イ　パケットは、通信路を流れるデータの塊のことです。LANを流れるパケットを「フレーム」と呼んでいる場合もあります。
ウ　ポートは、LANケーブルの接続口のことです。
エ　ルータは、ネットワーク層の中継機能を提供する装置です。

正解：イ

問 2
(IP-H25-A-68)

パケット交換方式に関する記述のうち，適切なものだけを全て挙げたものはどれか。

a　インターネットにおける通信で使われている方式である。
b　通信相手との通信経路を占有するので，帯域保証が必要な通信サービスに向いている。
c　通信量は，実際に送受信したパケットの数やそのサイズを基にして算出される。
d　パケットのサイズを超える動画などの大容量データ通信には利用できない。

ア a, b, c　　イ a, b, d　　ウ a, c　　エ b, d

解説

a　インターネットは、IPパケットを送受信するグローバルなネットワークです。
b　パケット交換方式は、通信相手との通信経路を占有しません。
c　通信量は、実際に送受信したパケットの数やそのサイズを基にして算出されます。
d　パケットの最大サイズを超えるデータは、分割された複数のパケットとして送受信されます。

正解：ウ

Chapter 8-3 ネットワークを構成する装置

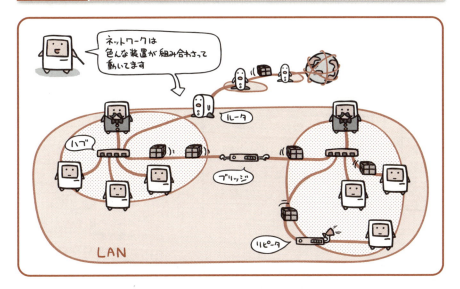

 ネットワークの世界で働く代表的な装置には、ルータやハブ、ブリッジ、リピータなどがあります。

　もっともシンプルなネットワークといえば、コンピュータとコンピュータをケーブルで直結しちゃう形でしょう。しかしこれでは、計2台のネットワークしか構築できませんし、当然インターネットにだってつながりゃしない。
　「もっとたくさんのコンピュータをつなぎたい」
　それにはハブと呼ばれる装置が必要になります。
　「インターネットにもつなぎたい」
　だったら別のネットワークに中継してくれるルータなる装置が必要ですね。
　…と、こんな感じで、ネットワークにはその用途に応じて様々な装置が用意されています。それらを組み合わせることによって、コンピュータの台数が増減できたり、ネットワークのつながる範囲が広がったりと、環境にあわせた柔軟な構成をつくることができるのです。

LANの装置とOSI基本参照モデルの関係

　ネットワークで用いる各装置というのは、その装置が「どの層に属するか」「なにを中継するか」を知ることで、より理解しやすくなるものです。

　そんなわけで、まずは代表的な装置になにがあるかと、それらがOSI基本参照モデルでいうとどの層に属しているのかといったあたりを見ていきましょう。

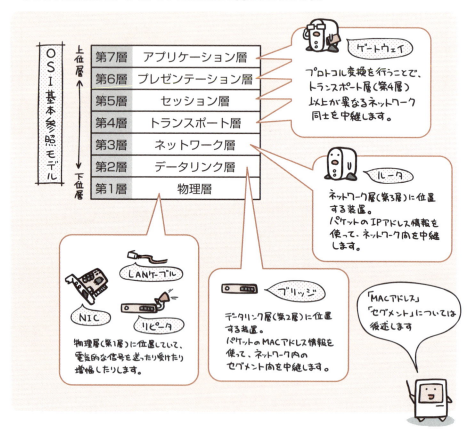

　ちなみに、なんでネットワークの速度はバイトじゃなくてビットであらわすのかというと、実際の通信路を構成するNICやLANケーブルが属する物理層では、単に「1か0か（オンかオフか）」という電気信号を扱うだけだから。

　電気信号以外のことなんか知ったこっちゃないので、「どれだけのオンオフを1秒間に流せるか」という表記の方が向いている…というわけですね。

NIC (Network Interface Card)

コンピュータをネットワークに接続するための拡張カードがNICです。LANボードとも呼ばれます。

NICの役割は、データを電気信号に変換してケーブル上に流すこと。そして受け取ることです。

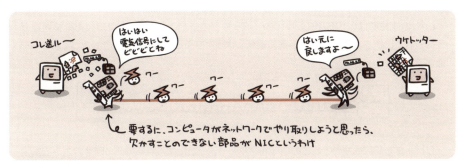

NICをはじめとするネットワーク機器には、製造段階でMACアドレスという番号が割り振られています。これはIEEE（米国電気電子技術者協会）によって管理される製造メーカ番号と、自社製品に割り振る製造番号との組み合わせで出来ており、世界中で重複しない一意の番号であることが保証されています。

イーサネットでは、このMACアドレスを使って各機器を識別します。

リピータ

リピータは物理層（第1層）の中継機能を提供する装置です。
ケーブルを流れる電気信号を増幅して、LANの総延長距離を伸ばします。

LANの規格では、10BASE5や10BASE-Tなどの方式ごとに、ケーブルの総延長距離が定められています。それ以上の距離で通信しようとすると、信号が歪んでしまってまともに通信できません。

リピータを間にはさむと、この信号を整形して再送出してくれるので、信号の歪みを解消することができます。

パケットの中身を解さず、ただ電気信号を増幅するだけなので、不要なパケットも中継してしまうあたりが少々難なところです。

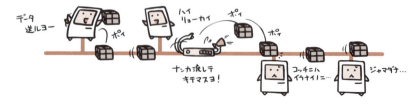

ちなみに、ネットワークに流したパケットは、宛先が誰かに依らずとにかく全員に渡されるわけですが…、

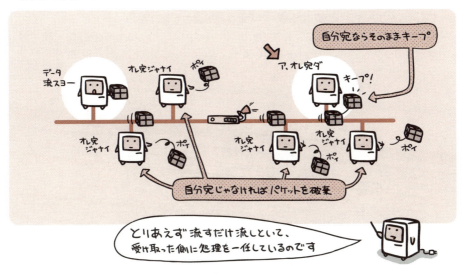

　この、「無条件にデータが流される範囲（論理的に1本のケーブルでつながっている範囲）」をセグメントと呼びます。

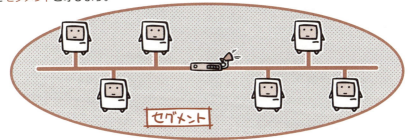

　ひとつのセグメント内に大量のコンピュータがつながれていると、パケットの衝突（コリジョン）が多発するようになって、回線の利用効率が下がります。

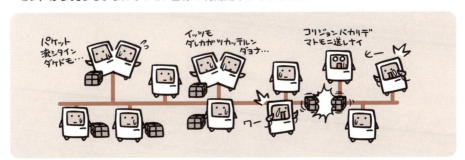

ブリッジ

ブリッジはデータリンク層（第2層）の中継機能を提供する装置です。

セグメント間の中継役として、流れてきたパケットのMACアドレス情報を確認、必要であれば他方のセグメントへとパケットを流します。

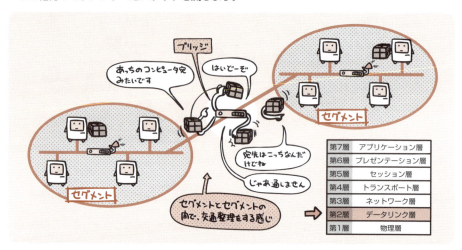

ブリッジは、流れてきたパケットを監視することで、最初に「それぞれのセグメントに属するMACアドレスの一覧」を記憶してしまいます。

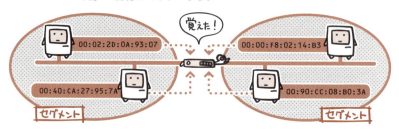

以降はその一覧に従って、セグメント間を橋渡しする必要のあるパケットだけ中継を行います。中継パケットはCSMA/CD方式に従って送出するため、コリジョンの発生が抑制されて、ネットワークの利用効率向上に役立ちます。

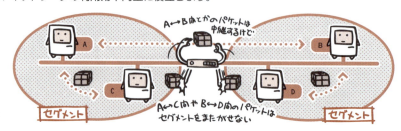

ハブ

ハブは、LANケーブルの接続口（ポート）を複数持つ集線装置です。

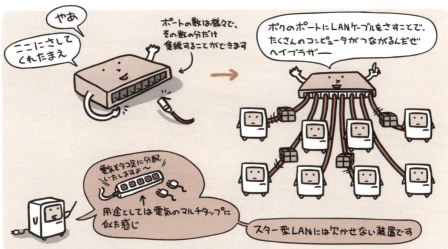

ハブには内部的にリピータを複数束ねたものであるリピータハブと、ブリッジを複数束ねたものであるスイッチングハブの2種類があります。

それぞれ次のように動作します。

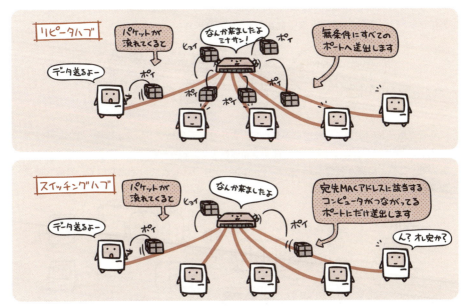

ルータ

ルータはネットワーク層（第3層）の中継機能を提供する装置です。

異なるネットワーク（LAN）同士の中継役として、流れてきたパケットのIPアドレス情報を確認した後に、最適な経路へとパケットを転送します。

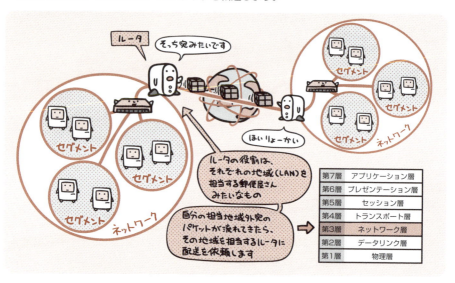

ブリッジが行う転送は、あくまでもMACアドレスが確認できる範囲でのみ有効なので、外のネットワーク宛のパケットを中継することはできません。

そこでルータの出番。ルータはパケットに書かれた宛先IPアドレスを確認します。IPアドレスというのは、「どのネットワークに属する何番のコンピュータか」という内容を示す情報なので、これと自身が持つ経路表（ルーティングテーブル）とを付き合わせて、最適な転送先を選びます。このことを経路選択（ルーティング）と呼びます。

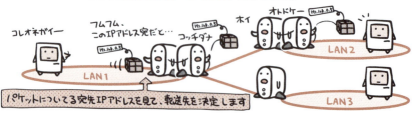

といっても、いつも隣接しているネットワーク宛とばかりは限りません。特にインターネットのように、接続されているネットワークが膨大な数となる場合には、直接相手のネットワークに転送するのはまず不可能です。

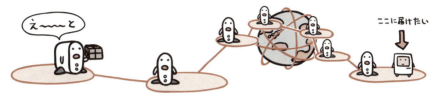

そのような場合は、「アッチなら知ってんじゃね?」というルータに放り投げる。

そこもわかんなきゃ、さらに次へ、さらに次へと、ルータ同士がさながらバケツリレーのようにパケットの転送を繰り返して行くことで、いつかは目的地のネットワークへと辿り着く…と、そういう仕組みになっているのです。

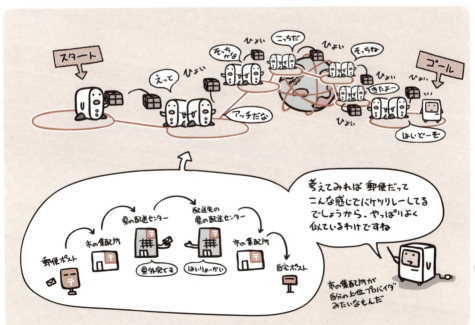

ゲートウェイ

　ゲートウェイはトランスポート層（第4層）以上が異なるネットワーク間で、プロトコル変換による中継機能を提供する装置です。

　ネットワーク双方で使っているプロトコルの差異をこの装置が変換、吸収することで、お互いの接続を可能とします。

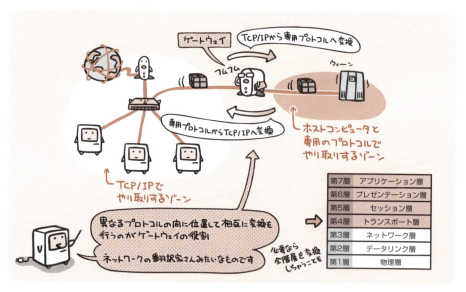

　たとえば、携帯メールとインターネットの電子メールが互いにやり取りできるのも、間にメールゲートウェイという変換器が入ってくれているおかげ。

　ゲートウェイは、専用の装置だけではなく、その役割を持たせたネットワーク内のコンピュータなども該当します。

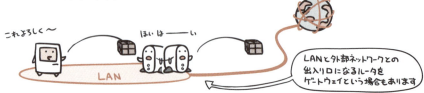

このように出題されています
過去問題練習と解説

問1 (IP-H29-A-78)

ネットワークを構成する機器であるルータがもつルーティング機能の説明として，適切なものはどれか。

ア　会社が支給したモバイル端末に対して，システム設定や状態監視を集中して行う。
イ　異なるネットワークを相互接続し，最適な経路を選んでパケットの中継を行う。
ウ　光ファイバと銅線ケーブルを接続し，流れる信号を物理的に相互変換する。
エ　ホスト名とIPアドレスの対応情報を管理し，端末からの問合せに応答する。

解説

アとウ　特別な名前が付けられていない機能の説明です。　　イ　ルータがもつルーティング機能の説明です。　　エ　DNSサーバがもつ機能の説明です。

正解：イ

問2 (IP-H28-S-68)

MACアドレスに関する記述のうち，適切なものはどれか。

ア　同じアドレスをもつ機器は世界中で一つしか存在しないように割り当てられる。
イ　国別情報が含まれており，同じアドレスをもつ機器は各国に一つしか存在しないように割り当てられる。
ウ　ネットワーク管理者によって割り当てられる。
エ　プロバイダ（ISP）によって割り当てられる。

解説

ア　そのとおりです。MACアドレスの説明は、197ページを参照してください。　　イ　MACアドレスに、国別情報は含まれていません。　　ウとエ　MACアドレスは、ネットワーク機器のメーカ（製造者・ベンダ）によって割り当てられます。

正解：ア

問3 (IP-H26-A-66)

携帯電話の電子メールをインターネットの電子メールとしてPCで受け取れるようにプロトコル変換する場合などに用いられ，互いに直接通信できないネットワーク同士の通信を可能にする機器はどれか。

ア　LANスイッチ　　イ　ゲートウェイ　　ウ　ハブ　　エ　リピータ

解説

本問の要点は、「プロトコル変換する場合などに用いられ」にあります。この場合に用いられる機器は、「ゲートウェイ」です。

正解：イ

205

Chapter 8-4 TCP/IPを使ったネットワーク

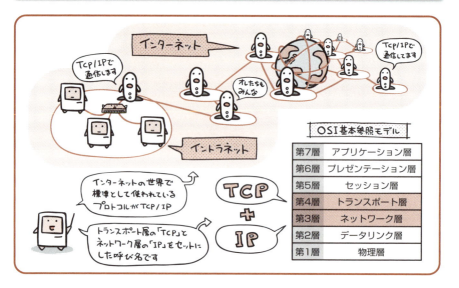

TCPとIPという2つのプロトコルの組み合わせが、インターネットにおける「デファクトスタンダード」です。

　デファクトスタンダードとは、「事実上の標準」という意味。特に標準として定めたわけではないのだけど、みんなしてそれを使うもんだから標準みたいな扱いになっちゃった…という規格などを指す言葉です。TCP/IPもそのひとつ、というわけですね。

　で、その中身ですが、まずIP。これは、「複数のネットワークをつないで、その上をパケットが流れる仕組み」といったことを規定しています。いわばネットワークの土台みたいなものです。前節で取り上げたルータが、IPアドレスをもとにパケットを中継したりできるのもコイツのおかげだったりします。

　一方のTCPは、そのネットワーク上で「正しくデータが送られたことを保証する仕組み」を定めたもの。

　両者が組み合わさることで、「複数のネットワークを渡り歩きながら、パケットを正しく相手に送り届けることができるのですよ」という仕組みになるわけですね。

　こうしたインターネットの技術を、そのまま企業内LANなどに転用したネットワークのことを**イントラネット**と呼びます。

IPアドレスはネットワークの住所なり

TCP/IPのネットワークにつながれているコンピュータやネットワーク機器は、IPアドレスという番号で管理されています。

個々のコンピュータを識別するために使うものですから、重複があってはいけません。必ず一意の番号が割り振られているのがお約束です。

IPアドレスは、32ビットの数値であらわされます。たとえば次のような感じ。

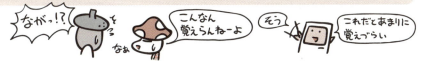

なので8ビットずつに区切って、それぞれを10進数であらわして…

それらを「.」でつないで表記します。

グローバルIPアドレスとプライベートIPアドレス

IPアドレスには、グローバルIPアドレス（またはグローバルアドレス）とプライベートIPアドレス（またはプライベートアドレス）という、2つの種類があります。

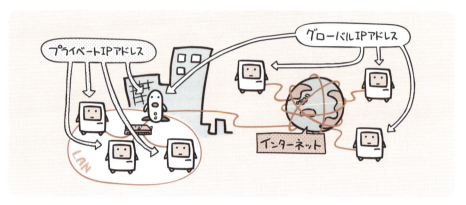

グローバルIPアドレスは、インターネットの世界で使用するIPアドレスです。世界中で一意であることが保証されないといけないので、地域ごとのNIC（Network Information Center）と呼ばれる民間の非営利機関によって管理されています。

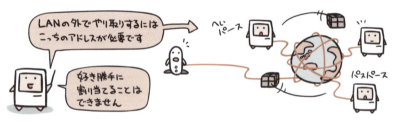

プライベートIPアドレスは、企業内などLANの中で使えるIPアドレスです。LAN内で重複がなければ、システム管理者が自由に割り当てて使うことができます。

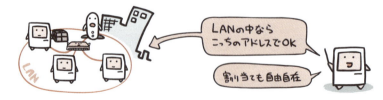

グローバルIPアドレスとプライベートIPアドレスの関係は、電話の外線番号と内線番号の関係によく似ています。

IPアドレスは「ネットワーク部」と「ホスト部」で出来ている

　2ページ前で、「IPアドレスはコンピュータの住所みたいなもの」と書きました。
　私たちが普段用いている宛名表記をコンピュータ用にしたもの…という意味で書いたわけですが、実際、IPアドレスの内容というのは、それとよく似ているのです。

　IPアドレスの内容は、ネットワークごとに分かれるネットワークアドレス部と、そのネットワーク内でコンピュータを識別するためのホストアドレス部とに分かれています。つまり、宛名表記が、「住所と名前」で構成されているのと同じことです。

　たとえば、次のIPアドレスを見てください。このIPアドレスでは、頭の24ビットがネットワークアドレスをあらわし、後ろ8ビットがホストアドレスをあらわしています。

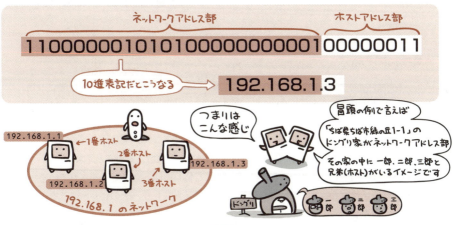

IPアドレスのクラス

　IPアドレスは、使用するネットワークの規模によってクラスA、クラスB、クラスCと3つのクラスに分かれています（実際にはもっとあるけど一般的でない）。

　それぞれ「32ビット中の何ビットをネットワークアドレス部に割り振るか」が規定されているので、それによって持つことのできるホスト数が違ってきます。

なんで？

ホストアドレスに使えるビット数が増えれば、それだけ割り合てに使える数も増えるからです！

8ビットであらわせる数は
00000000 (0) 〜 11111111 (255)

16ビットであらわせる数は
0000000000000000 (0)
〜 1111111111111111 (65,535)

　具体的には次のように決まっています。

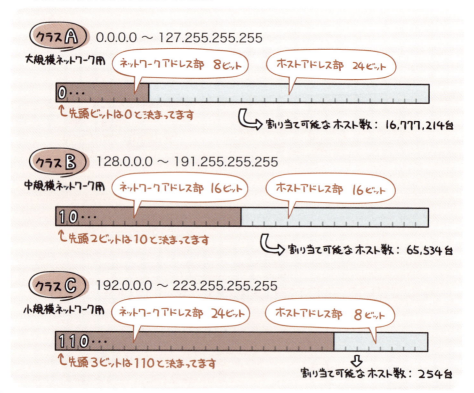

　ホストアドレス部が「すべて0」「すべて1」となるアドレスは、それぞれ「ネットワークアドレス（すべて0）」「ブロードキャストアドレス（すべて1）」という意味で予約されているため割り当てには使えません。上図の「割り当て可能なホスト数」が、そのビット数で本来あらわせるはずの数から−2した数値になっているのはそのためです。

サブネットマスクでネットワークを分割する

　一番小規模向けのクラスCでも254台のホストを扱えるわけですが、「そんなにホスト数はいらないから、事業部ごとにネットワークを分けたい！」とかいう場合、サブネットマスクを用いてネットワークを分割することができます。

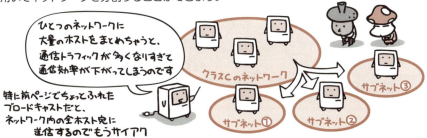

　サブネットマスクは、各ビットの値（1がネットワークアドレス、0がホストアドレスを示す）によって、IPアドレスのネットワークアドレス部とホストアドレス部とを再定義することができます。

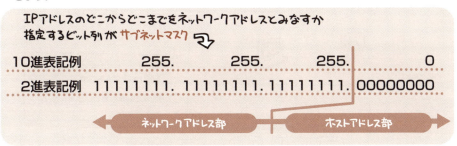

　たとえばクラスCのIPアドレスで、次のようにサブネットマスクを指定した場合、62台ずつの割り当てが行える4つのサブネットに分割することができます。

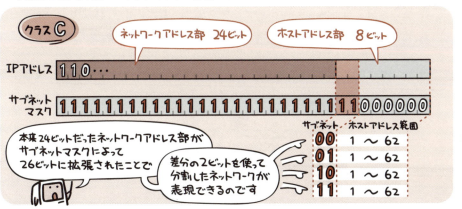

DHCPは自動設定する仕組み

LANにつなぐコンピュータの台数が増えてくると、1台ずつに重複しないIPアドレスを割り当てることが思いのほか困難となってきます。

DHCP (Dynamic Host Configuration Protocol) というプロトコルを利用すると、こうしたIPアドレスの割り当てなどといった、ネットワークの設定作業を自動化することができます。管理の手間は省けますし、人為的な設定ミスも防ぐことができてバンバンザイ。

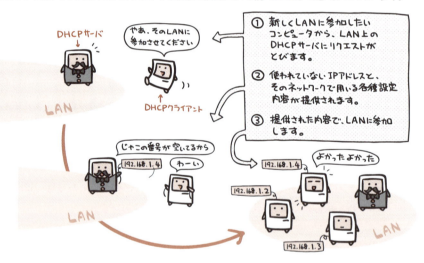

プロバイダなどのインターネット接続サービスを利用する場合にも、最初にDHCPを使ってインターネット上でのネットワーク設定を取得する手順が一般的です。

NATとIPマスカレード

LANの中ではプライベートIPアドレスを使っているのが一般的ですが、外のネットワークとやり取りするためにはグローバルIPアドレスが必要です。

では、プライベートIPアドレスしか持たない各コンピュータは、どうやって外のコンピュータとやり取りするのでしょうか。それにはNATやIPマスカレード（NAPTともいいます）といったアドレス変換技術を用います。これらは、ルータなどによく実装されています。

NAT

グローバルIPアドレスとプライベートIPアドレスとを1対1で結びつけて、相互に変換を行います。同時にインターネット接続できるのは、グローバルIPアドレスの個数分だけです。

IPマスカレード

グローバルIPアドレスに複数のプライベートIPアドレスを結びつけて、1対複数の変換を行います。IPアドレスの変換時にポート番号（詳しくはP.219）もあわせて書き換えるようにすることで、1つのグローバルIPアドレスでも複数のコンピュータが同時にインターネット接続をすることができます。

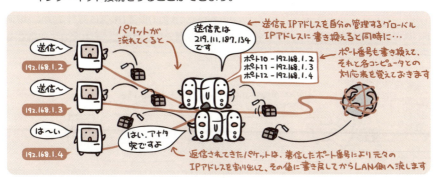

ドメイン名とDNS

10進数で表記されたIPアドレスは、2進数で表記されているのよりかはマシですが、それでも人間にとって「覚えやすい」とは言いづらいものがあります。数字の羅列って、丸暗記しないといけないから大変なんですよね。

そこで、覚えづらいIPアドレスに対して、文字で別名をつけたものがドメイン名です。たとえば「技術評論社のネットワークに所属するwwwという名前のコンピュータ」を表現する場合は、次のように書きあらわします。

このドメイン名とIPアドレスとを関連づけして管理しているのがDNS (Domain Name System) です。DNSサーバに対して「www.gihyo.co.jpのIPアドレスは何?」とか、「IPアドレスが219.101.198.19のドメイン名って何?」とか問い合わせると、それぞれに対応するIPアドレスやドメイン名が返ってきます。

214

このように出題されています
過去問題練習と解説

問1 (IP-R01-A-65)

NATに関する次の記述中のa，bに入れる字句の適切な組合せはどれか。

NATは，職場や家庭のLANをインターネットへ接続するときによく利用され，　a　と　b　を相互に変換する。

	a	b
ア	プライベートIPアドレス	MACアドレス
イ	プライベートIPアドレス	グローバルIPアドレス
ウ	ホスト名	MACアドレス
エ	ホスト名	グローバルIPアドレス

解説

NAT (Network Address Translation) は、プライベートIPアドレスと、グローバルIPアドレスを相互に変換する仕組みです。213ページを参照してください。

正解：イ

問2 (IP-R03-98)

インターネットで用いるドメイン名に関する記述のうち，適切なものはどれか。

ア　ドメイン名には，アルファベット，数字，ハイフンを使うことができるが，漢字，平仮名を使うことはできない。

イ　ドメイン名は，Webサーバを指定するときのURLで使用されるものであり，電子メールアドレスには使用できない。

ウ　ドメイン名は，個人で取得することはできず，企業や団体だけが取得できる。

エ　ドメイン名は，接続先を人が識別しやすい文字列で表したものであり，IPアドレスの代わりに用いる。

解説

ア　ドメイン名には、アルファベット、数字、ハイフン、漢字、全角ひらがな・カタカナを使えます（◎や☆などの記号は、使えません）。
イ　ドメイン名は、電子メールアドレスの@の後ろにも使われます。
ウ　ドメイン名は、個人でも取得できます。
エ　ドメイン名に関する説明は、214ページを参照してください。

正解：エ

問3 (IP-H28-S-70)

サブネットマスクの役割として，適切なものはどれか。

ア　IPアドレスからEthernet上のMACアドレスを割り出す。
イ　IPアドレスに含まれるネットワークアドレスと，そのネットワークに属する個々のコンピュータのホストアドレスを区分する。
ウ　インターネットと内部ネットワークを中継するときのグローバルIPアドレスとプライベートIPアドレスを対応付ける。
エ　通信相手先のドメイン名とIPアドレスを対応付ける。

解説

ア　ARP（Address Resolution Protocol）の役割です。
イ　そのとおりです。サブネットマスクの説明は，211ページを参照してください。
ウ　NAT（Network Address Translation）の役割です。213ページを参照してください。
エ　DNS（Domain Name System）の役割です。214ページを参照してください。

正解：イ

問4 (IP-H29-S-66)

情報処理技術者試験の日程を確認するために，Webブラウザのアドレスバーに情報処理技術者試験センターのURL "https://www.jitec.ipa.go.jp/" を入力したところ，正しく入力しているにもかかわらず，何度入力しても接続エラーとなってしまった。そこで，あらかじめ調べておいたIPアドレスを使って接続したところ接続できた。接続エラーの原因として最も疑われるものはどれか。

ア　DHCPサーバの障害
イ　DNSサーバの障害
ウ　PCに接続されているLANケーブルの断線
エ　デフォルトルータの障害

解説

問題の2文目は，「あらかじめ調べておいたIPアドレスを使って接続したところ接続できた」となっているので，入力したURLを正しいIPアドレスに変換できていないと考えられます。したがって，接続エラーの原因は，DNSサーバの障害にあると推測されます。

正解：イ

問5 (IP-R02-A-75)

PCに設定するIPv4のIPアドレスの表記の例として，適切なものはどれか。

ア　00.00.11.aa.bb.cc　　　イ　050-1234-5678
ウ　10.123.45.67　　　　　エ　http://www.example.co.jp/

解説

ア　MACアドレスの表記例です。　イ　IP電話の電話番号の表記例です。　ウ　IPv4のIPアドレスの表記例です。IPv4とは，IPバージョン4の略であり，210ページのIPアドレスのことです。
エ　URLの表記例です。

正解：ウ

Chapter 8-5 ネットワーク上のサービス

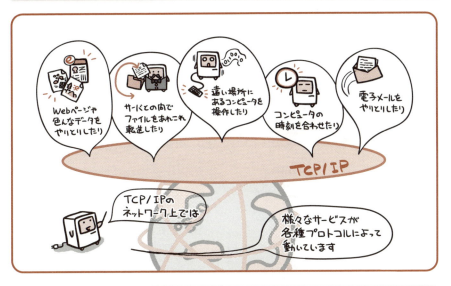

 ネットワーク上で動くサービスには、それぞれに対応したプロトコルが用意されています。

　サービスというのは、要求に応じて何らかの処理を提供する機能のこと。たとえば「ファイル欲しい！」って言ったら送ってくれたり、「正確な時刻に合わせたい！」って言ったら正しい時刻が伝えられたりと、そんなこと。

　TCP/IPを基盤とするネットワーク上では、そのようなサービスが多数利用できるようになっています。そして、それらサービスを支えるのが、TCP/IPのさらに上位層（セッション層以上）で規定されているプロトコル群なのです。ばばん！

　…というとなんだかすごく大仰ですが、実際は私たちが普段目にするプロトコルという存在って、こうした上位層のものがほとんどなんですよね。サーバとの間でファイルを転送するFTPとか、コンピュータを遠隔操作するTelnetとか。きっとずらずら並べたてていけば、どれかは耳にしたことがあるかと思います。

　さて、それじゃあネットワーク上では、どんなプロトコルがどんなサービスを提供しているのか、そのあたりを見ていくといたしましょう。

代表的なサービスたち

ネットワーク上のサービスは、そのプロトコルを処理するサーバによって提供されています。

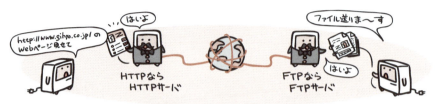

代表的なプロトコルには次のようなものがあります。

プロトコル名	説明
HTTP (HyperText Transfer Protocol)	Webページの転送に利用するプロトコル。Webブラウザを使ってHTMLで記述された文書を受信する時などに使います。
FTP (File Transfer Protocol)	ファイル転送サービスに利用するプロトコル。 インターネット上のサーバにファイルをアップロードしたり、サーバからファイルをダウンロードしたりするのに使います。
Telnet	他のコンピュータにログインして、遠隔操作を行う際に使うプロトコル。
SMTP (Simple Mail Transfer Protocol)	電子メールの配送部分を担当するプロトコル。 メール送信時や、メールサーバ間での送受信時に使います。
POP (Post Office Protocol)	電子メールの受信部分を担当するプロトコル。 メールサーバ上にあるメールボックスから、受信したメールを取り出すために使います。
NTP (Network Time Protocol)	コンピュータの時刻合わせを行うプロトコル。

サービスはポート番号で識別する

　ネットワーク上で動くサービスたちは、個々に「それ専用のサーバマシンを用意しなきゃいけない！」というわけではありません。
　サーバというのは、「プロトコルを処理してサービスを提供するためのプログラム」が動くことでサーバになっているわけですから、ひとつのコンピュータが、様々なサーバを兼任することは当たり前にあるわけです。

　でもIPアドレスだと、パケットの宛先となるコンピュータは識別できても、それが「どのサーバプログラムに宛てたものか」までは特定できません。

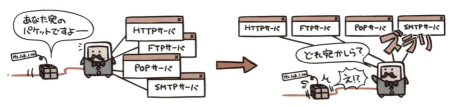

　そこで、プログラムの側では0〜65,535までの範囲で自分専用の接続口を設けて待つようになっています。この接続口を示す番号のことをポート番号と呼びます。

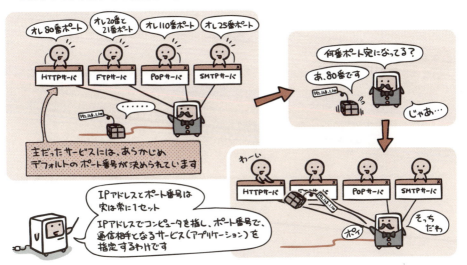

このように出題されています 過去問題練習と解説

問1 (IP-R02-A-67)

TCP/IPにおけるポート番号によって識別されるものはどれか。

ア　LANに接続されたコンピュータや通信機器のLANインタフェース
イ　インターネットなどのIPネットワークに接続したコンピュータや通信機器
ウ　コンピュータ上で動作している通信アプリケーション
エ　無線LANのネットワーク

解説

各選択肢は、下記のもので識別されます。
ア　MACアドレス　　イ　IPアドレス　　ウ　ポート番号　　エ　ESSID

正解：ウ

問2 (IP-H30-A-88)

コンピュータの内部時計を，基準になる時刻情報をもつサーバとネットワークを介して同期させるときに用いられるプロトコルはどれか。

ア　FTP　　　イ　NTP　　　ウ　POP　　　エ　SMTP

解説

ア～エ　FTP、NTP、POP、SMTPのすべての説明は、218ページを参照してください。

正解：イ

問3 (IP-R01-A-94)

NTPの利用によって実現できることとして，適切なものはどれか。

ア　OSの自動バージョンアップ
イ　PCのBIOSの設定
ウ　PCやサーバなどの時刻合わせ
エ　ネットワークに接続されたPCの遠隔起動

解説

NTP（Network Time Protocol）の利用によって実現できることは、PCやサーバなどの時刻合わせです。

正解：ウ

220

Chapter 8-6 WWW (World Wide Web)

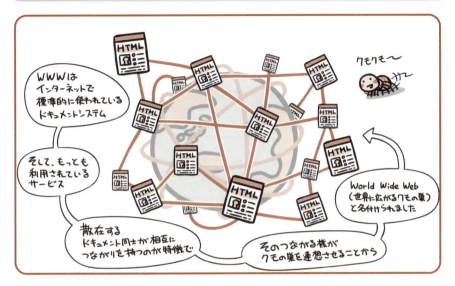

 インターネットとWWWが同義語として使われるケースがあるほど、今や定着しているサービスです。

　自宅からインターネットに接続する場合、ほとんどの人がインターネットプロバイダ (ISP、単にプロバイダとも) と呼ばれる接続事業者を利用することになります。その時頭に思い浮かべる「インターネットで使いたいサービス」の多くがWWW。「http:// 〜」とアドレスを打ち込んでホームページなるものを見るあれがそうです。

　最近はテレビでも「続きはWebで!」とかやってますよね。

　このサービスでは、Webブラウザ (ブラウザ) を使って、世界中に散在するWebサーバから文字や画像、音声などの様々な情報を得ることができます。

　特徴的なのはそのドキュメント形式。ハイパーテキストといわれる構造で「文書間のリンクが設定できる」「文書内に画像や音声、動画など様々なコンテンツを表示できる」などの特徴を持ちます。これによって、インターネット上のドキュメント同士がつながりを持ち、互いに補完しあうような使い方もできるようになっているのです。

　上のイラストにもあるように、そうした「ドキュメント間にリンクが張り巡らされて網の目状となっている構造」をクモの巣に例えたことが、WWWというサービス名の由来です。

Webサーバに、「くれ」と言って表示する

WWWのサービスにはWebサーバとWebブラウザ（という名のクライアント）が欠かせないわけですが、そのやり取りは、実はものすごく単純だったりします。

サーバの仕事というのは、基本的に「くれ」と言われたファイルを渡すだけ。なにかデータを整形したり、特別な処理を加えたりとかは一切なっしんぐ。

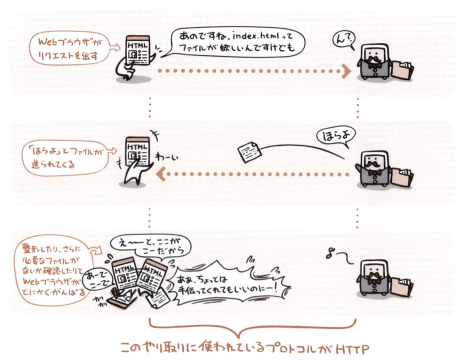

でも、そんな単純な仕組みで出来ているからこそ、様々なファイルが扱えたり、拡張も容易だったりと、広い範囲で使える仕組みになっているのです。

WebページはHTMLで記述する

WebページはHTML (HyperText Markup Language) という言語で記述されています。「言語」というのは、「ある法則にのっとった書式」という意味。つまりHTMLという名前で、決められた書式があるわけです。

HTMLの書式は、タグと呼ばれる予約語をテキストファイルの中に埋め込むことで、文書の見栄えや論理構造を指定するようになっています。

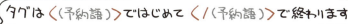

「アンカー」というタグを使うと、他の文書へのリンクを設定することができます。こうすることで、文書同士を関連づけできるのが大きな特徴です。

URLはファイルの場所を示すパス

Web上で取得したいファイルの場所を指し示すには、URL（Uniform Resource Locator）という表記方法を用います。

URLによって記述されたアドレスは、次のような形式になっています。

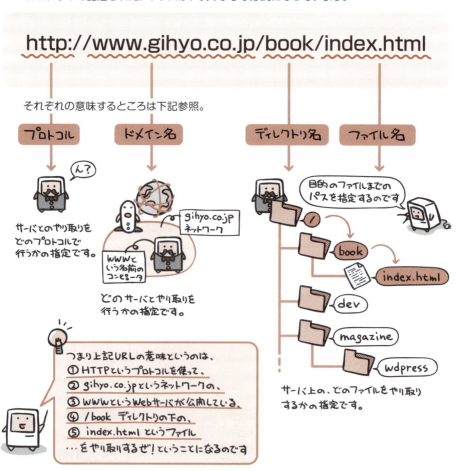

このように出題されています
過去問題練習と解説

問1 (IP-H30-S-31)

インターネットに接続する通信ネットワークを提供する事業者はどれか。

ア ASP　　イ ISP　　ウ SaaS　　エ SNS

解説

ア ASP (Application Service Provider) は、インターネットを通じて顧客に汎用的なアプリケーションソフトウェアの機能 (例えば、財務会計や給与計算) を提供するサービス事業者のことです。
イ ISP (Internet Service Provider) は、インターネット接続のサービスを提供する事業者のことです。
ウ SaaS (Software as a Service) は、ユーザが必要とするITサービスを利用できるようにしたソフトウェアもしくはその提供形態のことです。SaaSを提供する事業者がASPである、と考えても構いません。　エ SNS (Social Network Service) は、社会的ネットワークをインターネット上で構築するサービスを意味する用語ですが、具体例として「Facebook」や「Twitter」を思い浮かべれば、わかりやすいでしょう。

正解：イ

問2 (IP-R02-A-80)

HyperTextの特徴を説明したものはどれか。

ア　いろいろな数式を作成・編集できる機能をもっている。
イ　いろいろな図形を作成・編集できる機能をもっている。
ウ　多様なテンプレートが用意されており，それらを利用できるようにしている。
エ　文中の任意の場所にリンクを埋め込むことで関連した情報をたどれるようにした仕組みをもっている。

解説

HyperTextは、223ページで説明されているHTML (HyperText Markup Language) の前半部分であり、選択肢エの記述のような仕組みを持っています。なお、223ページの用語の使い方に従えば、選択肢エは、「文中の任意の場所にアンカータグを埋め込むことで…」となります。

正解：エ

問3 (IP-H27-S-60)

"http://example.co.jp/index.html" で示されるURLのトップレベルドメイン (TLD) はどれか。

ア http　　イ example　　ウ co　　エ jp

解説

本問の「example.co.jp」がドメイン名であり、右記のように分解されます。
つまり、トップレベルドメインは、「.」(ピリオド) で区切られたドメイン名のうち、一番右にあるものです。

example. co. jp
サードレベルドメイン　トップレベルドメイン
　　セカンドレベルドメイン

正解：エ

225

Chapter 8-7 電子メール

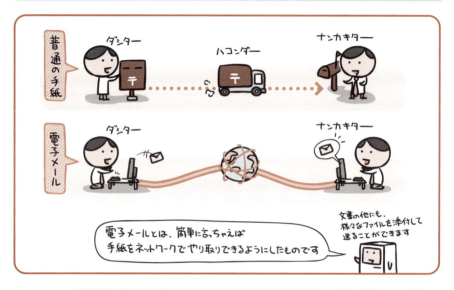

電子メールは手紙のコンピュータネットワーク版。
メールアドレスを使ってメッセージをやり取りします。

　携帯電話が普及したことで、電子メールという存在はかなり認知されるようになりました。いちいち文書を印刷して封筒に入れてポストに投函して…としていた従来の手紙とは異なり、コンピュータ上の文書をそのままネットワークに乗せて短時間で相手へ送り届けることができる手紙（mail）。それが電子メールです。

　電子メールでは、ネットワーク上のメールサーバをポスト兼私書箱のように見立てて、テキストや各種ファイルをやり取りします。昔はテキスト情報しかやり取りできなかったのですが、MIME（Multipurpose Internet Mail Extensions）という規格の登場によって、様々なファイル形式が扱えるようになりました。メール本文に画像や音声など、なんらかのファイルを添付する場合に、このMIME規格が使われます。

　電子メールを実際にやり取りするには、電子メールソフト（メーラー）と呼ばれるアプリケーションソフトを使用します。

メールアドレスは、名前@住所なり

　手紙のやり取りに住所と名前が必要であるように、電子メールのやり取りにもメールアドレスという、住所＋名前に相当するものが使われます。
　これは、「インターネット上で自分の私書箱がどこにあるか」を表現したもので、次のような形式となっています。

ドメイン名

　メールアドレスの、@より右側の部分は「ドメイン名」をあらわします。
　インターネット上における私書箱の位置…つまりは郵便で言うところの住所にあたる情報です。

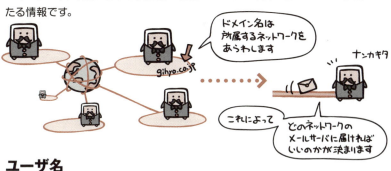

ユーザ名

　メールアドレスの、@より左側の部分は「ユーザ名」をあらわします。
　郵便で言うところの名前にあたる情報です。ひとつのドメイン内で重複する名前を用いることはできません。

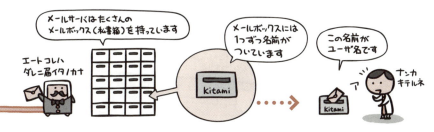

メールの宛先には種類がある

さて、メールをやり取りするにはメールアドレスを宛先として指定するわけですが、この宛先がよく見てみると数種類用意されていたりします。

実は電子メールというのは、その目的に応じて3種類の宛先を使い分けできるようになっているのです。それぞれの意味というのは次のような感じ。

TO

本来の意味の「宛先」です。送信したい相手のメールアドレスをこの欄に記載します。

CC

Carbon Copy（カーボンコピー）の略で、「参考までにコピー送っとくから、一応アナタも見といてね」としたい相手のメールアドレスをこの欄に記載します。

BCC

Blind Carbon Copy（ブラインドカーボンコピー）の略で、「他者には伏せた状態でコピー送っとくから、一応アナタも見といてね」としたい相手のメールアドレスをこの欄に記載します。

1対1でメールのやり取りをしている時には、TO以外の宛先欄を意識することはまずありません。じゃあどんな時に使うかというと、「複数の宛先にまとめてメールを送信したい時」に使います。このように、同じメールを複数の相手に出すやり方を同報メールと呼びます。

　たとえば「お客さんへの報告書を主任と部長にも見ておいて欲しいんだけど、部長にも送ってるってことがお客さんに見えてしまうのは少々好ましくない」という場合、それぞれの宛先欄には次のように記載します。

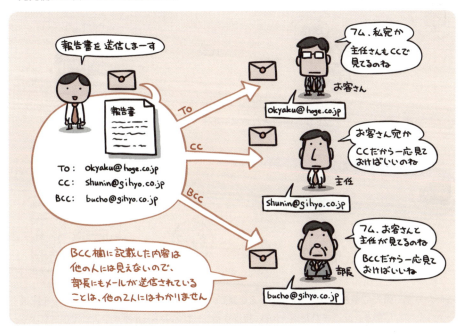

電子メールを送信するプロトコル（SMTP）

電子メールの送信には、SMTPというプロトコルを使用します。
たとえば電子メールを実際の郵便に置きかえて考えると…

このSMTPに対応したサーバのことをSMTPサーバと呼びます。
SMTPサーバには、次のような2つの仕事があります。

郵便ポスト

電子メールソフトから送信されたメール本文を受け付けます。

郵便屋さん

宛先に書かれたメールアドレスを見て、相手先のメールサーバへとメールを配送します。配送されたメールは、該当するユーザ名のメールボックスに保存されます。

電子メールを受信するプロトコル (POP)

一方、電子メールを受信するには、POPというプロトコルを使用します。
先ほどと同じく実際の郵便に置きかえて考えると…

このPOPに対応したサーバのことをPOPサーバと呼びます。

　POPサーバは、電子メールソフトなどのPOPクライアントから「受信メールくださいな」と要求があがってくると…

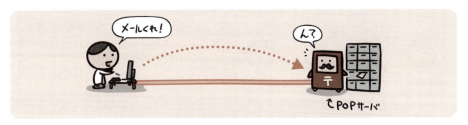

そのユーザのメールボックスから、受信済みのメールを取り出して配送します。

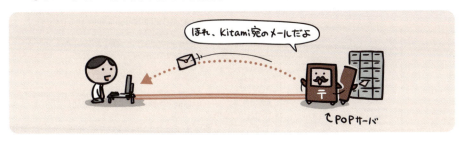

現在は「POP Version3」を意味するPOP3が広く使われています。

電子メールを受信するプロトコル (IMAP)

　IMAP (Internet Message Access Protocol) は、POPと同じく電子メールを受信するためのプロトコルです。

　POPとは異なり、送受信データをサーバ上で管理するため、どのコンピュータからも同じデータを参照することができます。

現在はIMAP4というバージョンが広く用いられています。

MIME

　電子メールでは、本来ASCII文字しか扱うことができません。そこで、日本語などの2バイト文字や、画像データなどファイルの添付を行えるようにする拡張規格がMIME (Multipurpose Internet Mail Extensions) です。

　当然そのままでは本来の文と区別がつかなくなるので、メールをパートごとに分けて、どんなデータなのか種別を記します。受信側はこの種別を元に、各パートを復元して参照するわけです。

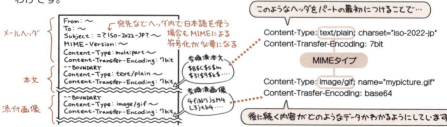

このMIMEに、暗号化や電子署名の機能を加えた規格としてS/MIMEがあります。

電子メールは文字化け注意!!

　電子メールの便利なところは、相手の環境を意識せずにメールのやり取りができることです。考えてみれば、世界中の誰かさんとインターネットでつながって、相手が何を使ってメールを読むのかも知らないままやり取りできちゃう。これってすごいことですよね。

　ただ、そこでちょっと思い出して欲しいのが文字コード（P.71）の話。
　文字コードには色んな種類がありますから、あるコンピュータで表示できる文字だからといって、それが他のコンピュータでも表示できるとは限らないのです。
　このように、特定のコンピュータでしか表示できない文字のことを機種依存文字と呼びます。

　機種依存文字には次のようなものがあります。あと、厳密には機種依存文字ではないのですが、半角カナ（ｱｲｳｴｵみたいなの）も同じく文字化けの原因になりますので、ともにメールでの使用は控えた方が無難です。

丸付数字	①②③④⑤⑥⑦⑧⑨⑩⑪⑫⑬⑭⑮⑯⑰⑱⑲⑳
ローマ数字	ⅠⅡⅢⅣⅤⅥⅦⅧⅨⅩ
単位	㍉㌔㌢㍍㌘㌧㌃㌶㍑㍗㌍㌦㌣㌫㍊㌻mm cm km mg kg cc ㎡
省略文字	㏋ ㏍ ℡ ㊤ ㊥ ㊦ ㊧ ㊨ ㈱ ㈲ ㈹ ㍻ ㍾ ㍽

このように出題されています
過去問題練習と解説

問1 (IP-H30-S-59)

電子メールに関する記述として，適切なものだけを全て挙げたものはどれか。

a 電子メールのプロトコルには，受信にSMTP，送信にPOP3が使われる。
b メーリングリストによる電子メールを受信すると，その宛先には全ての登録メンバのメールアドレスが記述されている。
c メール転送機能を利用すると，自分名義の複数のメールアドレス宛に届いた電子メールを一つのメールボックスに保存することができる。

ア a　　　イ a, c　　　ウ b　　　エ c

―― 解 説 ――

a 電子メールのプロトコルには、受信にPOP3、送信にSMTPが使われます。
b メーリングリストによる電子メールを受信すると、その宛先にはメーリングリストのメールアドレスだけが記述されています。なお、メーリングリストとは、一つのメールアドレスを使って、メールアドレスが異なる複数の人に、同じメールを送信できる仕組みのことです。
c 問題に記述されているとおりであり、正しいです。

正解：エ

問2 (IP-H23-S-85)

プロトコルに関する記述のうち，適切なものはどれか。

ア HTMLは，Webデータを送受信するためのプロトコルである。
イ HTTPは，ネットワーク監視のためのプロトコルである。
ウ POPは，離れた場所にあるコンピュータを遠隔操作するためのプロトコルである。
エ SMTPは，電子メールを送信するためのプロトコルである。

―― 解 説 ――

ア HTMLは、Webページを記述するための言語です。　イ HTTPは、Webデータを送受信するためのプロトコルです。　ウ POPは、電子メールを受信するためのプロトコルです。

正解：エ

問3 (IP-R03-84)

PCにメールソフトを新規にインストールした。その際に設定が必要となるプロトコルに該当するものはどれか。

ア DNS　　　イ FTP　　　ウ MIME　　　エ POP3

解説

各選択肢の用語の説明は、下記のページを参照してください。
ア DNS…214ページ　　イ FTP…218ページ
ウ MIME…232ページ　　エ POP3…231ページ

正解：エ

AさんがXさん宛ての電子メールを送るときに、参考までにYさんとZさんにも送ることにした。ただし、Zさんに送ったことは、XさんとYさんには知られたくない。このときに指定する宛先として、適切な組合せはどれか。

	To	Cc	Bcc
ア	X	Y	Z
イ	X	Y, Z	Z
ウ	X	Z	Y
エ	X, Y, Z	Y	Z

解説

本問は、「Xさん宛ての電子メールを送るときに、参考までにYさんとZさんにも送ることにした」としているので、Xさんのメールアドレスは、To（228ページ参照）に、YさんとZさんのメールアドレスは、Cc（228ページ参照）に指定するはずです。しかし、本問では、さらに「ただし、Zさんに送ったことは、XさんとYさんには知られたくない」としているので、Zさんのメールアドレスは、Ccではなく、Bcc（228ページ参照）に指定します。

正解：ア

Aさんが、Pさん、Qさん及びRさんの3人に電子メールを送信した。Toの欄にはPさんのメールアドレスを、Ccの欄にはQさんのメールアドレスを、Bccの欄にはRさんのメールアドレスをそれぞれ指定した。電子メールを受け取った3人に関する記述として、適切なものはどれか。

ア　PさんとQさんは、同じ内容のメールがRさんにも送信されていることを知ることができる。
イ　Pさんは、同じ内容のメールがQさんに送信されていることを知ることはできない。
ウ　Qさんは、同じ内容のメールがPさんにも送信されていることを知ることができる。
エ　Rさんは、同じ内容のメールがPさんとQさんに送信されていることを知ることはできない。

解説

ア　Rさんのメールアドレスは、Bccの欄に指定されているので、PさんとQさんは、同じ内容のメールがRさんにも送信されていることを知ることはできません。
イ　Qさんのメールアドレスは、Ccの欄に指定されているので、Pさんは、同じ内容のメールがQさんに送信されていることを知ることができます。
ウ　そのとおりです。
エ　Rさんのメールアドレスは、Bccの欄に指定されているので、Rさんは、同じ内容のメールがPさんとQさんに送信されていることを知ることができます。

正解：ウ

ビッグデータと人工知能

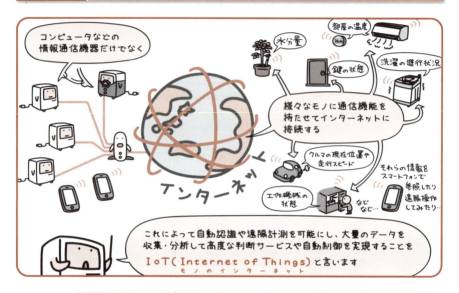

 様々な"モノ"がインターネットにつながることで、膨大な情報が日々蓄積され、その活用範囲を広げています。

　IoTとはInternet of Thingsの略。「モノのインターネット」と訳されています。モノのデジタル化・ネットワーク化が進んだ社会のような意味だと捉えれば良いでしょう。

　かつてはコンピュータ同士を広く接続するインフラとして用いられていたインターネットですが、スマートフォンやタブレットなどの情報端末、テレビやBDレコーダーなどのディジタル家電にはじまり、今ではスマート家電や各種センサーを搭載した様々な"モノ"が、インターネットに接続されるようになりました。

　こうした数多くのモノが、そのセンサーによって見聞きしたあらゆる事象は、インターネット上に「ビッグデータ」と言われる膨大な「数値化されたディジタル情報」を日々生み出し続けています。あまりに膨大すぎて人の手にはあまるので、このビッグデータの活用には、人工知能(AI)技術が欠かせません。その一方で、人工知能技術自体の発達にも、ビッグデータが一役も二役も買っているのが面白いところです。

　本節では、そうしたビッグデータと人工知能について見ていきます。

　IoT社会の現代において、ビッグデータと人工知能の組み合わせは、ディジタル技術をさらに躍進させる存在として注目を浴びています。

ビッグデータ

前ページでも述べていた通り、「とにかく膨大」なデータだからビッグデータ。どこからがじゃあビッグなのかというと、典型的なデータベースソフトウェアが把握し、蓄積し、運用し、分析できる能力を超えたサイズのデータを指すとされています。

このビッグデータが持つ大きな特性が、次に挙げる「3つのV」です。

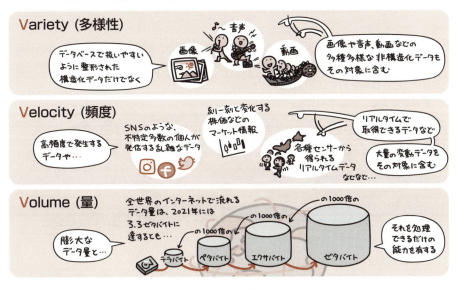

不特定多数の、リアルタイムに変動する大量の多種多様なデータたち。これらの分析は、一部を抜き出して対象とするようなサンプリングは行わず、データ全体を対象に統計的手法を用いて行います。

人工知能（AI：Artificial Intelligence）

人間は明確な定義やプログラミングされた指示がなくとも、知り得た情報をもとに分析し、自然と学習を行うことで多様な意志判断を行うことができます。

こうした知的能力を、コンピュータシステム上で実現させる技術を人工知能（AI：Artificial Intelligence）と呼びます。

ビッグデータの有する膨大な情報は、その膨大さゆえに、管理や分析は難しいものがありました。特に画像や音声などは人の手によってひとつずつ解析するしかなく、これを大量にさばくことは現実的ではありませんでした。

それを可能にしたのがAIです。

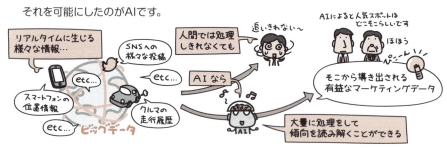

このAIを実現するための中核技術に機械学習があります。

近年におけるAIの目覚ましい発達は、この学習技術の登場によってもたらされたと言っても過言ではありません。一方で、その学習精度を高めるためには、大量のデータを投入する必要があります。つまりその発達にはビッグデータの存在が欠かせません。

このように、ビッグデータとAIは、互いの可能性を高め合う共存共栄関係にあるのです。

機械学習

機械学習は、AIを実現するための中核技術です。字面の通り、機械が学習することで、タスク遂行のためのアルゴリズムを自動的に改善していくのが特徴です。

学習方法には大きく分けてこの3つがあります！

教師あり学習　データと正解をセットにして与える(もしくは誤りを指摘する)手法です。たとえば大量の猫の写真を「猫」という正解付きで与えることにより、コンピュータは「どのような特徴があれば猫なのか」を自ら学習し、判別できるようになります。

教師なし学習　データのみを与える手法です。たとえば猫と犬と人の写真を大量に与えることにより、コンピュータは共通の特徴や法則性を自ら見つけ出し、データの集約や分類を行えるようになります。

強化学習　個々の行動に対する善し悪しを得点として与えることで、得点がもっとも多く得られる方策を学習する手法です。コンピュータが試行錯誤しながら行動し、偶然良い結果(報酬)が得られた時の行動を学習することで、適切なアルゴリズムを導き出します。

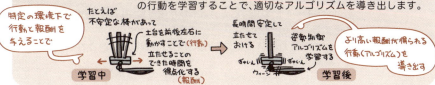

この機械学習をさらに発展させたものとして、ディープラーニング(深層学習)があります。これは、人間の脳神経回路を模したモデルに大量のデータを解析させることで、コンピュータ自体が自動的にデータの特徴を抽出して学習を行うというものです。

このように出題されています
過去問題練習と解説

問 1 (IP-R03-19)

ビッグデータの分析に関する記述として，最も適切なものはどれか。

ア　大量のデータから未知の状況を予測するためには，統計学的な分析手法に加え，機械学習を用いた分析も有効である。
イ　テキストデータ以外の，動画や画像，音声データは，分析の対象として扱うことができない。
ウ　電子掲示板のコメントやSNSのメッセージ，Webサイトの検索履歴など，人間の発信する情報だけが，人間の行動を分析することに用いられる。
エ　ブログの書き込みのような，分析されることを前提としていないデータについては，分析の目的にかかわらず，対象から除外する。

解説

ア　そのとおりです。　　イ　テキストデータ以外の、動画や画像、音声データは、分析の対象として扱えます。　　ウ　電子掲示板のコメントやSNSのメッセージ、Webサイトの検索履歴など、人間の発信する情報だけではなく、それ以外の情報も、人間の行動を分析することに用いられます。　　エ　ブログの書き込みのような、分析されることを前提としていないデータについても、対象に含めることがあります。

正解：ア

問 2 (IP-R02-A-22)

AIの活用領域には音声認識，画像認識，自然言語処理などがある。音声認識と自然言語処理の両方が利用されているシステムの事例として，最も適切なものはどれか。

ア　ドアをノックする音を検知して，カメラの前に立っている人の顔を認識し，ドアのロックを解除する。
イ　人から話しかけられた天気や交通情報などの質問を解釈して，ふさわしい内容を回答する。
ウ　野外コンサートに来場する人の姿や話し声を検知して，会場の入り口を通過する人数を記録する。
エ　洋書に記載されている英文をカメラで読み取り，要約された日本文として編集する。

解説

選択肢ア～エの各事例によって利用されているAIの活用領域は、下記のとおりです。
ア　音声認識と画像認識　　イ　音声認識と自然言語処理
ウ　画像認識と音声認識　　エ　画像認識と自然言語処理

正解：イ

問3
(IP-R03-20)

画像認識システムにおける機械学習の事例として，適切なものはどれか。

- ア　オフィスのドアの解錠に虹彩の画像による認証の仕組みを導入することによって，セキュリティが強化できるようになった。
- イ　果物の写真をコンピュータに大量に入力することで，コンピュータ自身が果物の特徴を自動的に抽出することができるようになった。
- ウ　スマートフォンが他人に利用されるのを防止するために，指紋の画像認識でロック解除できるようになった。
- エ　ヘルプデスクの画面に，システムの使い方についての問合せを文字で入力すると，会話形式で応答を得ることができるようになった。

解説

選択肢イの「果物の写真をコンピュータに大量に入力することで，コンピュータ自身が果物の特徴を自動的に抽出する」が機械学習のヒントになっています。

正解：イ

問4
(IP-R01-A-21)

ディープラーニングに関する記述として，最も適切なものはどれか。

- ア　営業，マーケティング，アフタサービスなどの顧客に関わる部門間で情報や業務の流れを統合する仕組み
- イ　コンピュータなどのディジタル機器，通信ネットワークを利用して実施される教育，学習，研修の形態
- ウ　組織内の各個人がもつ知識やノウハウを組織全体で共有し，有効活用する仕組み
- エ　大量のデータを人間の脳神経回路を模したモデルで解析することによって，コンピュータ自体がデータの特徴を抽出，学習する技術

解説

選択肢ア～エの記述に該当する用語の例は、下記のとおりです。
ア　CRM (Customer Relationship Management)
イ　e-ラーニング　　ウ　ナレッジマネジメント　　エ　ディープラーニング

正解：エ

問5
(IP-R02-A-19)

ディープラーニングを構成する技術の一つであり，人間の脳内にある神経回路を数学的なモデルで表現したものはどれか。

- ア　コンテンツデリバリネットワーク
- イ　ストレージエリアネットワーク
- ウ　ニューラルネットワーク
- エ　ユビキタスネットワーク

解説

選択肢ウの「ニューラルネットワーク」の「ニューラル (neural)」は、直訳すると「神経 (系) の」という意味であり、問題文の「人間の脳内にある神経回路」と結びつけると覚えやすいです。

正解：ウ

Chapter 9 セキュリティ

Chapter 9-1 ネットワークに潜む脅威

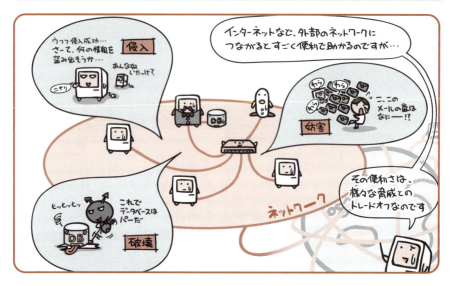

外部とつながれたネットワークには、
様々な脅威が存在しています。

　世界中アチコチにつながっているインターネット。企業のネットワークをこいつにつなぐと確かに便利なのですが、それは同時に「外部ネットワークに潜む悪意ともつながる」という危険性をはらんでいます。

　たとえば外部の人間…特に悪意を持った人間が自社のネットワークに侵入できてしまうとどうなるか。情報の漏洩はもちろん、重要なデータやファイルを破壊される恐れが出てきます。また、侵入を許さなかったとしても、大量の電子メールを送りつけたり、企業Webサイトを繰り返しリロードして負荷を増大させたりとすることで、サーバの処理能力をパンクさせる妨害行為なども起こりえます。

　考えてみれば、事務所に泥棒が入れば大変ですし、FAXを延々と送りつけてきて妨害行為を働くなんてのも古くからある手法ですよね。そのようなことと同じ危険が、ネットワークの中にもあるということなのです。

　悪意を持った侵入者は、常にシステムの脆弱性という穴を探しています。これに対して、企業の持つ情報という名の資産をいかに守るか。それが情報セキュリティです。

セキュリティマネジメントの3要素

情報セキュリティは、「とにかく穴を見つけて片っ端からふさげばいい」というものではありません。たとえば次のように穴をふさいでみたとしましょう。

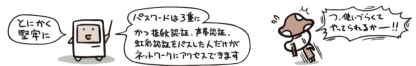

そう、「セキュリティのためだ」と堅牢なシステムにすればするほど、今度は「使いづらい」という問題が出てきてしまいます。そもそも「安全最優先」と言うのであれば、そこでつながってるLANケーブルを引っこ抜いちゃえばいいのです。でも、それだとネットワークの利便性が享受できないからよろしくない。じゃあ、安全性と利便性とをどこでバランスさせるか…。これがセキュリティマネジメントの基本的な考え方です。

そんなわけで情報セキュリティは、次の3つの要素を管理して、うまくバランスさせることが大切だとされています。

機密性
許可された人だけが情報にアクセスできるようにするなどして、情報が漏洩しないようにすることを指します。

完全性
情報が書き換えられたりすることなく、完全な状態を保っていることを指します。

可用性
利用者が、必要な時に必要な情報資産を使用できるようにすることを指します。

セキュリティポリシ

さて、色々検討した末に、「ウチの情報セキュリティは、こんな風にして守るべきだぜ」と思い至ったとします。でも、思ってるだけじゃ何も反映されません。

そこで、企業としてどのように取り組むかを明文化して、社内に周知・徹底するわけです。これを、セキュリティポリシと呼びます。

セキュリティポリシは基本方針と対策基準、実施手順の3階層で構成されています。

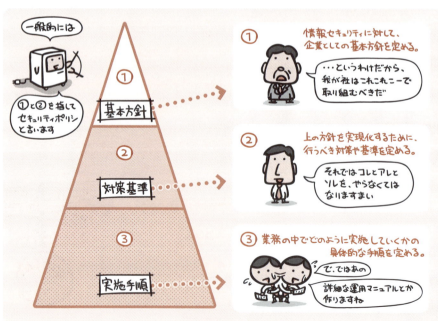

個人情報保護法とプライバシーマーク

　企業からの情報漏洩として、最近とみに取り沙汰されるのが「個人情報」に関するものです。個人情報とは、次のような内容を指します。

　個人情報保護法というのは、こうした個人情報を、事業者が適切に取り扱うためのルールを定めたものです。たとえば「顧客リストが横流しされて、セールスの電話がジャンジャカかかってくるようになった」などに代表される、消費者が不利益を被るケースを未然に防ぐことが目的です。

　個人情報に関する認定制度として、プライバシーマーク制度があります。
　これは、「JIS Q 15001（個人情報保護マネジメントシステム―要求事項）」に適合して、個人情報の適切な保護体制が整備できている事業者を認定するものです。

このように出題されています
過去問題練習と解説

問1
(IP-R02-A-94)

IoTデバイス群とそれらを管理するIoTサーバで構成されるIoTシステムがある。このシステムの情報セキュリティにおける①〜③のインシデントと、それによって損なわれる、機密性、完全性及び可用性との組合せとして、適切なものはどれか。

〔インシデント〕
① IoTデバイスが、電池切れによって動作しなくなった。
② IoTデバイスとIoTサーバ間の通信を暗号化していなかったので、情報が漏えいした。
③ システムの不具合によって、誤ったデータが記録された。

	①	②	③
ア	可用性	完全性	機密性
イ	可用性	機密性	完全性
ウ	完全性	可用性	機密性
エ	機密性	可用性	完全性

解説

①:「動作しなくなった」=「使えなくなった」ので、可用性が損なわれます。②:「情報が漏えいした」ので、機密性が損なわれます。③:「誤ったデータが記録された」ので、完全性が損なわれます。機密性、完全性、可用性の説明は、245ページを参照してください。

正解:イ

問2
(IP-R03-96)

情報セキュリティ方針に関する記述として、適切なものはどれか。
ア 一度定めた内容は、運用が定着するまで変更してはいけない。
イ 企業が目指す情報セキュリティの理想像を記載し、その理想像に近づくための活動を促す。
ウ 企業の情報資産を保護するための重要な事項を記載しているので、社外に非公開として厳重に管理する。
エ 自社の事業内容、組織の特性及び所有する情報資産の特徴を考慮して策定する。

解説

ア 一度定めた内容は、必要に応じて、適宜変更します。
イ 企業が目指す情報セキュリティの現実的に遵守しなければならない方針を記載し、その方針に沿った活動を促します。
ウ 企業の情報資産を保護するための重要な事項を記載していますが、機密事項は含まれておらず、社外に公開しても差し支えありません。
エ そのとおりです。

正解:エ

Chapter 9-2 ユーザ認証とアクセス管理

 コンピュータシステムの利用にあたっては、ユーザ認証を行うことでセキュリティを保ちます。

　たとえばですね、社内のコンピュータシステムを、適切な権限に応じて利用できるようにしたいとします。部長さんしか見えちゃいけない書類はそのようにアクセスを制限して、みんなが見ていい書類は誰でも見えるよう権限を設定して、そしてシステムを利用する権限がない人は一切アクセスできないように…と、そんなことがしたいとする。

　そのために、まず必要となる情報が、「今システムを利用しようとしている人は誰か?」というものです。誰か識別できないと権限を判定しようがないですからね。

　この、一番最初に「アナタ誰?」と確認する行為。これを ユーザ認証 といいます。

　ユーザ認証は、不正なアクセスを防ぎ、適切な権限のもとでシステムを運用するためには欠かせない手順です。

　ちなみに、ユーザ認証をパスしてシステムを利用可能状態にすることを ログイン (ログオン)、システムの利用を終了してログイン状態を打ち切ることを ログアウト (ログオフ) と呼びます。

ユーザ認証の手法

ユーザ認証には次のような方法があります。

ユーザIDとパスワードによる認証

　ユーザIDとパスワードの組み合わせを使って個人を識別する認証方法です。基本的にユーザIDは隠された情報ではないので、パスワードが漏洩（もしくは簡単に推測できたり）しないように、その扱いには注意が必要です。

- 電話番号や誕生日など、推測しやすい内容をパスワードに使わない。
- 付箋やメモ用紙などに書いて、人目につく場所へ貼ったりしない。
- なるべく定期的に変更を心がけ、ずっと同じパスワードのままにしない。

バイオメトリクス認証

　指紋や声紋、虹彩（眼球内にある薄膜）などの身体的特徴を使って個人を識別する認証方法です。生体認証とも呼ばれます。

ワンタイムパスワード

　一度限り有効という、使い捨てのパスワードを用いる認証方法です。トークンと呼ばれるワンタイムパスワード生成器を使う形が一般的です。

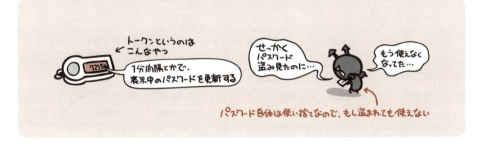

コールバック

　遠隔地からサーバへ接続する場合などに、いったんアクセスした後で回線を切り、逆にサーバ側からコールバック（着信側から再発信）させることで、アクセス権を確認する認証方法です。

アクセス権の設定

社内で共有している書類を、「許可された人だけが閲覧できるようにする」というように設定できるのがアクセス権です。これがないと、知られちゃ困る情報がアチコチに漏れたり、大切なファイルが勝手に削除されてしまったりと困ったことになってしまいます。

アクセス権には「読取り」「修正」「追加」「削除」などがあります。これらをファイルやディレクトリに対してユーザごとに指定していくわけです。

その他に、たとえば「開発部の人は見ていいファイル」「部長職以上は見ていいディレクトリ」といった指定を行いたい場合は、個々のユーザに対してではなく、ユーザのグループに対して権限の設定を行います。

ソーシャルエンジニアリングに気をつけて

　ユーザ認証を行ったり、アクセス権を設定したりしても、情報資産を扱っているのは結局のところ「人」。なので、そこから情報が漏れる可能性は否定できません。

　そのような、コンピュータシステムとは関係のないところで、人の心理的不注意をついて情報資産を盗み出す行為。これをソーシャルエンジニアリングといいます。

　これについての対策は、「セキュリティポリシで重要書類の処分方法を取り決め、それを徹底する」といったもの…だけではなくて、社員教育を行うなどして、1人1人の意識レベルを改善していくことが大切です。

様々な不正アクセスの手法

不正アクセスにはその他にも様々な手法があります。代表的なものをいくつか見ておきましょう。

パスワードリスト攻撃

どこかから入手したID・パスワードのリストを用いて、他のサイトへのログインを試みる手法です。

ブルートフォース攻撃

特定のIDに対し、パスワードとして使える文字の組合せを片っ端から全て試す手法です。総当たり攻撃とも言います。

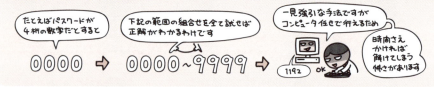

リバースブルートフォース攻撃

ブルートフォース攻撃の逆で、パスワードは固定にしておいて、IDとして使える文字の組合せを片っ端から全て試す手法です。

レインボー攻撃

ハッシュ値から元のパスワード文字列を解析する手法です。パスワードになりうる文字列とハッシュ値との組をテーブル化しておき、入手したハッシュ値から元の文字列を推測します。

SQLインジェクション

ユーザの入力値をデータベースに問い合わせて処理を行うWebサイトに対して、その入力内容に悪意のある問い合わせや操作を行うSQL文を埋め込み、データベースのデータを不正に取得したり、改ざんしたりする手法です。

DNSキャッシュポイズニング

DNSのキャッシュ機能を悪用して、一時的に偽のドメイン情報を覚えさせることで、偽装Webサイトへと誘導する手法です。

このように出題されています
過去問題練習と解説

問 1 (IP-H30-S-63)

パスワード管理に関する記述のうち，適切なものはどれか。

ア　業務システムで使用しているパスワードを，私的なインターネットサービスの利用では使用しない。
イ　初期パスワードは，システムのログイン操作に慣れるまで変更しない。
ウ　数個のパスワードを用意しておき，それを使い回す。
エ　パスワードは，平文のファイルに格納してPCへ保存しておく。

解説

ア　そのとおりです。　　イ　初期パスワードは、できるだけ早く（なるべく初回に）、本パスワードに変更します。　　ウ　パスワードの使い回しをせず、各ログイン先に異なるパスワードを設定します。
エ　パスワードは、なるべくPCには保存しません。どうしても、パスワードをPCに保存したい場合は、暗号化して保存します。

正解：ア

問 2 (IP-R01-A-88)

バイオメトリクス認証の例として，適切なものはどれか。

ア　本人の手の指の静脈の形で認証する。
イ　本人の電子証明書で認証する。
ウ　読みにくい文字列が写った画像から文字を正確に読み取れるかどうかで認証する。
エ　ワンタイムパスワードを用いて認証する。

解説

バイオメトリクス認証の説明は、251ページを参照してください。

正解：ア

問 3 (IP-H27-S-61)

ワンタイムパスワードを用いることによって防げることはどれか。

ア　通信経路上におけるパスワードの盗聴
イ　不正侵入された場合の機密ファイルの改ざん
ウ　不正プログラムによるウイルス感染
エ　漏えいしたパスワードによる不正侵入

解説

ワンタイムパスワードとは、一度だけ有効な使い捨てのパスワードのことです。したがって、選択肢エのような「パスワードの漏えい」が発生しても、そのパスワードは使えません。

正解：エ

問4 (IP-R02-A-85)

ファイルサーバに保存されている文書ファイルの内容をPCで直接編集した後，上書き保存しようとしたら"権限がないので保存できません"というメッセージが表示された。この文書ファイルとそれが保存されているフォルダに設定されていた権限の組合せとして，適切なものはどれか。

	ファイル読取り権限	ファイル書込み権限	フォルダ読取り権限
ア	あり	あり	なし
イ	あり	なし	あり
ウ	なし	あり	なし
エ	なし	なし	あり

解説

本問の「ファイルサーバに保存されている文書ファイルの内容をPCで直接編集した後」は，「ファイルサーバのフォルダに保存されている文書ファイルの内容を読取り，PCで直接編集した後」と補って読み替えられるので，「フォルダ読取り権限」と「ファイル読取り権限」は，「あり」が該当します。さらに，本問は，「上書き保存しようとしたら"権限がないので保存できません"というメッセージが表示された」としているので，「ファイル書込み権限」は，「なし」が該当します。

正解：イ

問5 (IP-R03-56)

インターネットにおいてドメイン名とIPアドレスの対応付けを行うサービスを提供しているサーバに保管されている管理情報を書き換えることによって，利用者を偽のサイトへ誘導する攻撃はどれか。

ア DDoS攻撃　　　　　　　イ DNSキャッシュポイズニング
ウ SQLインジェクション　　エ フィッシング

解説

ア DDoS (Distributed Denial of Service：分散サービス不能) 攻撃とは，悪意者が特定のサイトに対し，日時を決めて，複数台のPCなどを使って同時に大量のアクセスをし，他の正当なアクセスをできなくする攻撃のことです。
イ DNSキャッシュポイズニングに関する説明は，255ページを参照してください。
ウ SQLインジェクションに関する説明は，255ページを参照してください。
エ フィッシングとは，正規のメールやWebサイトを装って，偽のWebサイトに利用者を誘導し，パスワードやクレジットカード番号などを不正に入手する手口のことです。

正解：イ

Chapter 9-3 コンピュータウイルスの脅威

 第3者のデータなどに対して、意図的に被害を及ぼすよう作られたプログラムがコンピュータウイルスです。

　ウイルスウイルスというと、なにか得体の知れないものがやってきてコンピュータを狂わせるように思えますが、実際はコンピュータウイルス（単にウイルスとも呼びます）というのも、単なるプログラムのひとつに過ぎません。ただその動作が、「コンピュータ内部のファイルを根こそぎごっそり削除いたします」というような、ちょっとしゃれにならない内容だったりするだけです。

　経済産業省の「コンピュータウイルス対策基準」によると、次の3つの基準のうち、どれかひとつを有すればコンピュータウイルスであるとしています。

コンピュータウイルスの種類

コンピュータウイルスとひと口に言っても、その種類は様々です。
ざっくり分類すると、次のような種類があります。

狭義のウイルス		他のプログラムに寄生して、その機能を利用する形で発病するものです。狭義の「ウイルス」は、このタイプを指します。
マクロウイルス		アプリケーションソフトの持つマクロ機能を悪用したもので、ワープロソフトや表計算ソフトのデータファイルに寄生して感染を広げます。
ワーム		自身単独で複製を生成しながら、ネットワークなどを介してコンピュータ間に感染を広めるものです。作成が容易なため、種類が急増しています。
トロイの木馬		有用なプログラムであるように見せかけてユーザに実行をうながし、その裏で不正な処理（データのコピーやコンピュータの悪用など）を行うものです。

また、コンピュータウイルスとは少し異なりますが、マルウェア（コンピュータウイルスを含む悪意のあるソフトウェア全般を指す言葉）の一種として次のようなプログラムにも同様の注意が必要です。

スパイウェア		情報収集を目的としたプログラムで、コンピュータ利用者の個人情報を収集して外部に送信します。 他の有用なプログラムにまぎれて、気づかないうちにインストールされるケースが多く見られます。
ボット		感染した第3者のコンピュータを、ボット作成者の指示通りに動かすものです。 迷惑メールの送信、他のコンピュータを攻撃するなどの踏み台に利用される恐れがあります。

ウイルス対策ソフトと定義ファイル

このようなコンピュータウイルスに対して効力を発揮するのがウイルス対策ソフトです。このソフトウェアは、コンピュータに入ってきたデータを最初にスキャンして、そのデータに問題がないか確認します。

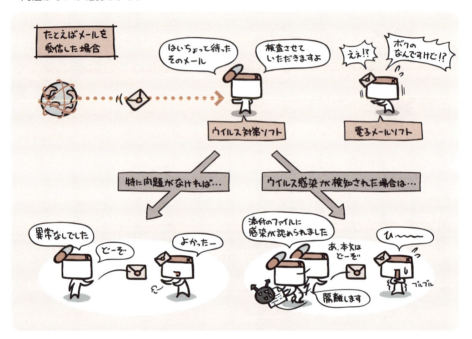

このようなウイルスの予防措置以外にも、コンピュータの中を検査してウイルス感染チェックを行ったり、すでに感染してしまったファイルを修復したりというのも、ウイルス対策ソフトの役目です。

ウイルス対策ソフトが、多種多様なウイルスを検出するためには、既知ウイルスの特徴を記録したウイルス定義ファイル（シグネチャファイル）が欠かせません。ウイルスは常に新種が発見されていますので、このウイルス定義ファイルも常に最新の状態を保つことが大切です。

ビヘイビア法（動的ヒューリスティック法）

ウイルス定義ファイルを用いた検出方法では、既知のウイルスしか検出することができません。

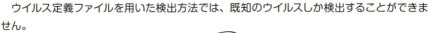

そこで、実行中のプログラムの挙動を監視して、不審な処理が行われないか検査する手法がビヘイビア法です。動的ヒューリスティック法とも言います。

検知はできたけども同時に感染しちゃいましたーでは困るので、次のような方法を用いて検査を行います。

ちなみに、ビヘイビア法を英語で書くと次のようになります。

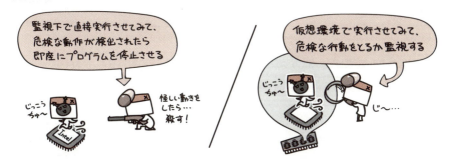

ウイルスの予防と感染時の対処

コンピュータウイルスの感染経路としては、電子メールの添付ファイルやファイル交換ソフトなどを通じたものが、現在はもっとも多いとされています。

これらのウイルスから身を守るには、次のような取り組みが有効です。

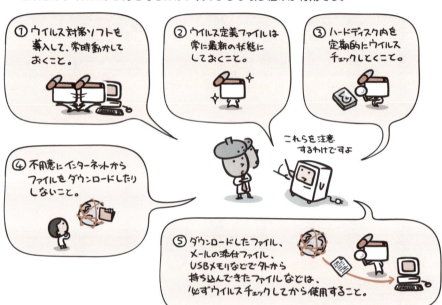

それでももし感染してしまった場合は、あわてず騒がず、次の対処を心がけます。

このように出題されています
過去問題練習と解説

問1 (IP-R02-A-58)

受信した電子メールに添付されていた文書ファイルを開いたところ，PCの挙動がおかしくなった。疑われる攻撃として，適切なものはどれか。

ア　SQLインジェクション
イ　クロスサイトスクリプティング
ウ　ショルダーハッキング
エ　マクロウイルス

解説

ア　SQLインジェクションの説明は、255ページを参照してください。
イ　クロスサイトスクリプティングとは、「訪問者の入力データをそのまま画面に表示するWebサイトに対して、悪意のあるスクリプトを埋め込んだ入力データを送ることによって、訪問者のブラウザで実行させる攻撃」です。
ウ　ショルダーハッキングとは、「利用者の背後から、画面やキーボード入力操作を盗み見て、秘密情報を不正に取得する」ことです。
エ　マクロウイルスの説明は、259ページを参照してください。

正解：エ

問2 (IP-H31-S-88)

ウイルスの感染に関する記述のうち，適切なものはどれか。

ア　OSやアプリケーションだけではなく，機器に組み込まれたファームウェアも感染することがある。
イ　PCをネットワークにつなげず，他のPCとのデータ授受に外部記憶媒体だけを利用すれば，感染することはない。
ウ　感染が判明したPCはネットワークにつなげたままにして，直ちにOSやセキュリティ対策ソフトのアップデート作業を実施する。
エ　電子メールの添付ファイルを開かなければ，感染することはない。

解説

ア　消去法により、本選択肢が正解です。
イ　PCをネットワークにつなげず、他のPCとのデータ授受に外部記憶媒体だけを利用していても、外部記憶媒体にウイルスが存在すれば感染します。
ウ　感染が判明したPCはネットワークから切断します。ネットワークに接続されている、感染していない他のPCが感染することを防ぐためです。
エ　電子メールの添付ファイルを開かなければ、基本的に感染しません。しかし、外部記憶媒体からの感染などを考えると、「電子メールの添付ファイルを開かなければ，感染することはない」とは言いきれません。

正解：ア

Chapter 9-4 ネットワークのセキュリティ対策

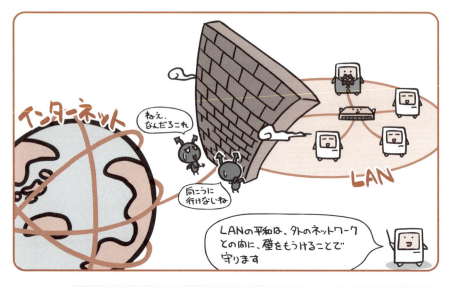

 ネットワークのセキュリティ対策は、
壁をもうけて通信を遮断するところからはじまるのです。

　ここまでセキュリティの概念や、不正アクセスをはじめとする起こりうる脅威について書いてきました。でも、そもそもネットワークが出入り自由だとしたら、どんな対策をしても意味がありません。

　私たちの住まいには、通常なんらかの鍵がかけられるようになっています。それは、不審者の出入りを阻むために他なりません。「ごめんください、入っていいですかー」と訪ねてくる人がいたら、「あらお隣の花子さんコンニチハどーぞどーぞ」と家人が許可してはじめて中に立ち入れる。そうすることで家の中のセキュリティが保たれているわけです。

　ネットワークもこれと同じです。

　「LANの中は安全地帯。ファイルをやり取りしたりして、気兼ねなく過ごすことができる世界」…とするためには、外と中とを区切る壁をもうけて、出入りを制限しなきゃいけません。

　では実際にどんな手段を講じるものなのか。詳しく見ていくといたしましょう。

ファイアウォール

LANの中と外とを区切る壁として登場するのがファイアウォールです。

ファイアウォールというのは「防火壁」の意味。本来は「火災時の延焼を防ぐ耐火構造の壁」を指す言葉なのですが、「外からの不正なアクセスを火事とみなして、それを食い止める存在」という意味でこの言葉を使っています。

ファイアウォールは機能的な役割のことなので、特に定まった形はありません。
　主な実現方法としては、パケットフィルタリングやアプリケーションゲートウェイなどが挙げられます。

パケットフィルタリング

　パケットフィルタリングは、パケットを無条件に通過させるのではなく、あらかじめ指定されたルールにのっとって、通過させるか否かを制御する機能です。

　その名の通り、「ルールに当てはまらないパケットは、フィルタによってろ過された後に残るゴミのように、通過を遮られて破棄される」わけですね。

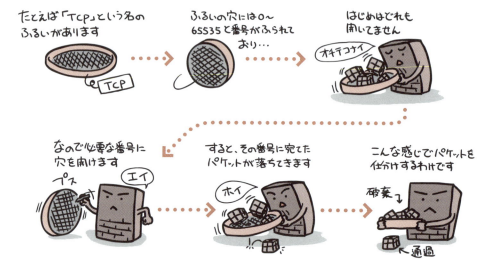

　この機能では、パケットのヘッダ情報（送信元IPアドレスや宛先IPアドレス、プロトコル種別、ポート番号など）を見て、通過の可否を判定します。

　通常、アプリケーションが提供するサービスはプロトコルとポート番号で区別されますので、この指定はすなわち「どのサービスは通過させるか」と決めたことになります。

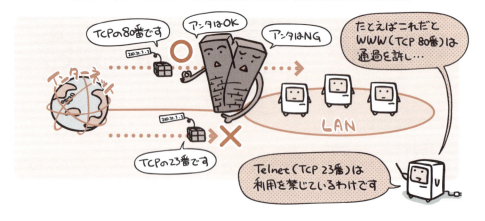

アプリケーションゲートウェイ

アプリケーションゲートウェイは、LANの中と外の間に位置して、外部とのやり取りを代行して行う機能です。プロキシサーバ（代理サーバ）とも呼ばれます。

外のコンピュータからはプロキシサーバしか見えないので、LAN内のコンピュータが、不正アクセスの標的になることを防ぐことができます。

このように出題されています
過去問題練習と解説

(IP-H21-S-74)

インターネットからの不正アクセスを防ぐことを目的として，インターネットと内部ネットワークの間に設置する仕組みはどれか。

ア　DNSサーバ　　　　　イ　WAN
ウ　ファイアウォール　　エ　ルータ

解説

　ファイアウォール（Firewall）とは、直訳すれば「防火壁」であり、インターネットから社内ネットワークへの不正侵入や破壊行為、Web・DNS・FTPサーバなど外部への公開サーバの防御など行なうためのソフトウェアやハードウェアのことです。

正解：ウ

(IP-H21-A-79)

ファイアウォールを設置することで，インターネットからもイントラネットからもアクセス可能だが，イントラネットへのアクセスを禁止しているネットワーク上の領域はどれか。

ア　DHCP　　イ　DMZ　　ウ　DNS　　エ　DoS

解説

　DMZ（DeMilitarized Zone）は、インターネットなどの信頼できないネットワークと、社内ネットワークなどの信頼できるネットワークの中間に置かれるセグメントです。DMZには、通常、Web・DNS・FTPサーバなど公開サーバ群を置きます。問題がいう「イントラネット」は、社内ネットワークのような厳格なセキュリティが必要な部分だと解釈すればよいでしょう。

正解：イ

企業のネットワークにおけるDMZの設置目的として,最も適切なものはどれか。

ア　Webサーバやメールサーバなど,社外に公開したいサーバを,社内のネットワークから隔離する。
イ　グローバルIPアドレスをプライベートIPアドレスに変換する。
ウ　通信経路上にあるウイルスを除去する。
エ　通信経路を暗号化して,仮想的に専用回線で接続されている状態を作り出す。

問 3
(IP-H23-S-55)

解　説

ア　DMZの説明は,左ページの問2の解説を参照してください。
イ　NAT (Network Address Translation) に関する記述です。
ウ　通信経路上にウイルス対策サーバを設置した記述です。
エ　VPN (Virtual Private Network) に関する記述です。

正解：ア

外部と通信するメールサーバをDMZに設置する理由として,適切なものはどれか。

ア　機密ファイルが添付された電子メールが,外部に送信されるのを防ぐため
イ　社員が外部の取引先へ送信する際に電子メールの暗号化を行うため
ウ　メーリングリストのメンバのメールアドレスが外部に漏れないようにするため
エ　メールサーバを踏み台にして,外部から社内ネットワークに侵入させないため

問 4
(IP-R01-A-92)

解　説

「外部から社内ネットワークに侵入させないため」がヒントになり,選択肢エが正解です。DMZの説明は,左ページの問2の解説を参照してください。

正解：エ

Chapter 9-5 暗号化技術とディジタル署名

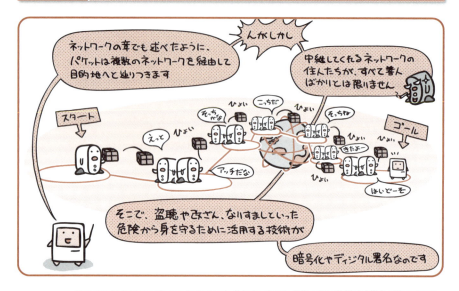

インターネットは「荷物が丸裸で運ばれている」ようなもの。
暗号化やディジタル署名で、荷物に鍵をかけるのです。

　複数のネットワークがつながりあって出来ているのがインターネット。当然パケットは、ネットワークからネットワークへとバケツリレーされていくことになります。
　でもちょっと待った。パケットが単に「ディジタルデータを小分けして荷札つけたもの」なんであれば、ちょろりと中をのぞくだけで、なにが書いてあるか丸わかりですよね？
　たとえばネット上のサービスを利用するためのユーザ名やパスワード。クレジットカード情報。今時であれば、ネットバンキングに使う口座情報などもあるでしょう。そのような情報が、まったく丸裸の状態で、見知らぬ人のネットワークを延々渡り歩いて流れていく図を想像してみてください。もしくは、「絶対人に漏らしたくないユーザ名とパスワード」を書いた紙を、2つ折りにしただけで知らない人にバケツリレーしてもらう感じ…でも構いません。
　当たり前ですが、こんなんじゃ危なくて仕方ないですよね。そこで登場するのが、暗号化技術やディジタル署名というわけです。

盗聴・改ざん・なりすましの危険

ネットワークの通信経路上にひそむ危険といえば、代表的なのが次の3つです。イメージしやすいよう、メールにたとえて見てみましょう。

盗聴

データのやり取り自体は正常に行えますが、途中で内容を第3者に盗み読まれるという危険性です。

改ざん

データのやり取りは正常に行えているように見えながら、実際は途中で第3者に内容を書き換えられてしまっているという危険性です。

なりすまし

第3者が別人なりすまし、データを送受信できてしまうという危険性です。

暗号化と復号

さて、それでは「通信経路は危険がいっぱいだ」という結論に辿り着いたとして、どう対処すればいいでしょうか。

そうですね、まず考えられるのは「通信経路でのぞき見できちゃうのがそもそもおかしい。そこをしっかり対処すべきだ」というものかもしれません。社内LANなどの限定された空間であれば、そういう対処も採れるでしょう。しかし、世界規模で広がってるネットワークを、えいやと一度に置きかえるなんてのは現実的ではありません。

そこで発想の大転換。のぞき見されるのは防ぎようがないんだから、のぞかれても大丈夫な内容に変えてしまえば良いのです。

たとえばやり取りする当事者同士だけがわかる形にメッセージを作り替えてしまえば、途中でいくらのぞき見されても困ることはありません。

このように、「データの中身を第三者にはわからない形へと変換してしまう」ことを暗号化といいます。上の絵だとキノコのやってることがそう。

一方、暗号化したデータは元の形に戻さないと解読できません。この「元の形に戻す」ことを復号といいます。こちらはドングリがやってる部分ですね。

盗聴を防ぐ暗号化（共通鍵暗号方式）

前ページの「ひと文字ずらす」というような、暗号化や復号を行うために使うデータを鍵と呼びます。データという荷物をロックするための鍵…みたいなものと思えばよいでしょう。

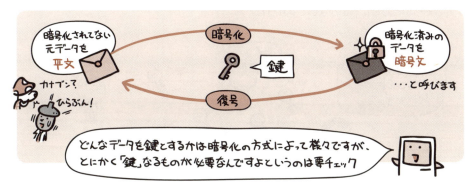

送り手（暗号化する側）と受け手（復号する側）が同じ鍵を用いる暗号化方式を、共通鍵暗号方式と呼びます。この鍵は第三者に知られると意味がなくなりますから、秘密にしておく必要があります。そのことから秘密鍵暗号方式とも呼ばれます。

盗聴を防ぐ暗号化（公開鍵暗号方式）

共通鍵暗号方式は、「お互いに鍵を共有する」というのが前提である以上、通信相手の数分だけ秘密鍵を管理しなければいけません。複数の相手に使い回しがきけば管理は楽ですが、そういうわけにもいかないですからね。

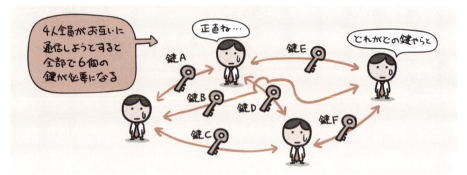

しかも、事前に鍵を渡しておく必要がありますから、インターネットのような不特定多数の相手を対象に通信する分野では、かなり利用に無理があると言えます。

そこで出てくるのが公開鍵暗号方式です。大きな特徴は「一般に広くばらまいてしまう」ための公開鍵という公開用の鍵があること。この方式は、暗号化に使う鍵と、復号に使う鍵が別物なのです。

公開鍵暗号方式では、受信者の側が秘密鍵と公開鍵のペアを用意します。
　そして公開鍵の方を配布して、「自分に送ってくる時は、この鍵を使って暗号化してください」とするのです。

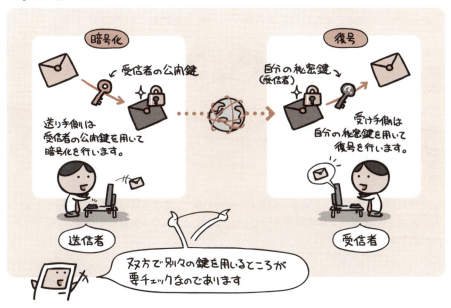

　公開鍵で暗号化されたデータは、それとペアになる秘密鍵でしか復号することができません。公開鍵をいくらばらまいても、その鍵では暗号化しかできないので、途中でデータを盗聴される恐れにはつながらないのです。

　また、自分用の鍵のペアを1セット持っていれば複数人とやり取りできますから、「管理する鍵の数が増えちゃって大変!」なんてこともありません。

　ただし、共通鍵暗号方式に比べて、公開鍵暗号方式は暗号化や復号に大変処理時間を要します。そのため、利用形態に応じて双方を使い分けるのが一般的です。

改ざんを防ぐディジタル署名

公開鍵暗号方式の技術を応用することで、「途中で改ざんされていないか」と「誰が送信したものか」を確認できるようにしたのがディジタル署名です。

公開鍵暗号方式では、公開鍵で暗号化したものはペアとなる秘密鍵でしか復号できません。実は逆も真なりで、秘密鍵で暗号化したものはペアとなる公開鍵を使わないと復号できないのです。

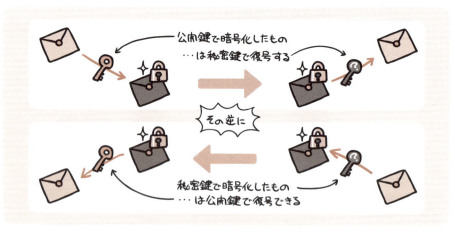

これでなにが確認できるのかというと…。

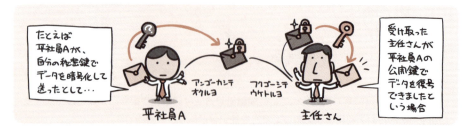

平社員Aの公開鍵で復号できたということは、次のことを示すわけです。

つまり、送信者の公開鍵で復号できることそれ自体が、これらの証明に他ならないよというわけなのですね。

実際には本文全体を暗号化するのではなく、ハッシュ化という手法で短い要約データ（メッセージダイジェスト）を作成し、それを暗号化することでディジタル署名とします。

元データが同じであれば、ハッシュ関数は必ず同じメッセージダイジェストを生成します。したがって、ディジタル署名の復号結果であるメッセージダイジェストと、受信した本文から新たに取得したメッセージダイジェストとを比較して同一であれば、そのメッセージは「改ざんされていない」と言うことができるのです。

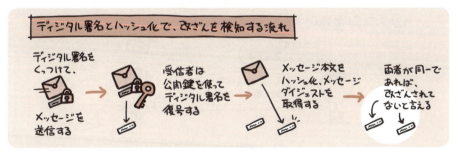

なりすましを防ぐ認証局 (CA)

ところでこれまで、「鍵が証明してくれる」「鍵によって確認できる」ということを述べていますが、そもそも「ペアの鍵を作った人物がすでにニセモノだった」場合はどうなるのでしょうか。

そう、一見キリがありません…が、それができてしまう限りは「他人になりすまして通信を行う」なりすまし行為が回避できるとは言い切れません。

というわけで、信用できる第3者が「この公開鍵は確かに本人のものですよ」と証明する機構が考えられました。それが認証局 (CA：Certificate Authority) です。

認証局は、次のような流れによって公開鍵の正当性を保証します。

このような認証機関と、公開鍵暗号技術を用いて通信の安全性を保証する仕組みのことを、公開鍵基盤 (PKI：Public Key Infrastructure) と呼びます。

このように出題されています
過去問題練習と解説

問1
(IP-R02-A-97)

公開鍵暗号方式では，暗号化のための鍵と復号のための鍵が必要となる。4人が相互に通信内容を暗号化して送りたい場合は，全部で8個の鍵が必要である。このうち，非公開にする鍵は何個か。

ア 1　　イ 2　　ウ 4　　エ 6

解説

　275ページの説明にあるとおり、公開鍵暗号方式では、送信者は受信者が作った公開鍵で暗号化し、受信者は自らが作った公開鍵とペアになっている秘密鍵で復号します。したがって、公開鍵と秘密鍵（＝非公開にする鍵）の数の比率は、1：1です。本問は、「全部で8個の鍵が必要である」としているので、公開鍵と秘密鍵は、4個ずつになります。

正解：ウ

問2
(IP-R02-A-100)

電子メールにディジタル署名を付与して送信するとき，信頼できる認証局から発行された電子証明書を使用することに比べて，送信者が自分で作成した電子証明書を使用した場合の受信側のリスクとして，適切なものはどれか。

ア　電子メールが正しい相手から送られてきたかどうかが確認できなくなる。
イ　電子メールが途中で盗み見られている危険性が高まる。
ウ　電子メールが途中で紛失する危険性が高まる。
エ　電子メールに文字化けが途中で発生しやすくなる。

解説

　278ページの説明にあるように、電子証明書（ディジタル証明書）は、送信者が「なりすまし」ではなく、確かに本人であることを、受信者が確認するために使われます。電子証明書は、通常、「信頼できる第三者である」認証局が発行しますが、本問では「送信者が自分で作成した電子証明書を使用した場合」を想定しているため、その電子証明書を信用できません。したがって、選択肢アのように、「電子メールが正しい相手から送られてきたかどうかが確認できなくなる」リスクがあります。

正解：ア

問3
(IP-R03-76)

IoTデバイス群とそれを管理するIoTサーバで構成されるIoTシステムがある。全てのIoTデバイスは同一の鍵を用いて通信の暗号化を行い，IoTサーバではIoTデバイスがもつ鍵とは異なる鍵で通信の復号を行うとき，この暗号技術はどれか。

ア　共通鍵暗号方式　　イ　公開鍵暗号方式
ウ　ハッシュ関数　　　エ　ブロックチェーン

解説

　本問において、全てのIoTデバイスには同一の公開鍵が、また、IoTサーバには、その公開鍵とペアになっている秘密鍵が使われています。

正解：イ

Chapter 10 システム開発

これで、システムに対する要望が見えてくる

で、でもボク ホントはちがうことをやりたくて…

そしたらシステムの細部を煮詰めていって…

じゃあこんな感じで作ってみる？

さんせーい

作りはじめるのはこの段階に辿り着いてからのこと

じゃあがんばって!!

え？

そしてできたらできたで今度はテストが待ってます

……

えぇぇぇぇ

このようにシステム開発というのは長い長い道のりの作業

だからこそ無事踏破できるようにと、様々な開発手法や分析手法が考案されているのです

で…で…できたー

やあゴクロー なかなかいいシステムを組んでくれたじゃないか

ほめてつかわすよ

プッチーン

なんでお前途中で立ち位置変わってんだよ

だってしんどーだからイヤになったんだよ!!

Chapter 10-1 システムを開発する流れ

「企画」→「要件定義」→「開発」→「運用」→「保守」という
5段階のプロセスで、システムの一生はあらわされます。

　システムの一生というのは上のイラストのようになっていて、導入後の運用ベースになって以降も、業務の見直しや変化に応じてちょこちょこ修正が入ります。そうして運用と保守とを繰り返しながら、やがて役割を終えて破棄される瞬間まで働き続けることになる。これを、ソフトウェアライフサイクルと呼びます。

　システム化計画として企画段階で検討すべき項目はスケジュール、体制、リスク分析、費用対効果、適用範囲といった5項目。うん、わかり難いですね。もうちょっと噛み砕いて書くと、「導入までどんな段取りで」「どういった人員体制で取り組むべきで」「どんなトラブルが想定できて」「かけたお金に見合う効果があるか考えて」「どの業務をシステム化するか」…を決めるという内容になります。

　企画が済んだら、次は「どのような機能を盛り込んだシステムが必要なのか」を要件定義として固めます。これをやらないと、「要するにボクたちこんなシステムが欲しいんです」と伝えられないですからね。

　え？ 誰に伝えるか？ それは、実際に開発をお願いすることになるシステムベンダさんなのです！ …というところで次ページへ。

システム開発の調達を行う

「調達」というのは、開発を担当するシステムベンダに対して発注をかけることです。契約締結に至るまでの流れと、そこで取り交わす文書は次のようになります。

情報提供依頼

情報提供依頼書（RFI：Request For Information）を渡して、最新の導入事例などの提供をお願いします。

提案依頼書の作成と提出

システムの内容や予算などの諸条件を提案依頼書（RFP：Request For Proposal）にまとめて、システムベンダに提出します。

提案書の受け取り

システムベンダは具体的な内容を提案書としてまとめ、発注側に渡します。

見積書の受け取り

提案内容でOKが出たら、開発や運用・保守にかかる費用を見積書にまとめて発注側に渡します。

システムベンダの選定

提案内容や見積内容を確認して、発注するシステムベンダを決定します。

開発の大まかな流れと対になる組み合わせ

　無事に契約が締結されたなら、今度はシステムベンダさんのところで実際の開発作業がはじまります。「開発プロセス」がスタートとなるわけですね。

　システムの開発は、以下の工程に従って行われるのが一般的です。

基本計画（要件定義）
利用者にヒアリングするなどして求められる機能や性能を洗い出す。

システム設計
要件定義の結果に基いてシステムの詳細な仕様を固める。
複数の段階に分けて、大枠から詳細へと、細分化しながら詰めていくのが一般的。

こんな風に―
外部設計
↓
内部設計
↓
プログラム設計

プログラミング
プログラミング言語を使って、設計通りに動くプログラムを作成する。

導入・運用
問題がなければ発注元にシステムを納入して、運用を開始する。

テスト
作成したプログラムにミスがないか、仕様通り作られているか検証する。
検証は設計の逆で、詳細から大枠へと、さかのぼる形で行うのが一般的。

運用テスト
↑
システムテスト
↑
結合テスト
↑
単体テスト

下から上へなのです

これらは対になっていて

それぞれの設計や要件が満たされているか、さかのぼりながら検証するのです

プログラミングを境として工程が折り返しているところに注目です

基本計画（要件定義）

この工程では、作成するシステムにどんな機能が求められているかを明らかにします。

要求点を明確にするためには、利用者へのヒアリングが欠かせません。そのため、システム開発の流れの中で、もっとも利用部門との関わりが必要とされる工程と言えます。

要件を取りまとめた結果については、要件定義書という形で文書にして残します。

システム設計

この工程では、要件定義の内容を具体的なシステムの仕様に落とし込みます。

システム設計は、次のような複数の段階に分かれています。

外部設計

外部設計では、システムを「利用者側から見た」設計を行います。つまり、ユーザインタフェースなど、利用者が実際に手を触れる部分の設計を行います。

内部設計

内部設計では、システムを「開発者から見た」設計を行います。つまり、外部設計を実現するための実装方法や物理データ設計などを行います。

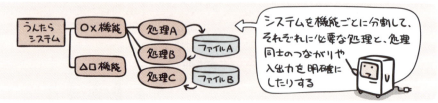

プログラム設計

プログラム設計では、プログラムを「どう作るか」という視点の設計を行います。プログラムの構造化設計や、モジュール同士のインタフェース仕様などがこれにあたります。

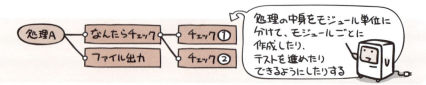

プログラミング

この工程では、システム設計で固めた内容にしたがって、プログラムをモジュール単位で作成します。

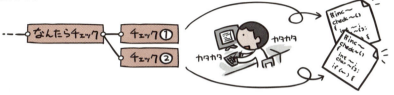

プログラムの作成は、プログラミング言語を使って命令をひとつひとつ記述していくことで行います。この、「プログラムを作成する」ということを、プログラミングと呼びます。

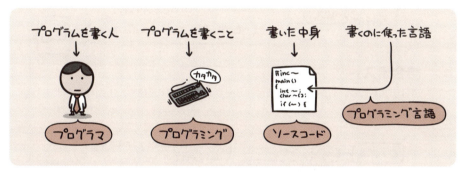

私たちが使う言葉にも日本語や英語など様々な種類の言語があるように、プログラミング言語にも様々な種類が存在します。こうして書かれたソースコードは機械語に翻訳することで、プログラムとして実行できるようになります。

この工程では、作成したプログラムにミスがないかを検証します。

テストは、次のような複数の段階に分かれています。

単体テスト

単体テストでは、モジュールレベルの動作確認を行います。

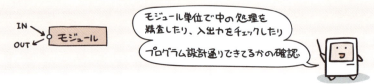

結合テスト

結合テストでは、モジュールを結合させた状態での動作確認や入出力検査などを行います。

システムテスト

システムテストでは、システム全体を稼働させての動作確認や負荷試験などを行います。

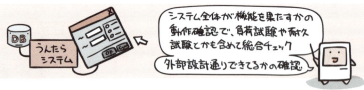

運用テスト

運用テストでは、実際の運用と同じ条件下で動作確認を行います。

このように出題されています
過去問題練習と解説

問1 (IP-R03-14)

ソフトウェアライフサイクルを，企画プロセス，要件定義プロセス，開発プロセス，運用プロセスに分けるとき，システム化計画を踏まえて，利用者及び他の利害関係者が必要とするシステムの機能を明確にし，合意を形成するプロセスはどれか。

ア　企画プロセス　　　イ　要件定義プロセス
ウ　開発プロセス　　　エ　運用プロセス

解説
要件定義プロセスに関する説明は、285ページを参照してください。また、ここでいう開発プロセスとは、286～288ページのシステム設計・プログラミング・テストの総称です。

正解：イ

問2 (IP-R02-A-01)

情報システムの調達の際に作成される文書に関して，次の記述中のa，bに入れる字句の適切な組合せはどれか。

調達する情報システムの概要や提案依頼事項，調達条件などを明示して提案書の提出を依頼する文書は　a　である。また，システム化の目的や業務概要などを示すことによって，関連する情報の提供を依頼する文書は　b　である。

	a	b
ア	RFI	RFP
イ	RFI	SLA
ウ	RFP	RFI
エ	RFP	SLA

解説
調達する情報システムの概要や提案依頼事項、調達条件などを明示して提案書の提出を依頼する文書は、RFP (Request For Proposal) です。システム化の目的や業務概要などを示すことによって、関連する情報の提供を依頼する文書は、RFI (Request For Information) です。283ページを参照してください。

正解：ウ

問3 (IP-H25-S-32)

実環境と同様のハードウェア，ソフトウェアを準備し，端末からの問合せのレスポンスタイムが目標値に収まることを検証した。このテストはどれか。

ア　システムテスト　　イ　ソフトウェア結合テスト
ウ　単体テスト　　　　エ　ホワイトボックステスト

解説
システムテストでは、運用と同じ手順で開発済みシステムを稼働させて動作を確認します。また、本問の説明のような性能テストなども実施されます。

正解：ア

問4 (IP-R03-22)

業務パッケージを活用したシステム化を検討している。情報システムのライフサイクルを，システム化計画プロセス，要件定義プロセス，開発プロセス，保守プロセスに分けたとき，システム化計画プロセスで実施する作業として，最も適切なものはどれか。

ア　機能，性能，価格などの観点から業務パッケージを評価する。
イ　業務パッケージの標準機能だけでは実現できないので，追加開発が必要なシステム機能の範囲を決定する。
ウ　システム運用において発生した障害に関する分析，対応を行う。
エ　システム機能を実現するために必要なパラメタを業務パッケージに設定する。

解説

ア　システム化計画プロセスでは、いくつかの候補になる業務パッケージを選定し、機能・性能・価格などの観点から、それらの業務パッケージを評価して、採用する業務パッケージを決定します。
イ　要件定義プロセスで実施する作業です。
ウ　保守プロセスで実施する作業です。
エ　開発プロセスで実施する作業です。

正解：ア

問5 (IP-H27-S-34)

自社で使用する情報システムの開発を外部へ委託した。受入れテストに関する記述のうち，適切なものはどれか。

ア　委託先が行うシステムテストで不具合が報告されない場合，受入れテストを実施せずに合格とする。
イ　委託先に受入れテストの計画と実施を依頼しなければならない。
ウ　委託先の支援を受けるなど，自社が受入れテストを実施する。
エ　自社で受入れテストを実施し，委託先がテスト結果の合否を判定する。

解説

ア　委託先が行うシステムテストで不具合が報告されない場合でも、受入れテストを実施します。
イ　自社が、受入れテストを計画し、実施します。
ウ　受入れテストとは、委託先が開発したシステムを受入れる（＝検収する）ときに、委託元（＝ここでいう自社）が実施するテストのことです。
エ　自社で受入れテストを実施し、自社がテスト結果の合否を判定します。

正解：ウ

Chapter 10-2 システムの開発手法

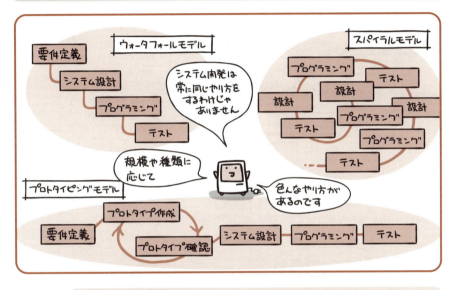

「ウォーターフォールモデル」、「プロトタイピングモデル」、「スパイラルモデル」の3つが、代表的な開発手法です。

　システムに対する要求を確認して、設計して、作って、テストする。この段取りは、システム開発に限らず、たいてい何をする場合にも同じです。ほら、普段のお仕事だって、「要求を整理→やり方を決め→実行→結果確認」という段取りで進むことが多いではないですか。

　ただ、システム開発の場合は、なにかと規模が大きくなりがちです。規模が大きくなれば、当然開発期間もそれだけ長くかかります。

　そうすると、やっとできあがりましたという段になって、お客さんとの間で「なにこれ、思ってたのと違う」…となることもあったりして。

　えてして「頭の中で想像したシステム」と「実際にさわってみたシステム」というのは違う印象になりがちですし、開発者側が仕様を取り違える可能性だってないとは言えませんからね。

　基本的な段取りは共通ながら開発手法に様々な種類があるのは、こうした問題を解消して、効率よくシステム開発を行うための工夫に他なりません。

ウォータフォールモデル

ウォータフォールモデルは、開発手法としてはもっとも古くからあるもので、要件定義からシステム設計、プログラミング、テストと、各工程を順番に進めていくものです。前節で書いた開発の流れは、このモデルを用いています。

それぞれの工程を完了させてから次へ進むので管理がしやすく、大規模開発などで広く使われています。

ただし必然的に、利用者がシステムを確認できるのは最終段階に入ってからです。しかも、前工程に戻って作業すること（手戻りといいます）は想定していないため、いざ動かしてみて「この仕様は想定していたものと違う」なんて話になると、とんでもなく大変なことになります。

プロタイピングモデル

プロトタイピングモデルは、開発初期の段階で試作品（プロトタイプ）を作り、それを利用者に確認してもらうことで、開発側との意識ズレを防ぐ手法です。

利用者が早い段階で（プロトタイプとはいえ）システムに触れて確認することができるため、後になって「あれは違う」という問題がまず起きません。

ただ、プロトタイプといっても、作る手間は必要です。そのため、あまり大規模なシステム開発には向きません。

スパイラルモデル

スパイラルモデルは、システムを複数のサブシステムに分割して、それぞれのサブシステムごとに開発を進めていく手法です。個々のサブシステムについては、ウォータフォールモデルで開発が進められます。

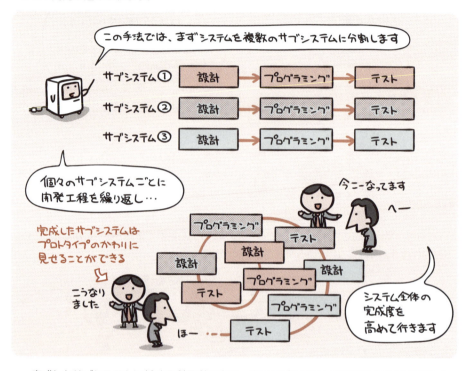

完成したサブシステムに対する利用者の声は、次のサブシステム開発にも反映されていくため、後になるほど思い違いが生じ難くなり開発効率が上がります。

このように出題されています
過去問題練習と解説

問 1 (IP-H27-S-32)

ソフトウェア開発モデルの一つであるウォータフォールモデルの記述として，適切なものはどれか。

ア　オブジェクト指向開発において，設計とプログラミングを何度か行き来し，トライアンドエラーで改良していく手法である。
イ　サブシステムごとに開発プロセスを繰り返し，利用者の要求に対応しながら改良していく手法である。
ウ　システム開発の工程を段階的に分割し，前工程の成果物に基づいて後工程の作業を順次進めていく手法である。
エ　システム開発の早い段階で試作品を作成し，利用者の意見を取り入れながら要求や仕様を確定する手法である。

解説

ア　ラウンドトリップもしくはアジャイルソフトウェア開発の記述です。
イ　スパイラルモデルの記述です。
ウ　ウォータフォールモデルは、292ページを参照してください。
エ　プロトタイピングモデルの記述です。

正解：ウ

問 2 (IP-H30-S-33)

情報システムの導入に当たり，ユーザがベンダに提案を求めるために提示する文書であり，導入システムの概要や調達条件を記したものはどれか。

ア　RFC　　イ　RFI　　ウ　RFID　　エ　RFP

解説

ア　RFCは、ネットワーク分野では「Request For Comment」の、またITサービスマネジメント分野では「Request For Change」の略語です。ただし、両方とも、ITパスポート試験に出題される可能性は極めて低いです。
イとエ　RFIとRFPの説明は、283ページを参照してください。
ウ　RFID (Radio Frequency IDentification) は、微小な無線チップを、カードや商品に埋め込み、人やモノを識別・管理する仕組みのことです。RFIDを応用したカードに、JRのスイカやイコカ、東京メトロのPASMOなどがあります。

正解：エ

Chapter 10-3 業務のモデル化

 システムに対する要求を明確にするためには、
対象となる業務をモデル化して分析することが大事です。

　業務をシステム化するにあたっては、イラストにもあるように現状の分析が欠かせません。そのためには、まず業務の流れ（つまり業務プロセス）をしっかりと押さえる必要が出てきます。「敵を知り己を知ればなんとやら」ってやつですね。
　そこで登場するのがモデル化です。
　モデル化とは、現状の業務プロセスを抽象化して視覚的にあらわすことで、これをやると、その業務に関わっている登場人物や書類の流れがはっきりするのです。そのため、「どこにムダがあるか」「本来はどうであるべきか」といった業務分析に役立てることができます。
　そんなわけで要件定義では、このモデル化を使って業務分析を行います。利用者側の要求を汲み取り、システムが実現すべき機能の洗い出しを行うために使われるわけですね。
　代表的なのはDFDとE-R図の2つ。DFDは業務プロセスをデータの流れに着目して図示化したもので、E-R図は構造に着目して実体（社員とか部署とか）間の関連を図示化したものです。…が、こんな説明じゃ「何のことやら」だと思うので、実例を示しながら見ていくといたしましょう。

DFD

DFDはData Flow Diagramの略。その名の通り、データの流れを図としてあらわしたものです。次のような記号を使って図示します。

記号	名称	説明
○	プロセス（処理）	データを加工したり変換したりする処理をあらわします。
□	データの源泉と吸収	データの発生元や最終的な行き先をあらわします。
→	データフロー	データの流れをあらわします。
＝	データストア	ファイルやデータベースなど、データを保存する場所をあらわします。

たとえば下の業務を例とした場合、DFDであらわされる図は次のようになります。

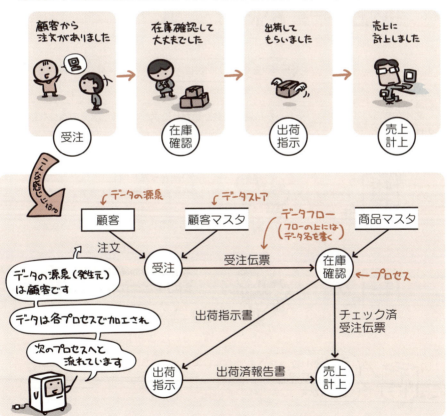

E-R図

　E-R図は、実体（Entity: エンティティ）と、実体間の関連（Relationship: リレーションシップ）という概念を使って、データの構造を図にあらわしたものです。

　たとえば「会社」と「社員」の関連を図にすると、次のようになります。

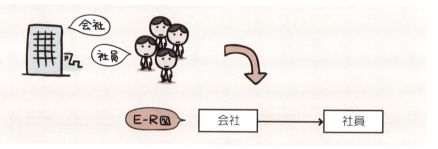

　関連をあらわす矢印は、「そちらから見て複数か否か」によって矢じり部分の有りなしが決まります。

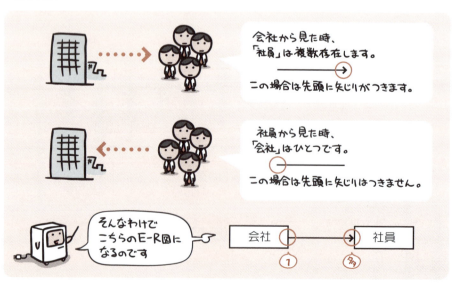

関連には「1対多」の他に、「1対1」「多対多」などのバリエーションが考えられます。
例としてあげると、次のような感じになります。

このように出題されています
過去問題練習と解説

問1 (IP-R03-01)

E-R図を使用してデータモデリングを行う理由として，適切なものはどれか。

ア　業務上でのデータのやり取りを把握し，ワークフローを明らかにする。
イ　現行業務でのデータの流れを把握し，業務遂行上の問題点を明らかにする。
ウ　顧客や製品といった業務の管理対象間の関係を図示し，その業務上の意味を明らかにする。
エ　データ項目を詳細に検討し，データベースの実装方法を明らかにする。

解説

選択肢ア〜エを行うために使われる図や書式の例は、下記のとおりです（カッコ内は参照ページ）。
ア　業務フロー図　　イ　DFD（297ページ）　　ウ　E-R図（298ページ）　　エ　データ項目定義書

正解：ウ

問2 (IP-R02-A-11)

あるレストランでは，受付時に来店した客の名前を来店客リストに記入し，座席案内時に来店客リストと空席状況の両方を参照している。この一連の業務をDFDで表現したものとして，最も適切なものはどれか。

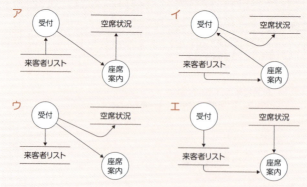

解説

本問の「受付時に来店した客の名前を来店客リストに記入し」は、＜「受付」プロセスは、データストア「来店客リスト」に、「客の名前」データを出力する＞と読み替えられます。また、「座席案内時に来店客リストと空席状況の両方を参照している」は、＜「座席案内」プロセスは、データストア「来店客リスト」と「空席状況」からデータを入力する＞と読み替えられます。DFDの図記号は、297ページを参照してください。

正解：エ

Chapter 10-4 ユーザインタフェース

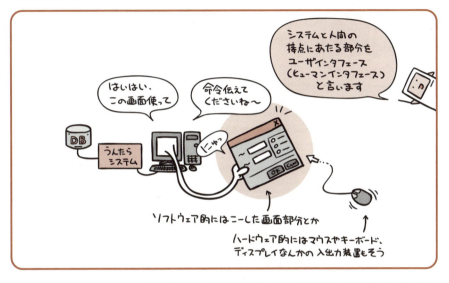

ユーザインタフェースは、システムに人の手がふれる部分。システムの「使いやすさ」に直結します。

　インタフェースというのは、「あるモノとあるモノの間に立って、そのやり取りを仲介するもの」を示します。つまりシステム開発におけるユーザインタフェースというのは、「システムと利用者（ユーザ）の間に立って、互いのやり取りを仲介するもの」の意味。
　ユーザからの入力をどのように受け付けるか、ユーザに対してどのような形で情報を表示するか、どのような帳票を出力として用意するか…などなど、これらすべてが、ユーザインタフェースというわけです。
　ユーザが実際にシステムを操作する部分にあたりますから、システムの使いやすさはこの出来に大きく左右されます。したがって、システムの外部設計段階では、「いかにユーザ側の視点に立って、これらユーザインタフェースの設計を行うか」が大事となります。

CUIとGUI

　ひと昔前のコンピュータは、電源を入れると真っ黒な画面が出てきて、ピコンピコンとカーソルが点滅しているだけでした。

　画面に表示されるのは文字だけで、そのコンピュータに対して入力するのも文字だけ。文字を打ち込むことで命令を伝えて処理させていたのです。
　このような文字ベースの方式をCUI (Character User Interface) と呼びます。

　現在では、より誰でも簡単に扱えるようにと、「画面にアイコンやボタンを表示して、それをマウスなどのポインティングデバイスで操作して命令を伝える」といった、グラフィカルな操作方式が主流になっています。
　このような方式をGUI (Graphical User Interface) と呼びます。

　一般的に使用されているWindowsやMac OSといったOSは、ともにGUI方式です。

GUIで使われる部品

GUIでは、次のような部品を組み合わせて操作画面を作ります。
代表的な部品の名前と役割は覚えておきましょう。

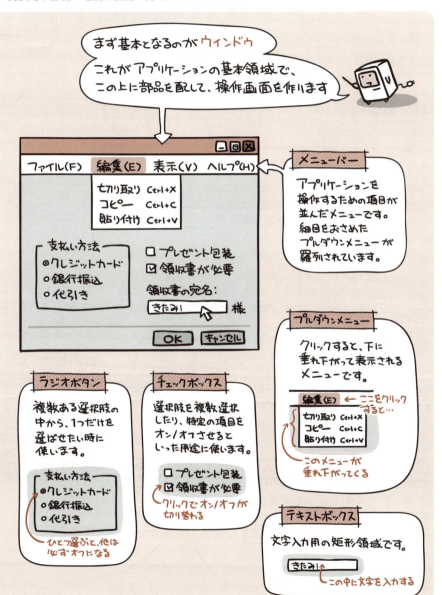

画面設計時の留意点

使いやすいユーザインタフェースを実現するため、画面設計時は次のような点に留意する必要があります。

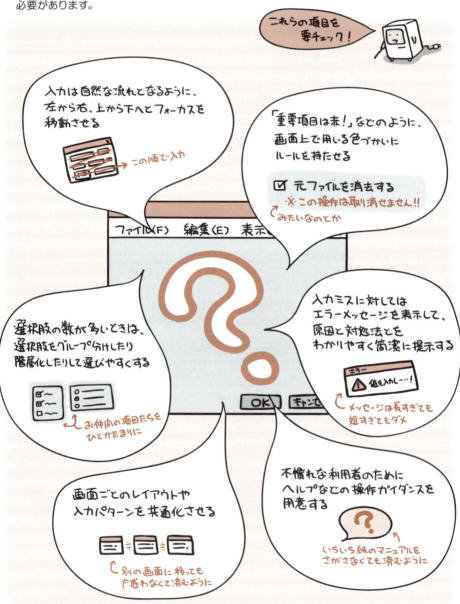

帳票設計時の留意点

システムの処理結果は、多くの場合帳票として出力することになります。この帳票も、次のような点に留意して設計する必要があります。

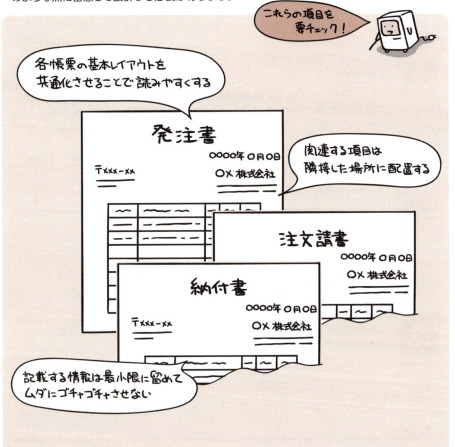

このように出題されています
過去問題練習と解説

問 1
(IP-H25-S-65)

PCの操作画面で使用されているプルダウンメニューに関する記述として，適切なものはどれか。

ア　エラーメッセージを表示したり，少量のデータを入力するために用いる。
イ　画面に表示されている複数の選択項目から，必要なものを全て選ぶ。
ウ　キーボード入力の際，過去の入力履歴を基に次の入力内容を予想し表示する。
エ　タイトル部分をクリックすることで選択項目の一覧が表示され，その中から一つ選ぶ。

解説
ア　メッセージボックスもしくはダイアログボックスに関する記述です。
イ　チェックボックスに関する記述です。
ウ　オートコンプリートに関する記述です。
エ　プルダウンメニューの例は，303ページにあります。

正解：エ

問 2
(IP-H26-S-32)

次の記述a～dのうち，システム利用者にとって使いやすい画面を設計するために考慮するものだけを全て挙げたものはどれか。

a　障害が発生したときの修復時間　　b　操作方法の覚えやすさ
c　プッシュボタンの配置　　　　　　d　文字のサイズや色

ア　a, b, c　　イ　a, b, d　　ウ　a, c, d　　エ　b, c, d

解説
「a　障害が発生したときの修復時間」は、画面の使いやすさとは関係がありません。

正解：エ

306

Chapter 10-5 コード設計と入力のチェック

 コード設計では、どのようなコード割り当てを行うと効率的にデータを管理できるか検討します。

　コードというのは、氏名や商品名とは別につける識別番号みたいなものです。日常生活においても、社員番号や学生番号、商品型番、書籍のISBNコードなど、意識して探せば同種のものをアチコチで見かけることができるはずです。
　なんでそういった識別番号をコードとして持たせるかというのは、データベースの章でも主キーの説明で述べました。まず第一が、「同じ名前があっても確実に識別するため」という理由ですね。
　でも、実はそれだけじゃないのです。他にも「コードに置きかえることで長ったらしい商品名を入力しなくて済む」であるとか、「コードの割り振り方によって商品の並び替えや分類が簡単に行えるようになる」とか、「入力時の誤りを検出することができる」とか、システムを活用する上で様々な利点があったりするのです。
　ただ、もちろんそれは適正なコード設計が為されてこそ。
　ではコード設計はどのような点に気をつけないといけないのか。そのあたりから見ていくといたしましょう。

コード設計のポイント

コード設計を行う際は、次のようなポイントに留意します。

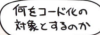

　コード設計で定めたルールは、運用を開始した後になるとなかなか変更することができません。したがって、システムが扱うであろうデータ量の将来予測などを行って、適切な桁数や割り当て規則などを定める必要があります。

　入力ミスやバーコードの読取りミスを検出するためには、チェックディジットの使用も有効です。

チェックディジット

チェックディジットというのは、誤入力を判定するためにコードへ付加された数字のことです。

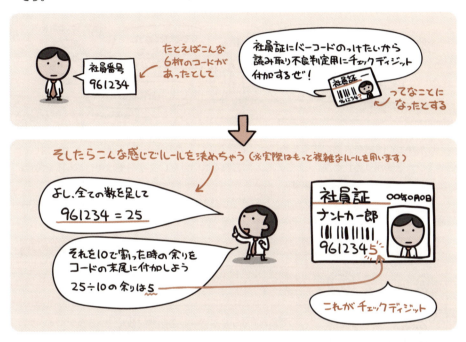

これをどう活用するかというと…。

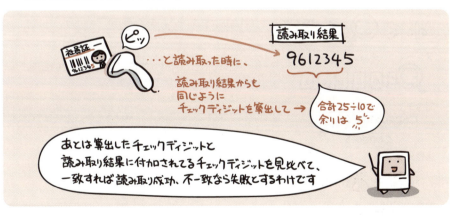

もちろんチェックディジットの効用は、バーコードの読取り時だけに限るものではありません。人の手による入力作業などでも、誤入力検出に役立ちます。

入力ミスを判定するチェック方法

誤ったデータや通常では有り得ない入力というのは、システムの誤動作や内部エラーを引き起こす元となります。

したがって問題を未然に防ぐためには、できる限り入力の時点で「間違った入力に対してはエラーを表示する」とか、「そもそも入力されてはいけない文字を受け付けない」といった対策を施すことが求められます。

前ページで述べたチェックディジットもそうした対策のひとつですが、入力チェックには他にも様々な種類があります。主なチェック方法を覚えておきましょう。

チェック方法	説明
ニューメリックチェック 0〜9	数値として扱う必要のあるデータに、文字など数値として扱えないものが含まれていないかをチェックします。
シーケンスチェック	対象とするデータが一定の順序で並んでいるかをチェックします。
リミットチェック 小 < > 大	データが適正な範囲内にあるかをチェックします。
フォーマットチェック CODE01	データの形式（たとえば日付ならyyyy/mm/ddという形式で…など）が正しいかをチェックします。
照合チェック CODE01 ← CODE015	登録済みでないコードの入力を避けるため、入力されたコードが、表中に登録されているか照合します。
論理チェック	販売数と在庫数と仕入数の関係など、対となる項目の値に矛盾がないかをチェックします。
重複チェック	一意であるべきコードなどが、重複して複数個登録されていないかをチェックします。

このように出題されています
過去問題練習と解説

問1 (IP-H24-S-98改)

多くの市販の書籍には，書籍を識別するためのISBN (International Standard Book Number) コードが付けられている。ISBNコードは，0～9の数字を使った13桁の記号で構成され，左側から桁を数える。最も左側の桁を1桁目とする。1桁目から12桁目までは，国記号，出版者記号及び書籍固有の記号などが含まれる。ISBNコードの13桁目（最も右側の桁）はチェック数字と呼ばれる桁である。ISBNコードにチェック数字が含まれていることによって得られる効果はどれか。

ア　検査機能が付加されるので，ISBNコードを人が入力する際に，入力ミスが検出しやすくなる。
イ　識別機能が付加されるので，在庫管理システムや書籍検索システムなどにおけるコンピュータ処理の効率が向上する。
ウ　整列機能が付加されるので，客が書店で書籍を探す際に，その書籍を展示してある棚が分かりやすくなる。
エ　分類機能が付加されるので，図書館や学校などが行う書籍管理のための図書分類が明確になる。

解説

本問の「チェック数字」とは、チェックディジットのことです。チェックディジットは、誤入力を見つけるために元のコードに付加された数字です。したがって、ISBNコードにチェック数字を含めるのは、ISBNコードを入力する際に、入力ミスを検出しやすくするためです。

正解：ア

問2 (AD-H13-A-43)

8けたの口座番号のうち、右端の1けたをチェックディジットとする。このチェックディジットの値は、何によって決まるか。

ア　口座の種類
イ　口座番号の右端1けたを除いた7けた
ウ　顧客の月間取引高
エ　個人顧客か法人顧客かの区分

解説

チェックディジットは、チェックディジットが付加される前の元のコードから作成されます。本問の場合、最初は7けたの口座番号（7桁番号と略します）があり、7桁番号から1けたのチェックディジットを作成し7桁番号の右端に付けて、8けたにしています。

正解：イ

9けたの数字に対して，次のルールでチェックディジットを最後尾に付けることにした。チェックディジットを付加した10けたの数字として，正しいものはどれか。

ルール1：各けたの数字を合計する。
ルール2：ルール1で得られた数が2けたになった場合には，得られた数の各けたの数字を合計する。この操作を，得られた数が1けたになるまで繰り返す。
ルール3：最終的に得られた1けたの数をチェックディジットとする。

ア　1234567890　　イ　4444444444
ウ　5544332211　　エ　6655333331

解説

ア　ルール1：1+2+3+4+5+6+7+8+9=45　　ルール2：4+5=9
　　ルール3：9と0は同じではないので，間違いです。
イ　ルール1：4+4+4+4+4+4+4+4+4=36　　ルール2：3+6=9
　　ルール3：9と4は同じではないので，間違いです。
ウ　ルール1：5+5+4+4+3+3+2+2+1=29　　ルール2：2+9=11　　1+1=2
　　ルール3：2と1は同じではないので，間違いです。
エ　ルール1：6+6+5+5+3+3+3+3+3=37　　ルール2：3+7=10　　1+0=1
　　ルール3：1と1は同じなので，正しいです。

正解：エ

入力データの値が規定の範囲内かどうかを検査するチェック方法はどれか。

ア　照合チェック
イ　重複チェック
ウ　フォーマットチェック
エ　リミットチェック

解説

　入力データの値が規定の範囲内かどうかを検査するチェック方法は，「リミットチェック」です。「範囲内か否かのリミットをチェックする」と覚えればよいでしょう。

正解：エ

Chapter 10-6 テスト

 作成したプログラムは、テスト工程で各種検証を行い、欠陥（バグ）の洗い出しと改修を行うことで完成に至ります。

　プログラムの中にある、記述ミスや欠陥（仕様間違いや計算式の誤りなど）のことを**バグ**と呼びます。バグとは虫のことです。プログラムの中に小さな虫が入り込み、それが誤動作の原因となって「悩ませる、イライラさせる」といったニュアンスだと思えば良いでしょう。

　プログラムというのは人の手によって書かれたものですから、どうしてもミスをなくすことはできません。したがって、「ミスはある」という前提のもとで、バグを根絶するために検証を繰り返すわけです。これがテスト工程の役割です。

　開発者の中には、この工程を指して「正しいテストは正しい品質のプログラムを生む」と口にする人がいます。事実、前の工程が多少粗雑であっても、このテストさえきっちりと行われていれば、そのテスト範囲の動作は確実に保証されます。逆に、この工程をおざなりにしてしまうと、「どの機能が正常に動くのか」は一切わからないシステムができあがります。

　そんなシステム、怖くて誰も使いたがりませんよね？

　そんなわけで、正しい品質のシステムを提供するために、テストは重要な作業なのです。

テストの流れ

たとえば前ページで「書きましたー」と言ってるシステム。

サーバとクライアントそれぞれで個別のプログラムが動いていて、クライアントの方は次のようなモジュールの組み合わせで作られているとします。

あ、クライアントは各部署に設置する予定で、複数ぶら下がることにしましょうか。

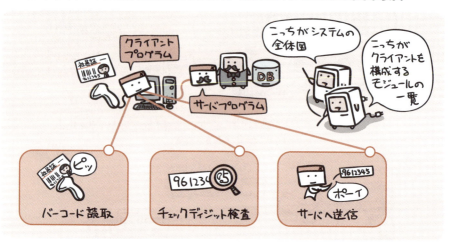

テストはまず、部品単位の信頼性を確保するところからはじまります。

そのために行われるのが単体テストです。このテストでは、各モジュールごとにテストを行って、誤りがないかを検証します。

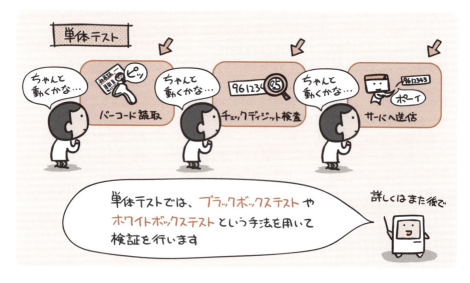

単体テストが終わると、次に待つのが結合テストです。

　結合テストでは複数のモジュールをつなぎあわせて検証を行い、モジュール間のインタフェースが正常に機能しているかなどを確認します。

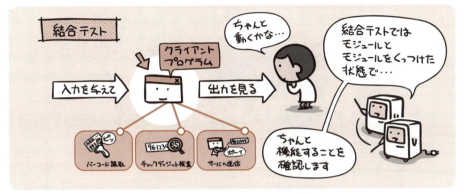

お次はシステムテスト（総合テストともいいます）。
システムテストはさらに検証の範囲を広げて、システム全体のテストを行います。

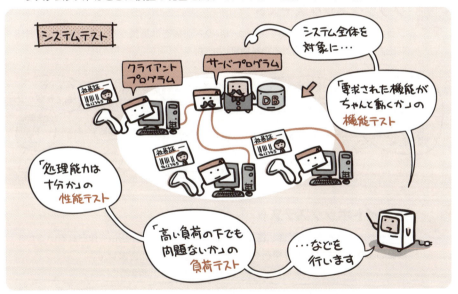

…という案配で、テストは小さい範囲から大きい範囲へと移行していきます。
それぞれのテスト対象と、実施の順番はよく覚えておきましょう。

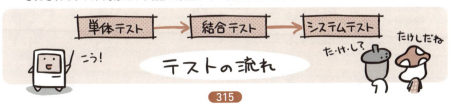

ブラックボックステストとホワイトボックステスト

単体テストで、モジュールを検証する手法として用いられるのがブラックボックステストとホワイトボックステストです。

ブラックボックステスト

ブラックボックステストでは、モジュールの内部構造は意識せず、入力に対して適切な出力が仕様通りに得られるかを検証します。

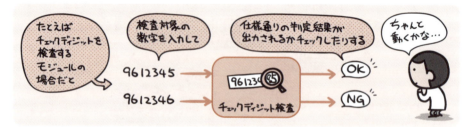

ホワイトボックステスト

ホワイトボックステストでは、逆にモジュールの内部構造が正しく作られているかを検証します。入力と出力は構造をテストするための種(タネ)に過ぎません。

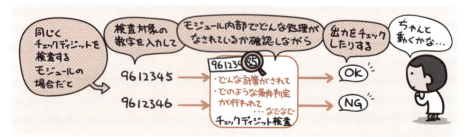

テストデータの決めごと

テストの際に入力として用いるデータは、漫然と決めても効果がありません。ちゃんと、「何を検証するため」に与えるデータなのか、その意味を明確にしておくことが大切です。そのためテストデータを作成する基準として用いられるのが、同値分割と限界値分析です。

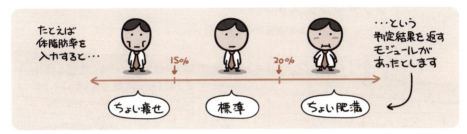

同値分割

同値分割では、データ範囲を種類ごとのグループに分け、それぞれから代表的な値を抜き出してテストデータに用います。

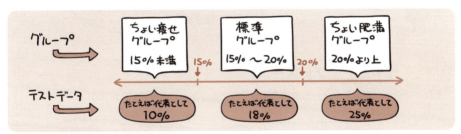

限界値（境界値）分析

限界値分析では、上記グループの境目部分を重点的にチェックします。この方法では、境界前後の値をテストデータに用います。境界値分析とも言います。

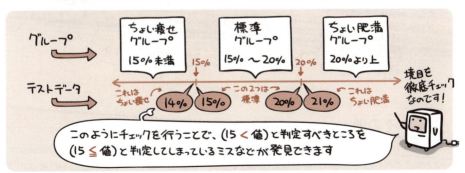

トップダウンテストとボトムアップテスト

結合テストでモジュール間のインタフェースを確認する方法には、トップダウンテストやボトムアップテストなどがあります。

トップダウンテスト

上位モジュールから、先にテストを済ませていくのがトップダウンテストです。

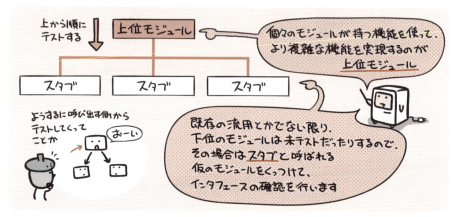

ボトムアップテスト

それとは逆に、下位モジュールからテストを行うのがボトムアップテストです。

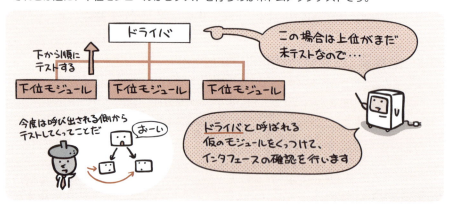

その他

結合テストには他にも、トップダウンテストとボトムアップテストを組み合わせて行う折衷テストや、すべてのモジュールを一気につなげてテストするビックバンテストなどがあります。

リグレッションテスト

リグレッションテスト（退行テスト）というのは、プログラムを修正した時に、その修正内容がこれまで正常に動作していた範囲に悪影響を与えてないか（新たにバグを誘発することになっていないか）を確認するためのテストです。

バグ管理図と信頼度成長曲線

さてここで問題です。

テストをしてバグを見つける。修正する。修正した結果新しいバグを生み出してないかを確認する。バグを見つける。修正する…と繰り返しているとなんだか永久にループしてしまいそうな気がします。

では、「ここでテスト終了」「もうじゅうぶんに品質は高まった」と判断するには、どこを見れば良いのでしょうか。

そう、厳密に言えば、「もうこれでバグは100％ありません」と言える指標はありません。そこで用いるのがバグ管理図です。

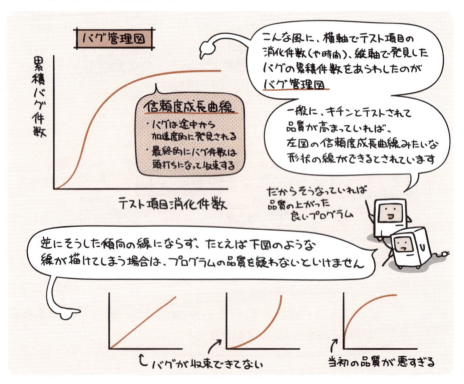

このように出題されています
過去問題練習と解説

問1
(IP-H26-S-34)

開発者Aさんは，入力データが意図されたとおりに処理されるかを，プログラムの内部構造を分析し確認している。現在Aさんが行っているテストはどれか。

ア　システムテスト　　　　イ　トップダウンテスト
ウ　ブラックボックステスト　エ　ホワイトボックステスト

解説

Aさんは、プログラムの内部構造を分析し確認して（＝プログラムを見て）いますので、ホワイトボックステストを行っています。

正解：エ

問2
(IP-H26-A-44)

システムテストに参加するAさんは，自部門の主要な取引について，端末からの入力項目と帳票の出力項目を検証用に準備した。Aさんが実施しようとしているテスト技法はどれか。

ア　インスペクション　　　イ　ウォークスルー
ウ　ブラックボックステスト　エ　ホワイトボックステスト

解説

Aさんは、プログラムの内部構造を意識せずに入力に対して適切な出力が得られるかをテストしようとしています。したがって、ブラックボックステストが正解です。なお、インスペクションやウォークスルーは、複数の開発者が集まって、要件定義書・設計書・仕様書などの書類に含まれている欠陥を発見する（＝レビューする）ためのミーティングを指す用語です（本問の説明のようにテスト用のコンピュータを使用しませんので、正解からは外れます）。

正解：ウ

問3
(IP-H30-S-46)

発注したソフトウェアが要求事項を満たしていることをユーザが自ら確認するテストとして，適切なものはどれか。

ア　受入れテスト　　　イ　結合テスト
ウ　システムテスト　　エ　単体テスト

解説

ア　「受入れテスト」とは、問題文に記述されているとおり、ユーザが発注したソフトウェアを受入れるために実施されるテストを指す用語です。
イとウ　「結合テスト」と「システムテスト」の説明は、315ページを参照してください。
エ　「単体テスト」の説明は、314ページを参照してください。

正解：ア

Chapter 11 システム周りの各種マネジメント

① ある課題に対して、チームを編成してコトにあたるのがプロジェクト

② しかしただやみくもに取り組めばいいわけではありません

③ プロジェクトには当然ながら納期があり

④ そして多くの場合、悲しいことに予算も限られてます

⑤ というわけで、それらを管理する人が必要になる

⑥ つまりマネジメントとは「管理する」こと

⑦ 管理が適切になされるからこそ、課題達成につながるのです

⑧ いえいえ、「作る」だけではありません

Chapter 11-1 プロジェクトマネジメント

このようなプロジェクトマネジメントの技法を体系的にまとめたのが
PMBOK (Project Management Body of Knowledge) です。

　PMBOKは、米国のプロジェクトマネジメント協会がまとめたプロジェクトマネジメントの知識体系で、国際的に標準とされているものです。なのでプロジェクトマネジメントといえば、当然テストに出るのもこのPMBOK。

　従来、マネジメントといえば「QCD（品質、コスト、納期）」の3つに着目した管理手法が一般的でしたが、PMBOKでは次の10個の知識エリアをもとに管理すべきであるとしています。

作業範囲を把握するためのWBS

WBSとはWork Breakdown Structureの略。プロジェクトに必要な作業や成果物を、階層化した図であらわすものです。PMBOKでいうスコープ管理に活用されます。

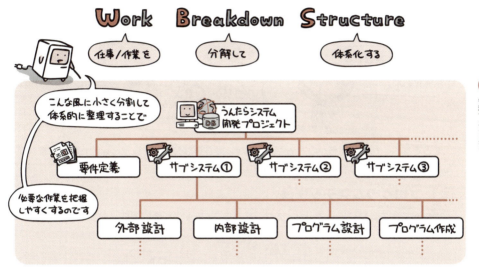

たとえば、いきなり「Googleみたいな検索システムを作れ!」と言われても途方に暮れるしかないですよね?

でも、これ以上ないくらいに作業を細分化することができたとしたら…?

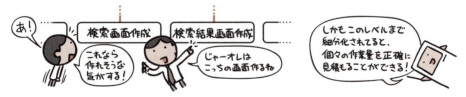

このように、複雑な作業であっても細かい単位に分割していくことで、個々の作業が単純化できて、把握しやすくなるというわけです。

開発コストの見積り

システム開発の実体は、完全オーダーメイドのソフトウェア開発であることがほとんどです。しかしソフトウェアの世界は「ネジや釘みたいな原価のはっきりした部品」が揃ってるわけじゃないですし、単純に「アレとコレ組み合わせてハイ出来上がり」という作業でもありません。

そうですね、なので何らかの方法で、あらかじめ必要なコストを算出しなければいけません。そのための見積り手法として代表的なのが次の2つです。

プログラムステップ法

従来からある見積り手法で、ソースコードの行（ステップ）数により開発コストを算出する手法です。

ファンクションポイント法

表示画面や印刷する帳票、出力ファイルなど、利用者から見た機能に着目して、その個数や難易度から開発コストを算出する手法です。利用者にとっては、見える部分が費用化されるため、理解しやすいという特徴があります。

このように出題されています 過去問題練習と解説

問1
(IP-R03-39)

プロジェクトマネジメントのプロセスには，プロジェクトコストマネジメント，プロジェクトコミュニケーションマネジメント，プロジェクト資源マネジメント，プロジェクトスケジュールマネジメントなどがある。システム開発プロジェクトにおいて，テストを実施するメンバを追加するときのプロジェクトコストマネジメントの活動として，最も適切なものはどれか。

- ア 新規に参加するメンバに対して情報が効率的に伝達されるように，メーリングリストなどを更新する。
- イ 新規に参加するメンバに対する，テストツールのトレーニングをベンダに依頼する。
- ウ 新規に参加するメンバに担当させる作業を追加して，スケジュールを変更する。
- エ 新規に参加するメンバの人件費を見積もり，その計画を変更する。

解説

各選択肢の記述は、下記の知識エリアに含まれます。
- ア プロジェクトコミュニケーションマネジメント
- イ プロジェクト資源マネジメント
- ウ プロジェクトスケジュールマネジメント
- エ プロジェクトコストマネジメント

正解：エ

問2
(IP-R03-54)

WBSを作成するときに，作業の記述や完了基準などを記述した補助文書を作成する。この文書の目的として，適切なものはどれか。

- ア WBSで定義した作業で使用するデータの意味を明確に定義する。
- イ WBSで定義した作業の進捗を管理する。
- ウ WBSで定義した作業のスケジュールのクリティカルパスを求める。
- エ WBSで定義した作業の内容と意味を明確に定義する。

解説

選択肢ア～エの目的を達成するための文書の例は、下記のとおりです（カッコ内は参照ページ）。
- ア 特に「これ」といった文書はありませんが、強いて言えば、WBS辞書です。
- イ ガントチャート（328ページ）
- ウ アローダイアグラム（329ページ）
- エ WBS（325ページ）

正解：エ

Chapter 11-2 スケジュール管理とアローダイアグラム

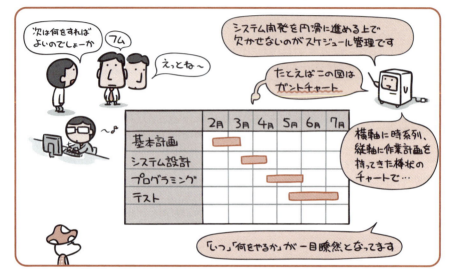

スケジュール管理には、ガントチャートや
アローダイアグラムといった図表が活躍します。

　システム開発というのは、よほどの規模の小さいものでない限り、複数の人間が長期に渡って携わる仕事となります。
　その時大事になってくるのが、「誰が何をいつやるべきか」という情報を、適切に共有できているかってこと。
　ほうっておいても個々が勝手に認識できて動けりゃいいでしょうが、まずもってプロジェクトはそんな簡単には動きません。ともすれば、みんながみんなバラバラに動いて崩壊しかねないのがチームで作業する怖さなのです。
　そこで管理者さんが、プロジェクトチーム全体を管理するわけですね。なかでも、全体の歩調をあわせるためには、スケジュール管理は欠かせません。
　「やるべきことをやるべき人がやるべき期間にできているか」
　そんなことを把握して、時には人員を追加したり作業の優先度を見直したり自分の休暇を削って涙目になったりと、都度適切な対策を行うわけです。
　そのために活用されるのがスケジュール管理をサポートする各種図表たち。上のイラストにあるガントチャートの他、以降で詳しくふれるアローダイアグラムなどが代表的です。

アローダイアグラムの書き方

アローダイアグラムは、作業の流れとそこに要する日数とをわかりやすく図にあらわしたものです。

作業		作業日数	先行作業
A	システム設計	30	—
B	プログラム作成	20	A
C	回線申請設置工事	20	A
D	データベース移行	20	B
E	システムテスト	15	B
F	運用テスト	20	C,D,E

こーいう作業計画があったとして…

これをアローダイアグラムであらわすとこーなります

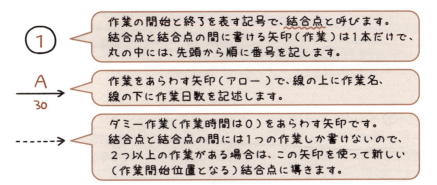

確かにぱっと見は「なんだこりゃ」なのですが、ちゃんと読めるようになると、「作業の順番は?」「全体の所要日数は?」「どの作業が滞ると全体に影響する?」などなど、色んな事がわかる図になっているのです。

アローダイアグラムは、次の3つの記号を使ってあらわします。

① 作業の開始と終了を表す記号で、結合点と呼びます。結合点と結合点の間に書ける矢印（作業）は1本だけで、丸の中には、先頭から順に番号を記します。

A／30 作業をあらわす矢印（アロー）で、線の上に作業名、線の下に作業日数を記述します。

------> ダミー作業（作業時間は0）をあらわす矢印です。結合点と結合点の間には1つの作業しか書けないので、2つ以上の作業がある場合は、この矢印を使って新しい（作業開始位置となる）結合点に導きます。

全体の日数はどこで見る?

それでは先ほどのアローダイアグラムを使って、プロジェクト全体に必要な日数はどのようにして求められるかを見てみましょう。

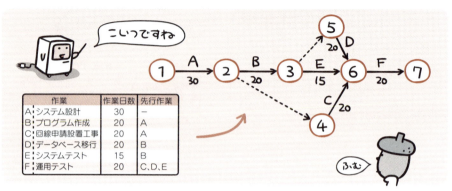

単純に考えると、真ん中をスコンと抜けているルートの、各作業日数を足せば、全体の所要日数が出てくるのではないかと思えます。

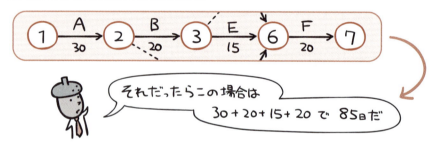

しかしFの作業（運用テスト）は、先行作業であるCとDとEの作業が終わってからでないと開始できません。じゃあ、それらがいつ終わるのかというと…。

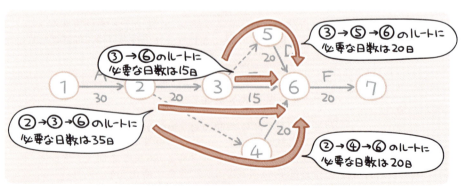

つまり作業日数は、次のルートが一番多く必要となるわけです。

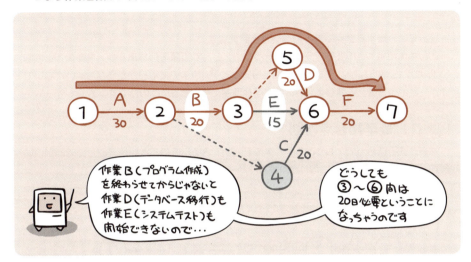

アローダイアグラムで「全体の作業日数」として合計すべきなのは、この「作業日数が一番多く必要となる（これ以上は短縮できない）」ルートなので…。

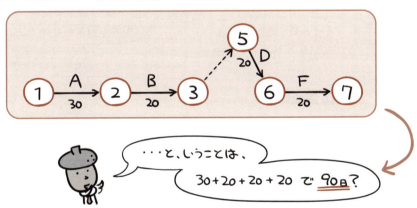

はい、大正解。

このように、アローダイアグラムで全体の所要日数を計算する時は、次の2点に留意して合計を算出します。

- 各作業に必要な作業日数を順に加算していく。
- 複数の作業が並行する個所では、より多く作業日数がかかる方の数字を採用する。

最早結合点時刻と最遅結合点時刻

続いては、最早結合点時刻と最遅結合点時刻です。

こんな風に書くと「また随分と難しそうな…」なんて印象を持ちますが、なんのことはない「いつから取りかかれますかーという日時」と「いつまでに取りかからなきゃいけないですかーという日時」を難しくかっこ良さげな漢字にしてあるだけの話です。

最早結合点時刻

対象とする結合点で、もっとも早く作業を開始できる日時のことを最早結合点時刻といいます。「いつから次の作業に取りかかれますかー？」と聞いているわけですね。

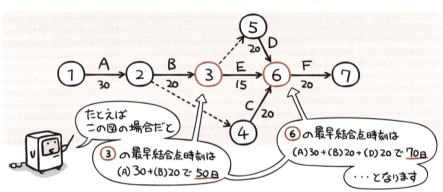

最遅結合点時刻

対象とする結合点が、全体に影響を与えない範囲で、もっとも開始を遅らせた日時のことを最遅結合点時刻といいます。「いつまでに作業開始しないとヤバイですかー？」と聞いているわけですね。

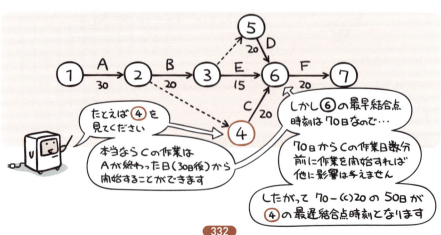

クリティカルパス

ルート上のどの作業が遅れても、それが全体のスケジュールを狂わせる結果に即つながってしまう要注意な経路のことをクリティカルパスと呼びます。クリティカルという言葉には、「重大な、危機的な、危険な」という意味があります。

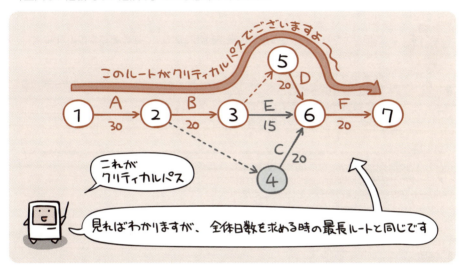

クリティカルパス上の作業に、日程的な余裕はありません。
　その逆に、クリティカルパス以外の作業であれば、多少作業が前後しても、全体スケジュールには影響が出なかったりします。

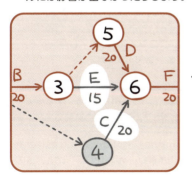

　ちなみに、クリティカルパス上の結合点は、すべて最早結合点時刻と最遅結合点時刻が同じになっているはずです。どいつもこいつも「早めに着手することも、遅らせることもできない結合点」となるわけですね。…怖いですね。

このように出題されています
過去問題練習と解説

問 1
(IP-H29-S-48)

プロジェクトで実施する作業の順序設定に関して，次の記述中のa，bに入れる字句の適切な組合せはどれか。

成果物を作成するための作業を，管理しやすい単位に [a] によって要素分解し，それらの順序関係を [b] によって表示する。

	a	b
ア	WBS	アローダイアグラム
イ	WBS	パレート図
ウ	ガントチャート	アローダイアグラム
エ	ガントチャート	パレート図

解説

WBS (Work Breakdown Structure) の説明は、325ページを参照してください。
アローダイアグラムの説明は、329ページを参照してください。
パレート図の説明は、471ページを参照してください。
ガントチャートの説明は、328ページを参照してください。

正解：ア

問 2
(IP-H23-S-33)

システム開発プロジェクトにおけるクリティカルパスに関する記述のうち，適切なものはどれか。

ア　開発の遅延を回復するために要員を追加する場合，クリティカルパス上の作業に影響を与えないように，クリティカルパス上にない作業に対して優先的に追加する。
イ　クリティカルパス上の作業が3日前倒しで完了すると，プロジェクトの完了も必ず3日前倒しとなる。
ウ　クリティカルパス上の作業が遅延すると，プロジェクトの完了も遅延する。
エ　プロジェクトにおいてクリティカルパスは一つだけ存在する。

解説

ア　開発の遅延を回復するために要員を追加する場合、クリティカルパス上の作業に対して優先的に追加します。クリティカルパスが、プロジェクト全体のスケジュールの中で最も時間のかかる一連の作業だからです。
イ　クリティカルパス上の作業が3日前倒しで完了した場合でも、プロジェクトの完了も必ず3日前倒しになるとはいえません。クリティカルパスではなかった作業群が、新たなクリティカルパスになる場合があるからです。　ウ　クリティカルパスの説明は、333ページを参照してください。
エ　微妙な選択肢です。基本的に、プロジェクトにおいてクリティカルパスは一つだけ存在します。極まれなケースですが、先行作業と後続作業に依存関係がある作業群の合計日数が最大になるパスが2以上あれば、それらのすべてのパスがクリティカルパスになります。

正解：ウ

プロジェクトマネジメントのために作成する図のうち，進捗が進んでいたり遅れていたりする状況を視覚的に確認できる図として，最も適切なものはどれか。

ア　WBS　　イ　ガントチャート　　ウ　特性要因図　　エ　パレート図

解　説

ア　WBS(Work Breakdown Structure)は，プロジェクトでやらねばならない作業を示した図です。
イ　ガントチャートは，各作業の作業開始と終了に関する予定と実績を横棒(バー)で示す図です。
ウ　特性要因図は，不具合の原因などを系統的に把握するために書かれた，魚の骨に似た図です。
エ　パレート図は，現象や原因を件数の多い順に棒グラフとして並べ，その累積値を折れ線グラフとして重ね合わせた図です。

正解：イ

図の工程の最短所要日数及び最長所要日数は何日か。

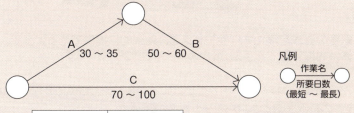

	最短所要日数	最長所要日数
ア	70	95
イ	70	100
ウ	80	95
エ	80	100

解　説

(1) 最短所要日数に関する全パスの合計日数を計算します(工程AをAのように略記します)。
　　①：A → B … 30 + 50 = 80　　②：C … 70
　　　80日と70日では，80日のほうが長いので，80日が全体の最短所要日数になります。
(2) 最長所要日数に関する全パスの合計日数を計算します。
　　①：A → B … 35 + 60 = 95　　②：C … 100
　　　95日と100日では，100日のほうが長いので，100日が全体の最長所要日数になります。

正解：エ

Chapter 11-3 ITサービスマネジメント

顧客の要求を満たすITサービスを、効果的に提供できるよう体系的に管理する手法が**ITサービスマネジメント**です。

　「こういうシステムが欲しいわ〜」と顧客が言う場合、その多くはシステムそのものではなく、「そのシステムによって実現できるサービス」を求めています。
　だからシステムだけを作って「はいできましたよ」で終わっちゃうとちょっと違う。その運用や管理までを含めて、いかにサービスとして提供するか。また、サービスの水準を、いかに維持し、改善していくかという視点が求められます。
　そこで、ITサービスを提供するにあたっての、管理・運用規則に関するベストプラクティス(最も効率の良い手法・プロセスなどのこと。ようするに成功事例)が、英国において体系的にまとめられました。これを**ITIL**(アイティル: Information Technology Infrastructure Library)と呼びます。
　ITILは大きく分けて、ITサービスの日々の運用に関する作業をまとめた**サービスサポート**と、長期的な視点でITサービスの計画と改善と図る**サービスデリバリ**の2つによって構成され、ITサービスマネジメントの標準的なガイドラインとして使われています。

SLA (Service Level Agreement)

サービスレベルアグリーメント（SLA）とは、日本語にするとサービスレベル合意書、サービスの提供者とその利用者との間で、「どのような内容のサービスを、どういった品質で提供するか」を事前に取り決めて明文化したものをいいます。

サービス品質の目標設定を、両者合意のもとで行うわけです。

この時その項目は、漠然とした表現ではなく、具体的な数値を用いて定量的な判断ができるようにしておく必要があります。「問い合わせに対しては"○時間以内"に返答する」などとするわけですね。

なんでそれが大事なのかというと…

まあそれは極端な話だとしても、表現があいまいでは目標が達成できたかもわかりませんから、困るわけですね。

ちなみに、設定した目標を達成するために、計画－実行－確認－改善というPDCAサイクル（P.460）を構築し、サービス水準の維持・向上に努める活動を、サービスレベルマネジメント（SLM: Service Level Management）といいます。

サービスサポート

　ITILの中で、「ITサービスの日々の運用に関する作業」をまとめたものがサービスサポート。次の1機能と5つの業務プロセスによって構成されています。

機能	サービスデスク（ヘルプデスク）	ITサービスを利用する顧客と、ITサービスを提供する組織との間の一元的な窓口として活動する。
プロセス	インシデント管理	発生したインシデントに対し、可能な限り迅速に通常のサービス運用を回復して、ビジネスへの悪影響を最小限に抑える。
	問題管理	インシデントや問題の根本原因を特定し、事業に対する悪影響を最小限に抑制し、また再発を防止する。
	構成管理	構成管理データベースを用いてITサービス提供に必要な構成アイテム（CI）を常に正しく把握し、各プロセスに効果的な情報を提供する。
	変更管理	変更要求（RFC）の内容について、変更に伴う影響を検証してインパクトや優先度の評価を行い、認可又は却下を決定する。
	リリース管理	承認の得られたコンポーネントを、正しい場所に、適切な時期にリリースする。

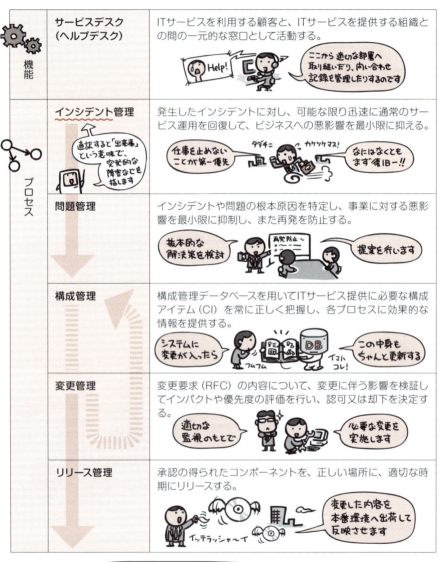

 サービスデスクで利用者の声を受け、一連のプロセスでサービスの運用をサポートしていくわけですね

サービスデリバリ

ITILの中で、「長期的な視点でITサービスの計画と改善を図る」のがサービスデリバリ。次の5つの業務プロセスによって構成されています。

サービスレベル管理 (SLM: Service Level Management)	サービスの提供者とその利用者との間でSLAを締結し、PDCAサイクルによってサービスの維持、向上に努める。モニタリングの結果に応じてSLAやプロセスを見直す。
キャパシティ管理	容量、能力などシステムのキャパシティを管理し、最適なコストで、サービスが現在及び将来の合意された需要を満たすに足る十分な能力をもっていることを確実にする。
可用性管理	サービスの利用者が利用したい時に確実にサービスを利用できるよう、ITサービスを構成する個々の機能の維持管理を行う。
ITサービス継続性管理	顧客と合意したサービス継続を、あらゆる状況の下で満たすことを確実にする。具体的には、災害発生時であっても、最小時間でITサービスを復旧させ、事業継続のために必要な計画立案と試験を行う。
ITサービス財務管理	ITサービスにかかわるコストの予測と、実際に発生したコストの計算や課金管理を行う。

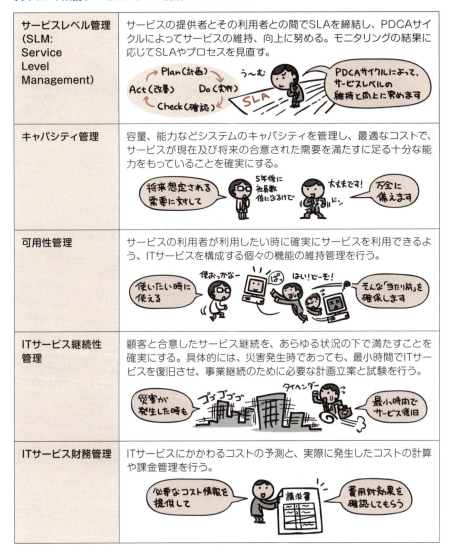

今後のサービス運用計画をどのように講じていくか、これらのプロセスでサポートしていくわけですね

ファシリティマネジメント

「ファシリティ (facility)」とは、設備や施設のこと。

ファシリティマネジメントとは、これらの設備を適切に管理・改善する取り組みのことです。施設管理とも呼ばれます。

UPS (Uninterruptible Power Supply) は無停電電源装置とも言い、外付けバッテリのような使い方のできる装置です。装置内部に有するバッテリに蓄電しておいて、停電などで電力が閉ざされた場合に、接続機器に対して一定時間電力を供給します。

このように出題されています
過去問題練習と解説

問1

ITILに関する記述として、適切なものはどれか。

- ア ITサービスの提供とサポートに対して、ベストプラクティスを提供している。
- イ ITシステム開発とその取引の適正化に向けて、作業項目を一つ一つ定義し、標準化している。
- ウ ソフトウェア開発組織の成熟度を多段階のレベルで定義している。
- エ プロジェクトマネジメントの知識を体系化している。

解説

選択肢ア～エの記述に該当するものの例は、下記のとおりです（カッコ内は参照ページ）。
ア ITIL（336ページ）　イ 共通フレーム　ウ CMMI　エ PMBOK（324ページ）

正解：ア

問2

A社のIT部門では、ヘルプデスクの可用性の向上を図るために、対応時間を24時間に拡大することを検討している。ヘルプデスク業務をA社から受託しているB社は、これを実現するためにチャットボットをB社が導入し、活用することによって、深夜時間帯は自動応答で対応する旨を提案したところ、A社は24時間対応が可能であるのでこれに合意した。合意に用いる文書として、適切なものはどれか。

- ア BCP　　イ NDA　　ウ RFP　　エ SLA

解説

- ア BCP（Business Continuity Plan）は、災害やシステム障害など予期せぬ事態が発生した場合でも、重要な業務の継続を可能とするために事前に策定される行動計画のことです。
- イ NDA（Non Disclosure Agreement）は、取引を行う上で知った相手方の営業や技術などに関する秘密を、取引の目的以外に利用したり、第三者に開示・漏洩したりすることを、禁止する契約のことです。「秘密保持契約」とも言われます。
- ウ RFP（Request For Proposal）の説明は、283ページを参照してください。
- エ SLA（Service Level Agreement）の説明は、337ページを参照してください。

正解：エ

問3

情報セキュリティの物理的及び環境的セキュリティ管理策において、サーバへの電源供給が停止するリスクを低減するために使用される装置はどれか。

- ア DMZ　　イ IDS　　ウ PKI　　エ UPS

解説

UPS（Uninterruptible Power Supply）の説明は、340ページを参照してください。

正解：エ

新たなシステムの運用に当たって，サービスレベル管理を導入した。サービスレベル管理の目的に関する記述のうち，適切なものはどれか。

ア　サービスの利用者及び提供者とは独立した第三者がサービスを監視し，サービスレベルが低下しないようにするためのものである。
イ　サービスレベルを利用者と提供者が合意し，それを維持・改善するためのものである。
ウ　追加コストを発生させないことを条件に，提供するサービスの品質レベルを上げるためのものである。
エ　提供されるサービスが経営に貢献しているレベルを利用者が判断するためのものである。

解説

サービスレベル管理は、サービスレベルに関するPDCAです。すなわち、サービスレベルを合意し計画する(Plan)、その計画どおりに実行する(Do)、計画と実績の差を評価する(Check)、実績を計画に近づける措置をとる(Act)です。「サービスレベルを利用者と提供者が合意し」がヒントになり、選択肢イが正解です。

正解：イ

社内システムの利用方法などについての問合せに対し，単一の窓口であるサービスデスクを設置する部門として，最も適切なものはどれか。

ア　インシデント管理の担当　　イ　構成管理の担当
ウ　変更管理の担当　　　　　　エ　リリース管理の担当

解説

サービスデスクは、インシデント管理の一環として、社内システムの利用方法などについての問合せに対応します。

正解：ア

情報システムの施設や設備を維持・保全するファシリティマネジメントの施策として，適切なものはどれか。

ア　インターネットサイトへのアクセス制限
イ　コンピュータウイルスのチェック
ウ　スクリーンセーバの設定時間の標準化
エ　電力消費量のモニタリング

解説

ファシリティとは、情報システムの施設や設備のことですので、「電力消費量のモニタリング」が、そのマネジメント施策に該当します。

正解：エ

Chapter 11-4 システム監査

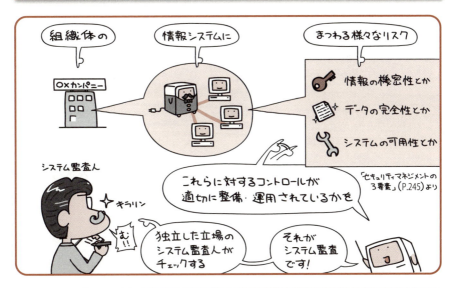

システム監査人は、検証または評価の結果として、保証やアドバイスを与えてITガバナンスの実現に寄与します。

ITガバナンスとは、経済産業省の定義によると「企業が、ITに関する企画・導入・運営および活用を行うにあたって、すべての活動、成果および関係者を適正に統制し、目指すべき姿へと導くための仕組みを組織に組み込むこと、または、組み込まれた状態」を意味します。

やたらめったらややこしい感じもいたしますが、元々はコーポレートガバナンス (P.446) から派生したこの言葉。ガバナンスが「統治、またはそのための機構や方法」の意味であることを考えると、ITガバナンスとはざっくり言って「ITシステムを適切に管理・運用するための体制や方法」だと思えば良いでしょう。

つまりシステム監査というのは、「その体制がちゃんとできてますかー？」と確認するのがお仕事だというわけです。

システム監査人と監査の依頼者、被監査部門の関係

システム監査人には、独立性をはじめとする次の要素が求められます。

『外観上の独立性』
システム監査を客観的に実施するために、監査対象から独立していなければならない。監査の目的によっては、被監査主体と身分上、密接な利害関係を有することがあってはならない。

『精神上の独立性』
システム監査の実施に当たり、偏向を排し、常に公正かつ客観的に監査判断を行わなければならない。

『職業倫理と誠実性』
職業倫理に従い、誠実に業務を実施しなければならない。

『専門能力』
適切な教育と実務経験を通じて、専門職としての知識及び技能を保持しなければならない。

『システム監査基準』by 経済産業省 より

つまりシステム監査人は、依頼を受けてシステム監査を行いますが…

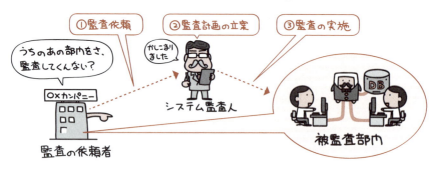

その存在は独立しているため、実際に業務を変更する権限は持ち合わせていません。システム監査の結果を受けて実際の改善命令を下すのは、監査の依頼組織もしくは被監査部門の役割となります。

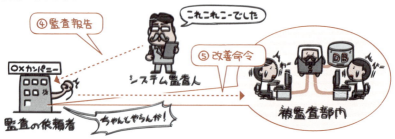

システム監査の手順

システム監査は、監査計画に基き、予備調査→本調査→評論・結論という手順で行われます。

監査計画の立案

監査の目的を効率的に達成するための、監査手続の内容とその時期、および範囲などについて適切な計画を立案します。

予備調査

本調査に先立ち、監査対象の実態把握に努めます。資料の収集やアンケート調査など、被監査部門の実態調査を行い、適切なコントロールがなされているか確認します。

本調査

予備調査で作成した監査手続書に従い、現状の確認と、それを裏付ける監査証拠の収集、証拠能力の評価を行い、監査調書としてまとめます。

評価・結論

監査調書に基づいて、監査対象におけるコントロールの妥当性を評価します。評価結果は監査報告書としてまとめ、その文書内に指摘事項や改善勧告などの監査意見を記します。

システムの可監査性

情報システムにおける可監査性とは、処理の正当性や内部統制（P.446）を効果的に監査またはレビューできるようにシステムが設計・運用されていることを指します。

コントロールとは適正に統制するための仕組みを意味しています。何ごともやりっぱなしはダメ。きちんと業務の内容を検証できるようになってないとアカンわけですね。

こういった取り組みにより、システムにおいて発生した事柄の過程が確認できること、それをさかのぼって検証できることが大事なわけです。

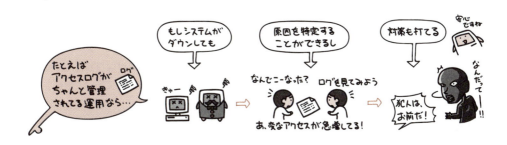

　このような、システムにおける事象発生から最終結果に至るまでの一連の流れを、時系列に沿った形で追跡できる仕組みや記録のことを監査証跡と言います。

　こうしてシステム監査人が行った監査の実施記録は、監査調書としてまとめられます。

　ここには監査意見が記されるわけですが、その場合は必ず根拠となる事実と、その他関連資料が添えられていなくてはなりません。このような、自らの監査意見を立証するために必要な事実を監査証拠と言います。

監査報告とフォローアップ

システム監査人は、監査報告書の記載事項について責任を負わなければなりません。監査意見には大別すると保証意見と助言意見の2種類があり、当然そのいずれにおいても責を負います。

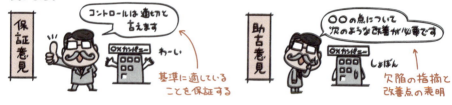

ただし前述の通り、システム監査人には実際に業務を変更する権限はありません。被監査部門に対し改善が必要な場合も、システム監査人は改善指導という立場で関わるに留め、改善の実務は被監査側が主体となって行います。

このように、システム監査人が行う改善指導のことをフォローアップと言います。
システム監査人は、監査の結果に基づいて適切な措置が講じられるように指導を行い、必要に応じて改善実施状況を確認します。

このように出題されています
過去問題練習と解説

問1 (IP-R03-49)

ITガバナンスに関する次の記述中のaに入れる，最も適切な字句はどれか。

　 a 　は，現在及び将来のITの利用についての評価とIT利用が事業の目的に合致することを確実にする役割がある。

ア　株主　　イ　監査人　　ウ　経営者　　エ　情報システム責任者

解説

343ページに書かれているとおり、「ITガバナンス」は、「ITシステムを適切に管理・運用するための体制や方法」ですので、その整備や維持の役割を担うのは、企業の最高責任者である「経営者」です。

正解：ウ

問2 (IP-R02-A-41)

システム監査の目的に関して，次の記述中のa，bに入れる字句の適切な組合せはどれか。

情報システムに関わるリスクに対するコントロールの適切な整備・運用について， a 　のシステム監査人が 　b 　することによって，ITガバナンスの実現に寄与する。

	a	b
ア	業務に精通した主管部門	構築
イ	業務に精通した主管部門	評価
ウ	独立かつ専門的な立場	構築
エ	独立かつ専門的な立場	評価

解説

344ページで説明されているとおり、システム監査人には「独立性」が求められます。また、上記の問1の選択肢ウのとおり、システム監査は、「情報システムにまつわるリスクに対するコントロールが，適切に整備，運用されていることを第三者が評価すること」です。

正解：エ

問3 (IP-R03-38)

システム監査の手順に関して，次の記述中のa，bに入れる字句の適切な組合せはどれか。

システム監査は， a 　に基づき 　b 　の手順によって実施しなければならない。

	a	b
ア	監査計画	結合テスト，システムテスト，運用テスト
イ	監査計画	予備調査，本調査，評価・結論
ウ	法令	結合テスト，システムテスト，運用テスト
エ	法令	予備調査，本調査，評価・結論

解説

345ページの説明のとおり、システム監査の手順は、監査計画→予備調査→本調査→評価・結論です。

正解：イ

Chapter 12 プログラムの作り方

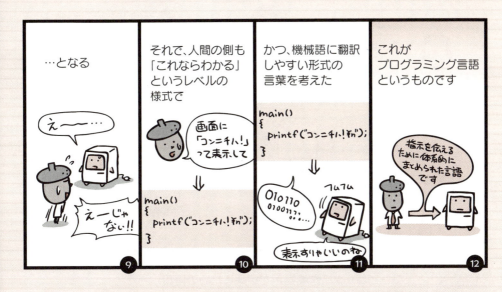

Chapter 12-1 プログラミング言語とは

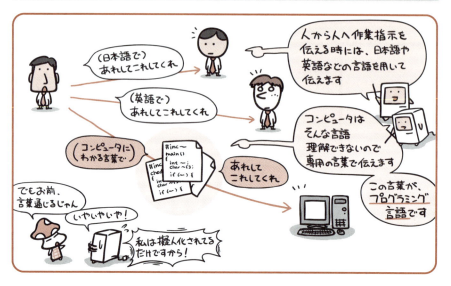

 コンピュータに作業指示を伝えるための言葉、それが**プログラミング言語**です。

　「コンピュータは機械語しかわかりませんよ」というのは前にも述べた通りです。しかしだからといって私たちが機械語を話すというのも難しい話。英語や中国語ならちょっとがんばってみようかなと思わなくもないですが、機械語は…ねぇ。

　というわけで、「じゃあウチらの作業指示を、機械語に翻訳して伝えればいいんじゃね」というアイデアが生まれることになるわけです。本当なら、そこで日本語がそのまま通じてくれれば話が早いのですが、残念ながら翻訳機もさすがにそこまでは賢くない。

　それなら…と、「機械語に翻訳しやすくて、かつ人間にもわかりやすい中間の言語」が作られました。

　もうおわかりですよね。それがプログラミング言語というわけです。

　私たちの使う言葉に日本語や英語や中国語やギャル語などの様々な言語があるように、プログラミング言語も用途に応じて様々な言語が存在します。代表的なのはC言語やJavaなど。それでは各々の特徴からまずは見ていくといたしましょう。

代表的な言語とその特徴

代表的なプログラミング言語には下記のようなものがあります。

C言語

OSやアプリケーションなど、広範囲で用いられている言語です。

もともとはUNIXというOSの移植性を高める目的で作られた言語なので、かなりハードウェアに近いレベルの記述まで出来てしまう、何でもアリの柔軟性を誇ります。

BASIC

初心者向けとして古くから使われている言語です。

簡便な記述方法である他に、書いたその場ですぐ実行して確かめることができるインタプリタ方式（これについては次ページで）が主流という特徴を持ちます。そのため未完成のコードでも、途中まで実行して動作を確認したりしながら開発を進めることができます。

COBOL

事務処理用に古くから使われていた言語です。

現在では、新規のシステム開発でこの言語を使うというのはまずなくなりました。ただし、大型の汎用コンピュータなどで古くから使われているシステムでは、過去に作ったCOBOLのシステムが今でも多く稼働しています。そのため、システムの改修などではまだまだ出番の多い言語です。

Java

インターネットのWebサイトや、ネットワークを利用した大規模システムなどで使われることの多い言語です。

C言語に似た部分を多く持ちますが、設計初期からオブジェクト指向やネットワーク機能が想定されていたという特徴を持ちます。

特定機種に依存しないことを目標とした言語でもあるため、Java仮想マシンという実行環境を用いることで、OSやコンピュータの種類といった環境に依存することなく、作成したプログラムを動かすことができます。

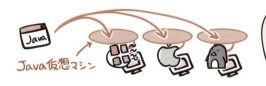

インタプリタとコンパイラ

　さて、プログラムというのは、このプログラミング言語を使って命令をひとつひとつ記述していくことで作られます。ここでちょっと「あれ? どこかで見たような」という図を引っぱり出して復習してみましょう。用語の理解はバッチリですか?

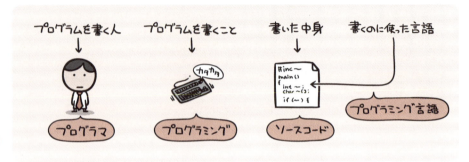

　このソースコードを機械語に翻訳することで、プログラムはコンピュータが実行できる形式となるわけです。

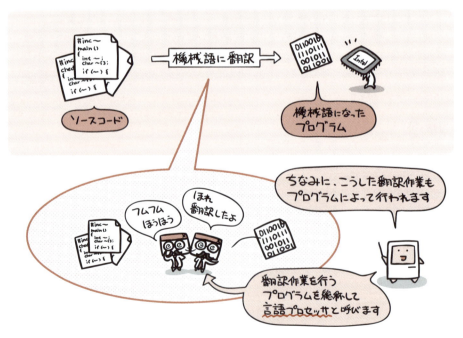

　この翻訳には、2種類の方法があります。そう、これまでチラリチラリと登場していたインタプリタ方式やコンパイラ方式というのがそれなのです。

インタプリタ方式

　この方式では、ソースコードに書かれた命令を、1つずつ機械語に翻訳しながら実行します。逐次翻訳していく形であるため、作成途中のプログラムもその箇所まで実行させることができるなど、「動作を確認しながら作っていく」といったことが容易に行えます。

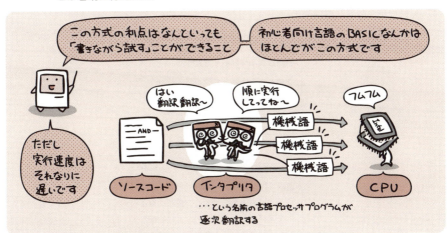

コンパイラ方式

　この方式では、ソースコードの内容を最初にすべて翻訳して、機械語のプログラムを作成します。ソースコード全体を解釈して機械語化するため、効率の良い翻訳結果を得ることができますが、「作成途中で確認のために動かしてみる」といった手法は使えません。

本試験で用いられる擬似言語

　ITパスポート本試験では、アルゴリズム（作業手順のような意味、P.372参照）を問う場合、実際のプログラム言語ではなく、擬似的なプログラム言語を用いた出題が行われます。

　この擬似言語は、各問題文中に注記がない限り、以下の記述形式が適用されているものとして読み解く必要があります。

記述形式	説明
○*手続名または関数名*	手続きまたは関数を宣言する。
型名: *変数名*	変数を宣言する。
/* *注釈* */	注釈を記述する。
// *注釈*	
変数名 ← *式*	変数に*式*の値を代入する。
手続名または関数名(*引数*, …)	手続きまたは関数を呼び出し、*引数*を受け渡す。

if (*条件式 1*)
　処理 1
elseif (*条件式 2*)
　処理 2
elseif (*条件式 n*)
　処理 n
else
　処理 n + 1
endif
	選択処理を示す。
	*条件式*を上から評価し、最初に真になった*条件式*に対応する*処理*を実行する。以降の*条件式*は評価せず、対応する*処理*も実行しない。どの*条件式*も真にならないときは、*処理 n + 1* を実行する。各*処理*は、0 以上の文の集まりである。
	elseif と*処理*の組みは、複数記述することがあり、省略することもある。
	else と*処理 n + 1* の組みは一つだけ記述し、省略することもある。

while (*条件式*)
　処理
endwhile
	前判定繰返し処理を示す。
	*条件式*が真の間、*処理*を繰返し実行する。
	*処理*は、0 以上の文の集まりである。

do 　*処理* while (*条件式*)	後判定繰返し処理を示す。 *処理*を実行し、*条件式*が真の間、*処理*を繰返し実行する。 *処理*は、0 以上の文の集まりである。

for (*制御記述*)
　処理
endfor
	繰返し処理を示す。
	*制御記述*の内容に基づいて、*処理*を繰返し実行する。
	*処理*は、0 以上の文の集まりである。

※ *斜体文字* 部分は任意の内容で置き換えられます。

細かい書式を覚えても試験以外で使える場面はないので、これらを暗記する必要はありません

実際にこれを用いた問題が出た場合に、なんとなく意味を読み解けるレベルに見慣れておきましょう

変数や個々の制御文（ifやwhile、forなど）については、それぞれ該当する章の中であらためて詳しく紹介します

このように出題されています
過去問題練習と解説

問1 (IP-H25-A-55)

プログラムの実行方式としてインタプリタ方式とコンパイラ方式がある。図は，データを入力して結果を出力するプログラムの，それぞれの方式でのプログラムの実行の様子を示したものである。a，bに入れる字句の適切な組合せはどれか。

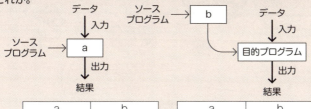

	a	b		a	b
ア	インタプリタ	インタプリタ	ウ	コンパイラ	インタプリタ
イ	インタプリタ	コンパイラ	エ	コンパイラ	コンパイラ

解説

　上図のaのように、ソースプログラムを読み込んで、それに書かれた解釈・命令を実行するソフトウェアを「インタプリタ」といいます。上図のbのように、ソースプログラムから目的プログラム（355ページでは「機械語のプログラム」と呼んでいます）を作成するソフトウェアを「コンパイラ」といいます。

正解：イ

問2 (IP-H22-A-54)

Java言語に関する記述として，適切なものはどれか。

ア　Webページを記述するためのマークアップ言語である。
イ　科学技術計算向けに開発された言語である。
ウ　コンピュータの機種やOSに依存しないソフトウェアが開発できる，オブジェクト指向型の言語である。
エ　事務処理計算向けに開発された言語である。

解説

　ア　Webページを記述するためのマークアップ言語に、HTMLがあります。　　イ　科学技術計算向けに開発された言語に、Fortran（フォートラン）があります。　　ウ　OSの上にJava仮想マシンと呼ばれるソフトウェアを稼働させ、Javaはその上で実行されます。Java仮想マシンがコンピュータの機種やOSの差を埋めてくれるので、Javaはコンピュータの機種やOSに依存しません。　　エ　事務処理計算向けに開発された言語に、COBOL（コボル）があります。

正解：ウ

Chapter 12-2 変数は入れ物として使う箱

 変数はメモリの許す限りいくつでも使うことができます。
個々の変数には、名前をつけて管理します。

複雑な処理を実現する上で欠かせないのが変数の存在です。
　たとえば「入力された数字に1を加算する」という処理を考えてみましょう。さて、「入力された数字」というのは具体的にいくつでしょうか？
　…わかんないですよね。いくつの数字が入力されるかわかんないから、「入力された数字に」としてあるんですものね。
　そんなわけでプログラム的には、これは「入力された数字+1」としか書きようがないわけです。そうしておいて、実際の入力があった時に、「入力された数字」の部分を入力と置きかえて計算するしかないのですね。
　変数というのはつまりこれ。メモリ上に箱を設けて名前をつけて、「この名前の箱はこの値と見なして処理に使うね」と化けさせることのできるモノなのです。
　手順を示す際に、総称を仮の名前として用いることは、私たちの日常生活でもよくあることです。たとえば「訪問者が来たらこのベルを鳴らす」といったようなことですね。もちろん「仮の名前」というのはこの場合「訪問者」のこと。変数は、この「訪問者」にあたる使い方を、プログラムの中でさせてくれる便利なやつなのです。

たとえばこんな風に使う箱

こういったものはなかなか文字だけじゃわかりづらいと思うので、単純な例を用いて実際に変数を使ってみることにしましょう。たとえば…そうですね、ドングリとキノコに好きな数字を言ってもらって、その合計に1を加算してみるとしましょうか。

① ドングリとキノコの言った数字を、「numDonguri」「numKinoko」と名付けた変数にそれぞれ代入する。

② 「numDonguri」と「numKinoko」の合計を算出して、その値を「numGoukei」に代入する。

③ 「numGoukei」に1を足して、その数を「numGoukei」自身に代入する。

いかがですか？少しはイメージできるようになりましたでしょうか。変数というのはただの箱に過ぎませんから、「自分自身に1足した数を自分自身に代入する」という処理も当然アリなわけです。

ちなみに変数には、数値以外にも、文字をはじめとする様々なデータを格納することができます。

擬似言語における変数の宣言と代入方法

擬似言語では、こうした変数を次のように宣言して用います。

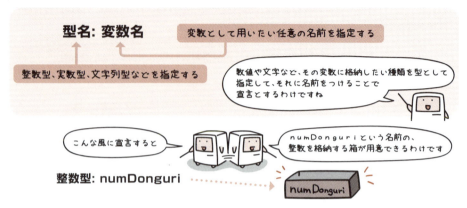

この変数に値を代入する場合は、次のように ← を使って代入式をあらわします。

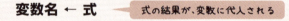

たとえば1ページ前のイラストにあるこのやりとりは…

式であらわすと次のようになるわけですね。

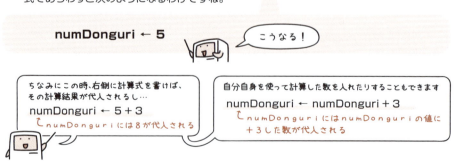

このように出題されています
過去問題練習と解説

問1 (IP-H22-S-53)

変数AとBに格納されているデータを入れ替えたい。データを一時的に格納するための変数をTMPとすると，データが正しく入れ替わる手順はどれか。ここで "x ← y" は，yのデータでxの内容を置き換えることを表す。

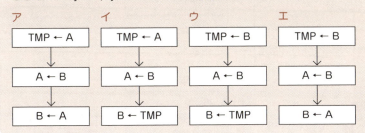

解説

本問のような変数値の変わっていく過程を追いかける問題を「トレース問題」といいます。トレース問題は、変数に具体的な値が設定されていると仮定して、変数に格納された値の変化を追いかけます。この解説では、変数Aに5、変数Bに8が設定してあると仮定してみます。下図では、カッコ内に変数値を示します。

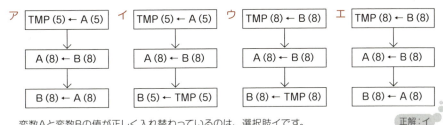

変数Aと変数Bの値が正しく入れ替わっているのは、選択肢イです。

正解：イ

Chapter 12-3 構造化プログラミング

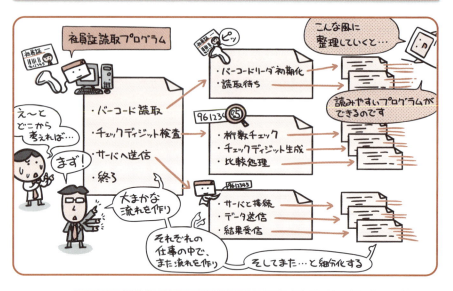

 構造化プログラミングは、プログラムを機能単位の部品に分けて、その組み合わせによって全体を形作る考え方です。

　長い文章を、何の章立ても決めずにひと息で書こうとすると、往々にして「あれ？ 何を書きたかったんだっけか」なんて迷走する結果になりがちです。

　プログラミングもこれは同じ。ましてやプログラムの場合は「○○の場合は××をせよ」なんて条件分岐が色々出てきますから、アッチへ飛んだりコッチへ飛んだりと、後から読むのすら難しい…「そもそも本当に完成するのこれ？」といった、難物ソースコードいっちょあがりとなる可能性も否定できません。

　それを避けようと生まれたのが構造化プログラミング。

　この手法では、一番上位のメインプログラムには、大まかな流れだけが記述されることになります。当然それだけじゃ完成しませんから、大まかな流れのひとつひとつを、サブルーチンという形で別のモジュールに切り出してやる。このサブルーチンも、内部は大まかな流れを記述して、その詳細はサブルーチンで…と切り出していく。

　このように少しずつ処理を細分化していくと、各階層ごとの流れがキチンと整理されることになります。結果、効率よく、ミスの少ないプログラムが出来上がるというわけです。

制御構造として使う3つのお約束

構造化プログラミングでは、原則的に次の3つの制御構造だけを使ってプログラミングを行います。

いえいえそんなことはありません。プログラミングというと、いかにも「複雑な処理が記述されている小難しい文書」みたいなイメージがありますが、実は紐解くとこれだけ単純な構造を組み合わせたものがほとんどだったりするのです。

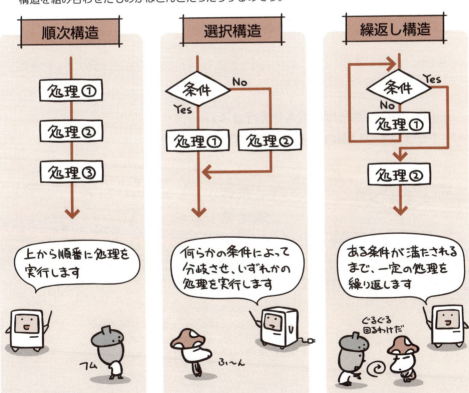

if 〜 endif で選択構造をあらわす

擬似言語における選択構造は、if文で表現します。if文は、「もし〜○○ならば処理Aを実行せよ」という内容をあらわすものです。処理というのは、0以上の文の集まりです。

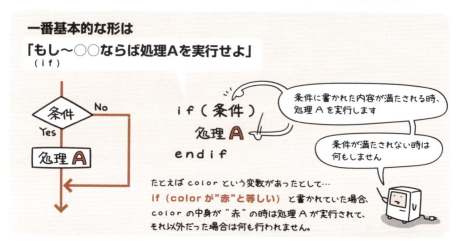

これに対して、「そうじゃない場合は処理Bを実行せよ」という分岐を付け足したい場合は、elseを使って次のように記述します。

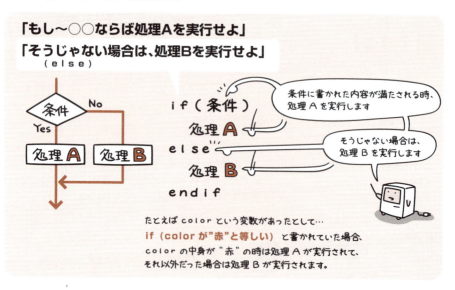

さらに複雑な分岐を表現することもできます。

elseではなくelseifを用いることで、「そうじゃない場合」にさらに条件付けをして、「そうじゃなくて□□の場合は…」という分岐を作ることができます。

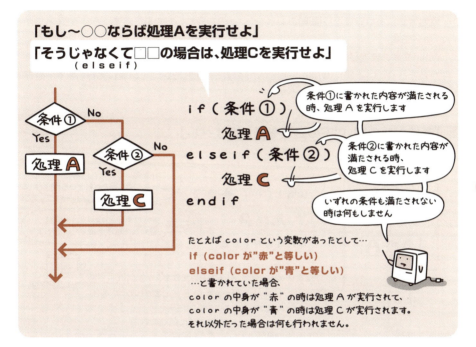

elseifはいくつでも羅列することができますし、elseと組み合わせることも可能です。その場合の評価順序は次の通りになります。

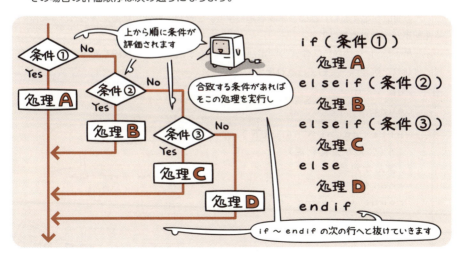

while 〜 endwhile で前判定の繰返し構造をあらわす

擬似言語における繰返し構造には、いくつかのあらわし方があります。そのうちの1つがwhile文です。

while文は、繰返しに入る前に指定された条件を判定します。判定結果が真である間(条件が満たされている間)、while 〜 endwhile間に書かれた処理を繰返し実行します。処理というのは、0以上の文の集まりです。

「条件が真の間、以下の処理を繰り返すべし」

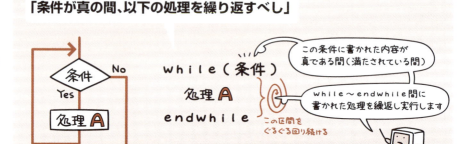

while 〜 endwhileは上にも書いてある通り前判定です。ここで言う前判定とは、「繰返しに入る前に判定するね」という意味を指します。つまり、繰返し構造に入ろうとする度に条件判定が行われるわけです。

したがって、はじめから条件式の判定が偽となる(満たされない)状態であった場合、その間に書かれた処理は一度も実行されません。

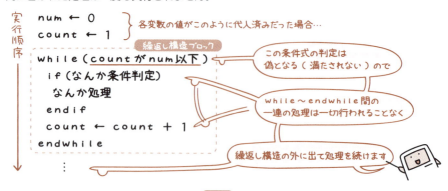

do 〜 while で
後判定の繰返し構造をあらわす

擬似言語における繰返し構造の、もう1つのあらわし方がdo 〜 while文です。

do 〜 while文は、繰返しに入った後に指定された条件を判定します。判定結果が真である間(条件が満たされている間)、do 〜 while間に書かれた処理を繰返し実行します。処理というのは、0以上の文の集まりです。

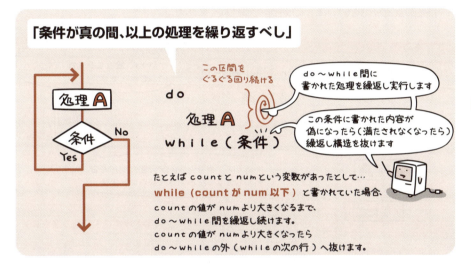

do 〜 whileは上にも書いてある通り後判定です。ここで言う後判定とは、「繰返しに入った後に判定するね」という意味を指します。つまり、繰返し構造に入って処理を一度行う度に条件判定が行われるわけです。

したがって、はじめから条件式の判定が偽となる(満たされない)状態であった場合でも、その間に書かれた処理は必ず一度は実行されます。

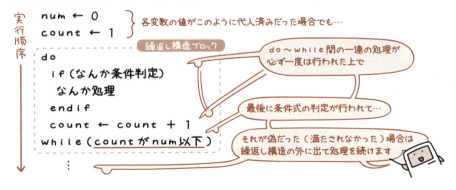

for 〜 endfor で繰返し構造をあらわす

擬似言語における繰返し構造の、さらにもう1つのあらわし方がfor文です。

for文は、制御記述の内容に従って、for 〜 endfor間に書かれた処理 (0以上の文の集まり) を繰り返し実行します。制御記述には、初期化式、繰返し条件式、変化式の3つを組み合わせて書くようになっており、これによって「どのように繰返すか」をコントロールします。

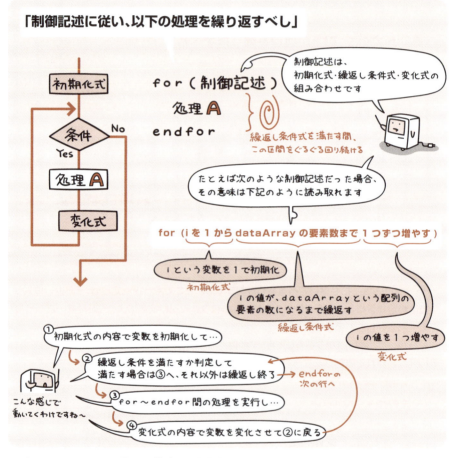

for 〜 endforによる繰返し構造は、初期化を行った次のタイミングで条件判定が行われます(上の図でいう②のフキダシ)。

したがって、初期化後すでに条件式の判定が偽となる(満たされない)状態であった場合、for 〜 endforの間に書かれた処理は一度も実行されません。

このように出題されています
過去問題練習と解説

問1 (AD-H16-A-21)

プログラムの制御構造のうち，while-do型の繰返し構造はどれか。

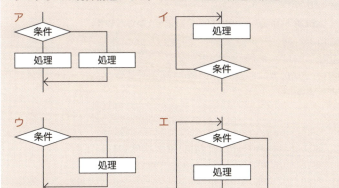

解説

以下の説明では、条件が真の場合は下に進み、偽の場合は横に進むものと仮定します。

ア これは、条件が真のときにある処理を実行し、偽のときに別の処理を実行する選択構造です。
イ これは、do-while型の繰返し構造です。条件の真・偽の前に処理があるため、少なくとも1回は処理を実行する点が、選択肢エと異なる点です。
ウ これは、条件が偽のときに処理を実行し、真のときは何も実行しない選択構造です。
エ これは、条件が真のときに繰り返し処理を実行し、偽のときに繰り返しを終了する繰返し構造です。このように、最初に繰返しをするか否かの条件を判定する繰返し構造を、while-do型といいます。

正解：エ

問2 (IT-擬似言語 サンプル問題)

関数calcMeanは，要素数が1以上の配列dataArrayを引数として受け取り，要素の値の平均を戻り値として返す。プログラム中のa，bに入る字句の適切な組合せはどれか。ここで，配列の要素番号は1から始まる。

〔プログラム〕
○実数型：calcMean(実数型の配列：dataArray)   /* 関数の宣言 */
　実数型：sum, mean
　整数型：i
　sum ← 0
　for (i を1からdataArrayの要素の数まで1ずつ増やす)
　　sum ← 　a　
　endfor
　mean ← sum ÷ 　b　 /* 実数として計算する */
　return mean

	a	b
ア	sum + dataArray[i]	dataArrayの要素数
イ	sum + dataArray[i]	(dataArrayの要素数 + 1)
ウ	sum × dataArray[i]	dataArrayの要素数
エ	sum × dataArray[i]	(dataArrayの要素数 + 1)

解説

本問のプログラムを再掲し、各行の説明を下表に示します。

行番号	プログラムの各行 / 説　明
1	○実数型：calcMean(実数型の配列：dataArray) /* 関数の宣言 */ 問題文になる関数calcMeanという名前のプログラムを宣言します。問題文から、このプログラムは、dataArrayという実数型の配列を引数として受け取り、9行目のmeanという実数型の戻り値を、このプログラムを呼ぶプログラムに返すことがわかります。
2	実数型：sum, mean sumと meanという2つの実数型の変数を宣言します。
3	整数型：i i という整数型の変数を宣言します。
4	sum ← 0 変数sumに、0を代入して、初期化します。
5	for (i を1からdataArrayの要素の数まで1ずつ増やす) 「i を1からdataArrayの要素の数まで1ずつ増やす」とあるので i という変数を1で初期化し（最初に1を代入）、i の値がdataArrayの要素の数になるまで繰返される（i の値がdataArrayの要素の数になるまで1が足されます）。繰返しが終わると、7行目のendforの次の行へ処理を移します。

6	sum ← [a]
	空欄aの計算結果を、変数sumに代入します。 （ここは、平均を求めるための要素内すべての合計値を計算するのが目的と思われます）
7	endfor
	5行目のfor文に戻し、繰返し条件の判定を行わせます。
8	mean ← sum ÷ [b]　　　/* 実数として計算する */
	変数sumを空欄bの値で割った計算結果を、変数meanに代入します。 （ここは、平均値を計算するのが目的と思われます）
9	return mean
	このプログラムを終了し、このプログラムを呼んだプログラムに対して、変数meanの値を返します。

　このプログラムは、**要素の値の平均を戻り値として返すプログラムなので、要素内のすべての値を合計し、要素数で割ることで求めることができる**と考えられます。

　[a] は、要素内のすべての値を合計するとなるので、sum + dataArray[i]が入ります。
　[b] は、要素数で割るとなるので、「dataArrayの要素数」が入ります（なお、余談ですが、本問の各選択肢の空欄bには「dataArrayの要素の数」と「（dataArrayの要素の数 + 1）」があり、本問の問題文では「要素番号は1から始まる」とされているので、「dataArrayの要素の数」が正しいです。もし、「要素番号は0から始まる」とされていれば、「（dataArrayの要素の数 + 1）」が正しいです）。

　よって正解は「sum + dataArray[i]」と「dataArrayの要素の数」を組み合わせた選択肢アです。

　ただ、間違いがないことを確認するために、ここでは、実数型の配列dataArrayの要素の数は "3"、各要素の値は、dataArray[1]は "1.0"、dataArray[2]は "2.0"、dataArray[3]は "3.3"、と想定して計算をしてみましょう。
　本プログラムは、要素の値の平均を戻り値として返すプログラムなので、この例では、本プログラムが終了した時に、変数meanは、「（1.0 + 2.0 + 3.3）÷ 3 = 2.1」になれば正解になります。選択肢アを本プログラムに当てはめ、各変数の値がどのように変化するかを見ると、変数meanの値が「2.1」（下表内の★）となり正解だと確認できます（下表において、行番号は、プログラムが実行する行番号であり（ただし、1～3行目と9行目を除く）、各変数の値は当該行番号を実行した直後の値を示します）。

選択肢アの場合のトレース表

行番号	sum	i	dataArray[i]	mean
4	0			
5	0	1	1.0	
6	1.0	1	1.0	
7	5行目に戻る			
5	1.0	2	2.0	
6	3.0	2	2.0	
7	5行目に戻る			
5	3.0	3	3.3	
6	6.3	3	3.3	
7	5行目に戻る			
5	iが3になり、8行目へ			
8	6.3	3		2.1★

正解：ア

371

Chapter 12-4 アルゴリズムとフローチャート

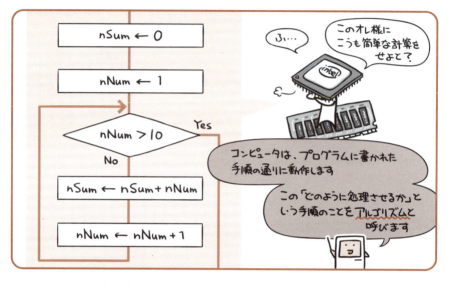

 コンピュータは、プログラムに書かれた
アルゴリズム（作業手順）にのっとって動作します。

　コンピュータは、様々な作業を肩代わりしてくれる頼れるアンチクショウですが、その反面「言われたこと以外は一切いたしません」という困ったコンチクショウでもあります。そのため、コンピュータに何か依頼したい場合は、「これこれこーしてあーしてそーするのですよ」と1から10まで事細かに指示しなきゃいけません。
　この時、「どのように処理をさせると機能を満たすだろうか」とか、「どのような手順で処理をさせるのが効率的だろうか」とか、色々やり方を考えるわけです。そうして、固まった処理手順を元に、プログラムが書き起こされる。
　この処理手順がアルゴリズムです。アルゴリズムさえきっちり固まっていれば、プログラムなんてのは、あとはそれをプログラミング言語に置きかえていくだけ。だからプログラミングの肝は、「アルゴリズムをしっかり考えること」だと言っても過言ではありません。
　このアルゴリズムをわかりやすく記述するために用いられるのがフローチャート（流れ図）です。読んで字のごとく、処理の流れをあらわす図になります。

フローチャートで使う記号

フローチャートでは、次のような記号を使って、処理の流れをあらわします。

記号	説明
⬭	処理の開始と終了をあらわします。
▭	処理をあらわします。
→	処理の流れをあらわします。処理の流れる方向が、上から下、左から右という原則から外れる場合は矢印を用いて明示します。
◇	条件によって流れが分岐する判定処理をあらわします。
⏢	繰り返し（ループ）処理の開始をあらわします。
⏢	繰り返し（ループ）処理の終了をあらわします。

ここでちょっと構造化プログラミングのお約束を思い出してみましょう。
　原則は「順次、選択、繰返しという3つの制御構造だけを使う」なので、アルゴリズムをあらわすフローチャートも、基本的には次の構造を組み合わせて処理の流れを表現する…ということになります。

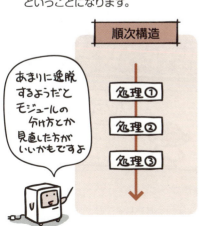

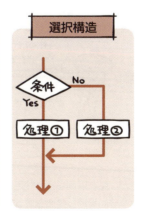

試しに1から10までの合計を求めてみる

それでは練習として、「1から10までの数を合計する」という処理のフローチャートを考えてみましょう。

たとえばどんな処理になると思いますか？

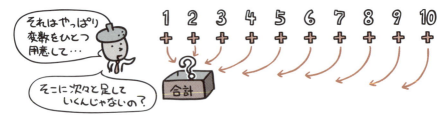

はい大正解！ じゃあその場合どんなフローチャートが出来上がるでしょうか。

そうですね、確かにこのフローチャートでも合計は求められますが、アルゴリズム的にはかなりイケてません。

見れば同じような足し算が延々繰り返されています。この部分に繰返し構造を使ってスッキリさせましょう。

…というわけで、スッキリさせてみたのが次の図です。

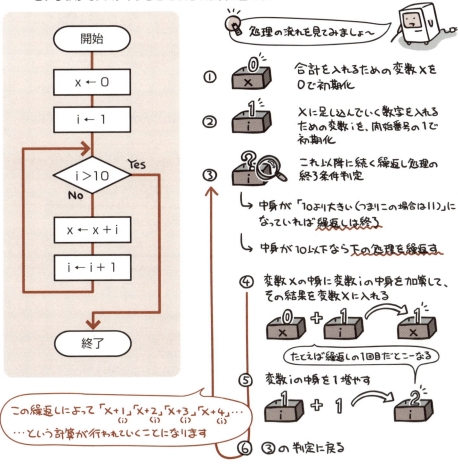

これで、お題の「1から10までの数の合計」を算出することができます。変数iの中身が11となって繰返し処理を終了した時には、計算結果である55という数字が、変数xの中に入っていることでしょう。

ちなみにこのアルゴリズム自体は数値を変えても有効です。なのでiの初期値や繰返しの終了条件判定に用いる数字を変えてやるだけで、「1から100の合計は?」とか、「10から200の合計は?」なんて計算にも対応することができます。

このように出題されています
過去問題練習と解説

問 1 (IP-H25-S-53)

コンピュータを利用するとき，アルゴリズムは重要である。アルゴリズムの説明として，適切なものはどれか。

ア　コンピュータが直接実行可能な機械語に，プログラムを変換するソフトウェア
イ　コンピュータに，ある特定の目的を達成させるための処理手順
ウ　コンピュータに対する一連の動作を指示するための人工言語の総称
エ　コンピュータを使って，建築物や工業製品などの設計をすること

解説

ア　コンパイラの説明です。
イ　アルゴリズムの説明です。
ウ　プログラミング言語の説明です。
エ　CAD (Computer Aided Design) の説明です。

正解：イ

問 2 (IP-H27-S-59)

プログラムの処理手順を図式を用いて視覚的に表したものはどれか。

ア　ガントチャート　　　イ　データフローダイアグラム
ウ　フローチャート　　　エ　レーダチャート

解説

ア　ガントチャートは、328ページを参照してください。
イ　データフローダイアグラムは、297ページを参照してください。
ウ　フローチャートは、373ページを参照してください。
エ　レーダチャートは、複数の特性間のバランスを見る時に使用するグラフです。クモの巣チャートともいいます。

正解：ウ

問 3 (IP-R03-74)

流れ図Xで示す処理では，変数iの値が，1→3→7→13と変化し，流れ図Yで示す処理では，変数iの値が，1→5→13→25と変化した。図中のa，bに入れる字句の適切な組合せはどれか。

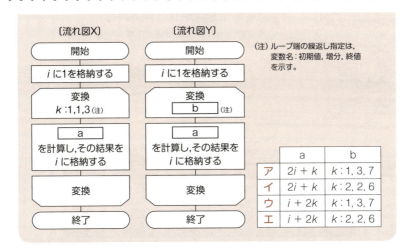

解 説

本問の図には、「ループ端の繰返し指定は，変数名:初期値，増分，終値を示す」という(注)がありますので、流れ図Xの「変換」の開始ループ端の「k：1，1，3」は、「kという変数の初期値は1、ループを1周するごとに、kを1つずつ増加し、kが3になるまでループ内を繰り返して、kが4になったら、開始ループ端から抜けて終了する」という意味になります。

(1) 流れ図Xのトレース

空欄aを、「2i + kとしたケース」と「i + 2kとしたケース」の、流れ図Xの空欄aの直後の変数kとiの値は、右表のとおりです。

k	空欄aを2i+kとしたケースのi	空欄aをi+2kとしたケースのi
1	2×1+1=3	1+2×1=3
2	2×3+2=8	3+2×2=7
3	2×8+3=19	7+2×3=13

問題文は、「流れ図Xで示す処理では，変数iの値が，1→3→7→13と変化し」としているので、上表より、空欄aは「i + 2k」になり、正解の選択肢の候補はウとエに絞られます。

(2) 流れ図Yのトレース

空欄bを、「k：1, 3, 7としたケース」と「k：2, 2, 6としたケース」の、流れ図Yの空欄aの直後の変数kとiの値は、右表のとおりです。

空欄bをk：1, 3, 7としたケース		空欄bをk：2, 2, 6としたケース	
k	i	k	i
1	1+2×1=3	2	1+2×2=5
4	3+2×4=11	4	5+2×4=13
7	11+2×7=25	6	13+2×6=25

問題文は、「流れ図Yで示す処理では，変数iの値が，1→5→13→25と変化した」としているので、上表より、空欄bは「k：2, 2, 6」になり、正解は選択肢エです。

正解：エ

Chapter 12-5 代表的なアルゴリズム

探索は、箱の中から特定のデータを見つけ、
整列は、箱の中のデータを並べ替えるアルゴリズムです。

　前節でやった「合計の算出」もそうなのですが、アルゴリズムにはある種お約束的に使われる処理というのが多数存在します。高度で難しいものから、単純で基礎的なものまで様々あるわけです。

　さて、そんなアルゴリズムたちの中で、「合計の算出」と並ぶほどに基礎的で、しかも単純なものに「探索」や「整列」といった処理があります。

　目的のデータを探し当てたり、データを並べ替えたりする処理ですね。

　この2つの処理。私たちは、日常生活の中でならさほど意識することなくそれらを行っているはずです。棚の中から目的のものを取り出したり、名刺を五十音順に並べ替えたりとか、ごくごく自然にやっていますよね？

　じゃあ、それってどんなアルゴリズムになるんでしょうか。

　「探索」と「整列」という基礎的なアルゴリズムを知ることは、「代表的なアルゴリズムだから知っておく」というだけでなく、自身の頭の中にある処理を、どのように「アルゴリズムとして分解するのか」という練習という意味でも役立ちます。

データの探索（二分探索法）

さて、それではまず探索のアルゴリズムから見ていきましょう。「探索」というと難しそうに聞こえますが、要は検索のことです。複数あるデータの中から、目的のデータを検索する時のアルゴリズムということですね。

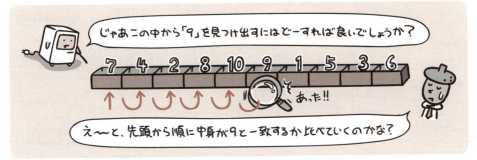

はい、正解です。

ただ、あらかじめデータが「昇順に並んでいる」「降順に並んでいる」といった規則性を持つ場合は、二分探索法というもっと効率の良い方法を採ることもできます。

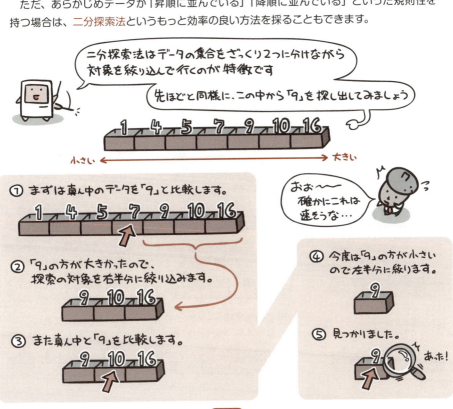

データの整列（バブルソート）

続いては整列です。整列というのは、データを昇順や降順に並べ替えることですね。整列の場合は、バブルソートというアルゴリズムがもっとも単純なやり方になります。

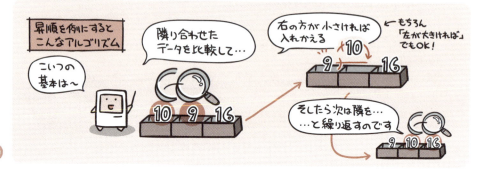

それでは実践。次のデータの並びを、バブルソートを使って昇順に並び替えてみましょう。

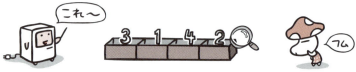

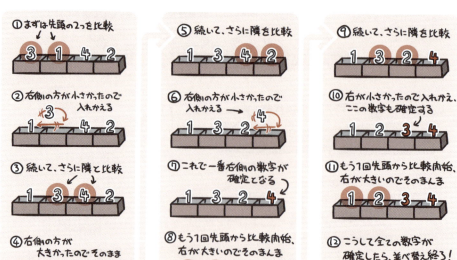

このように出題されています
過去問題練習と解説

問1 (IPSY-41)

5個のデータ列を次の手順を繰り返して昇順に整列するとき，整列が完了するまでの手順の繰返し実行回数は幾つか。

〔整列前のデータの並び順〕
5, 1, 4, 3, 2

〔手順〕
(1) 1番目のデータ>2番目のデータならば，1番目と2番目のデータを入れ替える。
(2) 2番目のデータ>3番目のデータならば，2番目と3番目のデータを入れ替える。
(3) 3番目のデータ>4番目のデータならば，3番目と4番目のデータを入れ替える。
(4) 4番目のデータ>5番目のデータならば，4番目と5番目のデータを入れ替える。
(5) 一度も入替えが発生しなかったときは，整列完了とする。
　　入替えが発生していたときは，(1)から繰り返す。

ア　1　　イ　2　　ウ　3　　エ　4

解説

　この手順は、バブルソートを説明しています。〔手順〕(1)～(5)を1回実行すると、「1, 4, 3, 2, 5」になります。〔手順〕(1)～(5)をもう1回実行すると「1, 3, 2, 4, 5」になり、さらにもう1回実行すると「1, 2, 3, 4, 5」になり、昇順に整列されます。ただし、入替えをしましたので〔手順〕(5)にしたがって、もう1回 (1)から繰り返します。したがって、合計4回の繰返しを実行します。

正解：エ

Chapter 12-6 データの持ち方

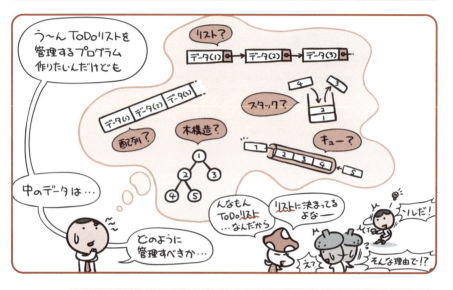

「プログラムの中でどのようにデータを保持するか」は、アルゴリズムを考える上で欠かせない検討項目です。

　「データは変数という入れ物に放り込むことができる」というのは前に触れました。データ単体としてみればそれで話は終わるのですが、困ったことにデータというのは「集まって意味を成す」というものが非常に多いわけです。そしてもっと言えば、そうした「データの集まり」を処理するためにコンピュータを使うというのもすごく多い。

　たとえば「住所」というデータをたくさん集めることになる住所録。たとえば「予定」データがずらずら並んだスケジューラ。そしてイラストにあるような「やらなきゃいけない項目」をいっぱい集めたToDoリストなんかもすべてそうですよね。

　これらのデータを、どのような形でメモリ上に配置するか。ずらりと並べればいいのか、それとも階層管理しなきゃダメなのかそれとも…。

　こうした、「データを配置する方法」を指してデータ構造と呼びます。

　アルゴリズムの善し悪しは、プログラムの特性にあったデータ構造が採られているか否かに大きく左右されます。

配列

メモリ上の連続した領域に、ずらりとデータを並べて管理するのが配列です。

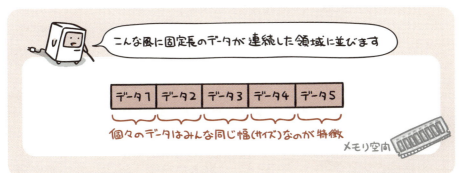

上図のように、配列では同じサイズのデータ（を入れる箱）が連続して並ぶことになるわけですが、その利点として添字があります。

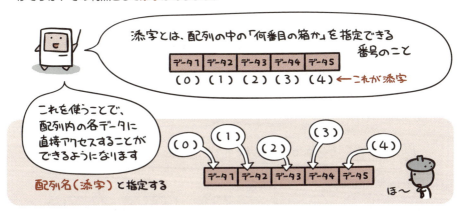

ただし最初に固定サイズでまとめてごっそり領域を確保してしまうため、データの挿入や削除などは不得手です。したがって、データの個数自体が頻繁に増減する用途には、あまり適していると言えません。

リスト

データとデータを数珠繋ぎにして管理するのがリストです。

リストの扱うデータには、ポインタと呼ばれる番号がセットになってくっついています。これはメモリ上の位置をあらわす番号で、「次のデータがメモリのどこにあるか」を指し示しています。

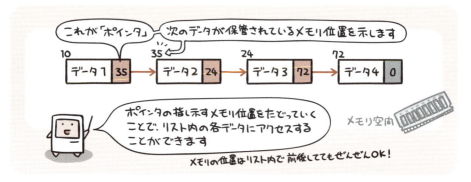

リストの特徴はその柔軟さです。ポインタさえ書きかえればいくらでもデータをつなぎ替えることができるので、データの追加・挿入や、削除などがとても簡単に行えます。

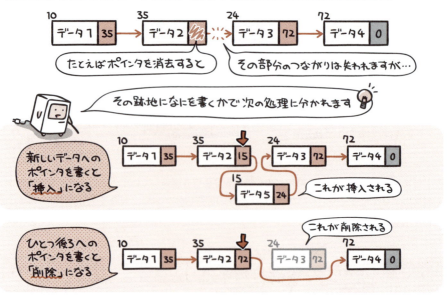

ただし、リストはポインタを順にたどらなければいけないため、配列みたいに「添字を使って個々のデータに直接アクセスする」ような使い方はできません。

木（ツリー）構造

ツリー状に分岐した階層構造の中に、データを格納して管理するのが木（ツリー）構造です。分岐箇所を節と呼び、この節点を上の階層から順にたどっていくことで、データを取り出すことができます。

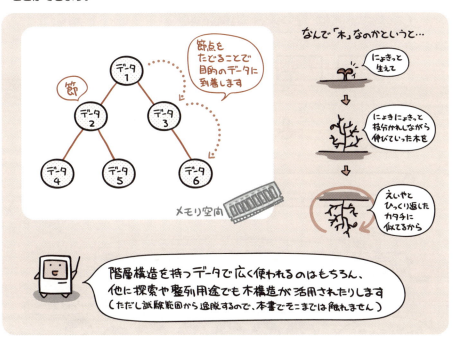

木構造については、これまでにもいくつか本書内で実例が出ていますので、それを紹介した方が話が早いでしょう。

ハードディスクなど補助記憶装置のファイルシステム（P.89）や、インターネットのドメイン名（P.224）などは、いずれも木構造を用いて管理されています。

キュー

キューは待ち行列とも言われ、最初に格納したデータから順に処理を行う、先入れ先出し(FIFO: First In First Out)方式のデータ構造です。

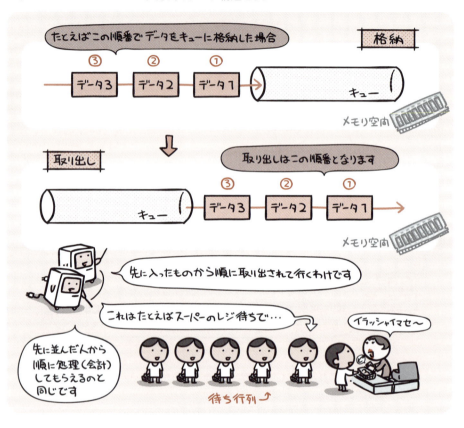

キューは、入力されたデータがその順番通りに処理されなければ困る状況で使われます。身近な例をあげると、次の処理では、いずれもキューが利用されています。

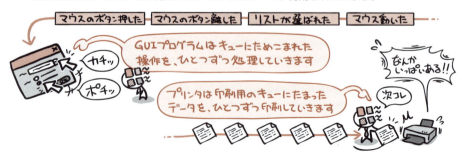

スタック

スタックはキューの逆で、最後に格納したデータから順に処理を行う、後入れ先出し（LIFO: Last In First Out）方式のデータ構造です。

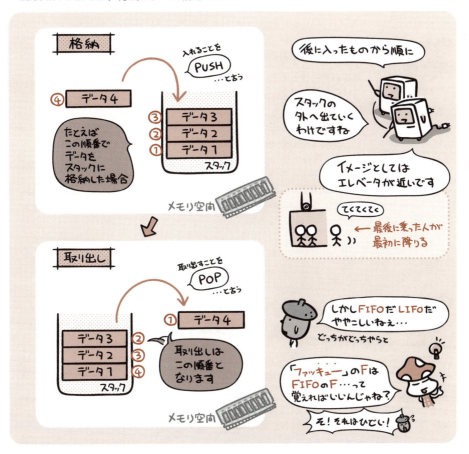

プログラムが、呼び出したサブルーチンの処理終了後に元の場所へ戻れるのは、「サブルーチン実行後どこに戻るのか」がスタックとして管理されているからです。

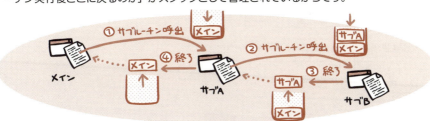

このように出題されています
過去問題練習と解説

問1 (AD-H18-S-21)

データ構造の一つである木構造の特徴はどれか。

ア 階層の上位から下位に節点をたどることによって、データを取り出すことができる。
イ 格納した順序でデータを取り出すことができる。
ウ 格納した順序とは逆の順序でデータを取り出すことができる。
エ データ部と一つのポインタ部で構成されるセルをたどることによって、データを取り出すことができる。

解説

ア 木構造では、最上位の節点（根といいます）から、枝に沿って下位の節点をたどり、目的の節点に到着したら、そのデータを取り出します。
イ これは、キューの特徴です。　　ウ これは、スタックの特徴です。
エ これは、リストの特徴です。

正解：ア

問2 (IP-H30-S-96)

先入れ先出し（First-In First-Out，FIFO）処理を行うのに適したキューと呼ばれるデータ構造に対して "8"，"1"，"6"，"3" の順に値を格納してから、取出しを続けて2回行った。2回目の取出しで得られる値はどれか。

ア 1　　　　イ 3　　　　ウ 6　　　　エ 8

解説

キューの状況を示せば、下図になります。
(1) "8"，"1"，"6"，"3" を、この順序でキューに格納します。

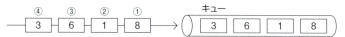

(2) 1回目の取出しを行います。

(3) 2回目の取出しを行います。

正解：ア

問3 (IP-H30-A-76)

複数のデータが格納されているスタックからのデータの取出し方として，適切なものはどれか。

ア　格納された順序に関係なく指定された任意の場所のデータを取り出す。
イ　最後に格納されたデータを最初に取り出す。
ウ　最初に格納されたデータを最初に取り出す。
エ　データがキーをもっており，キーの優先度でデータを取り出す。

解説

ア　配列（383ページを参照）の配列名と添え字を指定すれば，配列に格納された順序に関係なく，添え字が示す場所のデータを取り出せます。　　イ　スタックの説明は，387ページを参照してください。　　ウ　キュー（386ページを参照）を使えば，最初に格納されたデータを最初に取り出せます。
エ　本選択肢が示すデータの取出し方やそのデータ構造に，特別な名前は付けられていません。

正解：イ

問4 (IP-R01-A-62)

下から上へ品物を積み上げて，上にある品物から順に取り出す装置がある。この装置に対する操作は，次の二つに限られる。

PUSH x：品物xを1個積み上げる。
POP：　　一番上の品物を1個取り出す。

最初は何も積まれていない状態から開始して，a，b，cの順で三つの品物が到着する。一つの装置だけを使った場合，POP操作で取り出される品物の順番としてあり得ないものはどれか。

ア　a, b, c　　イ　b, a, c　　ウ　c, a, b　　エ　c, b, a

解説

ア　PUSH a → POP (aを取り出す) → PUSH b → POP (bを取り出す) → PUSH c → POP (cを取り出す) で可能です。　　イ　PUSH a → PUSH b → POP (bを取り出す) → POP (aを取り出す) → PUSH c → POP (cを取り出す) で可能です。　　ウ　不可能です。　　エ　PUSH a → PUSH b → PUSH c → POP (cを取り出す) → POP (bを取り出す) → POP (aを取り出す) で可能です。

正解：ウ

Chapter 13 システム構成と故障対策

Chapter 13-1 コンピュータを働かせるカタチの話

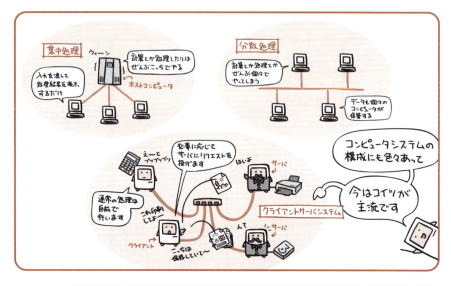

 集中処理、分散処理、クライアントサーバシステムなど、コンピュータが組み合わさって働くカタチは様々です。

　ネットワークの章で取り上げた「クライアントとサーバ」（P.186）の話を覚えているでしょうか。ネットワークにより、複数のコンピュータが組み合わさって動く処理形態には種類があるんですよーという内容でした。
　さて、「ネットワークを介して複数のコンピュータが組み合わさって動く図」とはつまり、企業内で働くコンピュータシステムの話でもあったわけです。
　処理形態のひとつである集中処理は、セキュリティ確保や運用管理が簡単な反面、システムの拡張が大変であったり、ホストコンピュータの故障が全システムの故障に直結するという弱点がありました。分散処理はその逆で、システムの拡張は容易だし、どこかが故障しても全体には影響しない。けれどもその反面、セキュリティの確保や運用管理に難がありました。
　今はそれらのいいとこ取りをしたクライアントサーバシステムが主流となっています。基本的には分散処理なのですが、ネットワーク上の役割を2つに分け、集中して管理や処理を行う部分をサーバとして残しているところが特徴です。

シンクライアントとピアツーピア

クライアントサーバシステムの中で、特にサーバ側への依存度を高くしたのがシンクライアントです。

シンクライアントにおけるクライアント側の端末は、入力や表示部分を担当するだけで、情報の処理や保管といった機能はすべてサーバに任せます。

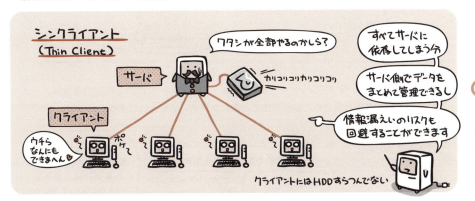

一方、完全な分散処理型のシステムとしてはピアツーピアがあります。これは、ネットワーク上で協調動作するコンピュータ同士が対等な関係でやり取りするもので、サーバなどの一元的に管理する存在を必要としません。

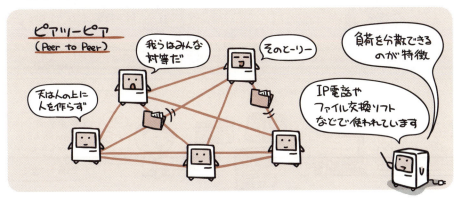

オンライントランザクション処理とバッチ処理

システムの稼働形態として、要求に対して即座に処理を行い、結果が反映されるものをオンライントランザクション処理といいます。

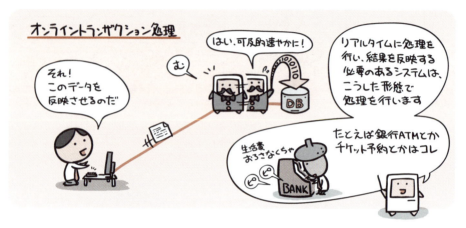

一方、「別にそーんなリアルタイムに反映しなくてもいいしー」という処理の場合は、一定期間ごとに処理を取りまとめて実行します。これをバッチ処理といいます。

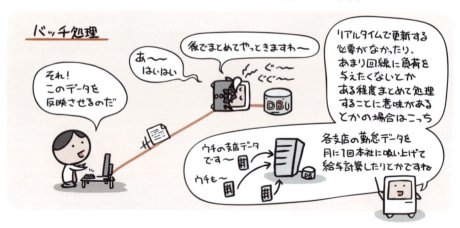

ちなみに、普段コンピュータを使っていて普通に行う次のような操作を対話型処理と呼びます。

このように出題されています
過去問題練習と解説

問1 (IP-H25-S-59)

クライアントサーバシステムにおいて，クライアント側には必要最低限の機能しかもたせず，サーバ側でアプリケーションソフトウェアやデータを集中管理するシステムはどれか。

ア　シンクライアントシステム
イ　対話型処理システム
ウ　バッチ処理システム
エ　ピアツーピアシステム

解説

ア　シンクライアントシステムの説明は、393ページを参照してください。
イ　対話型処理システムの説明は、394ページの一番下の段を参照してください。
ウ　バッチ処理の説明は、394ページを参照してください。
エ　ピアツーピアシステムは、クライアントやサーバといった役割がなく、ネットワーク上の他のコンピュータに対してクライアントとしてもサーバとしても働くようなコンピュータの集合によって作られるシステムです。

正解：ア

問2 (IP-H30-A-94)

バッチ処理の説明として，適切なものはどれか。

ア　一定期間又は一定量のデータを集め，一括して処理する方式
イ　データの処理要求があれば即座に処理を実行して，制限時間内に処理結果を返す方式
ウ　複数のコンピュータやプロセッサに処理を分散して，実行時間を短縮する方式
エ　利用者からの処理要求に応じて，あたかも対話をするように，コンピュータが処理を実行して作業を進める処理方式

解説

ア　バッチ処理の説明です。
イ　オンライントランザクション処理の説明です。
ウ　並列処理（もしくは分散処理）の説明です。
エ　会話型（もしくは対話型）処理の説明です。

正解：ア

395

Chapter 13-2 システムの性能指標

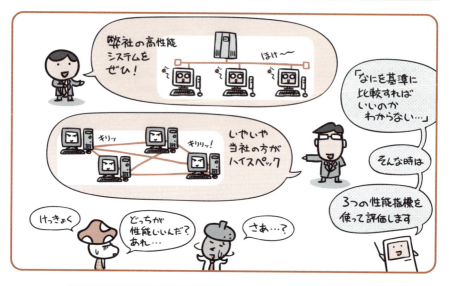

 システムの性能を評価する指標には、**スループット**、**レスポンスタイム**、**ターンアラウンドタイム**があります。

　システムには様々な構成の仕方があるもんですから、そこに使われる機材だけを比較して一概に性能を論じることはできません。とはいえ、何らかの指標がないと、「このシステムは早いのか遅いのか」がわかりませんし、導入検討に際して「高いのか安いのか」という判断もしかねます。

　そこでシステム全体の性能を評価するモノサシとして、スループット、レスポンスタイム、ターンアラウンドタイムといった指標が用いられています。端的に言うと「どれだけの量の仕事を、どれだけの時間でこなせるか」という内容をあらわす指標たちで…と、長くなるので詳しくは次ページ以降でふれていきますね。

　ちなみに、こうした処理性能を評価する手法として**ベンチマークテスト**があります。これは、性能測定用のソフトウェアを使って、システムの各処理性能を数値化するものです。これですべての機能が網羅できて評価が完了する…というわけではないですが、傾向をつかむ一定の目安として役立てることができます。

スループットはシステムの仕事量

スループットというのは、単位時間あたりに処理できる仕事（ジョブ）量をあらわします。この数字が大きいほど「いっぱい仕事できるぞ!」ってことなので、当然性能は上ということになります。

…と言われても、なんか漠然としすぎていてイメージしづらいですよね。
　スループットと仕事の関係は次のような感じです。どのような処理が入るとスループットが低下するのかとあわせておさえておきましょう。

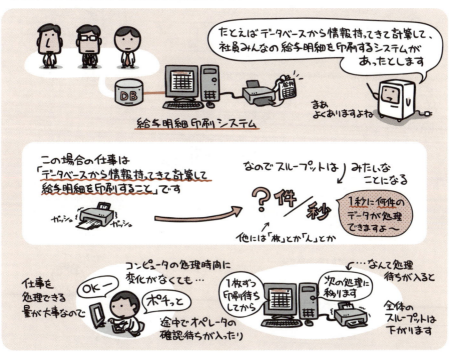

13 システム構成と故障対策

レスポンスタイムとターンアラウンドタイム

さて、続いてはレスポンスタイムとターンアラウンドタイムです。

こっちはちょっと大げさなシステムを題材にした方がイメージしやすくなります。次のような例を用いて考えてみるとしましょう。

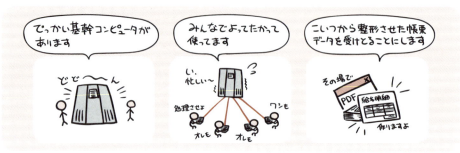

処理の流れはというとこんな感じ。

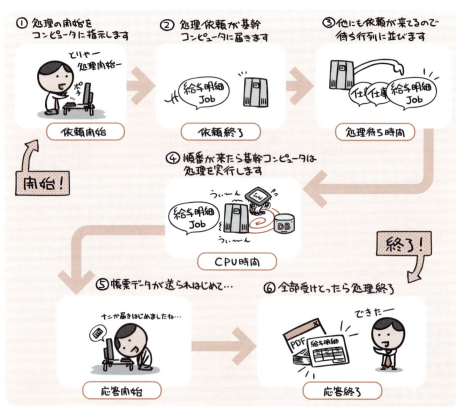

こうした一連の処理の中で、レスポンスタイムというのは「コンピュータに処理を依頼し終えてから、実際になにか応答が返されてくるまでの時間」を指しています。

つまりは下図というわけですね。

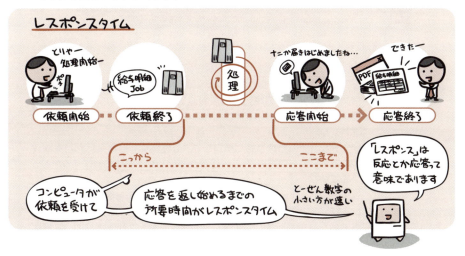

一方、ターンアラウンドタイムの方は、「コンピュータに処理を依頼し始めてから、その応答がすべて返されるまでの時間」を指します。

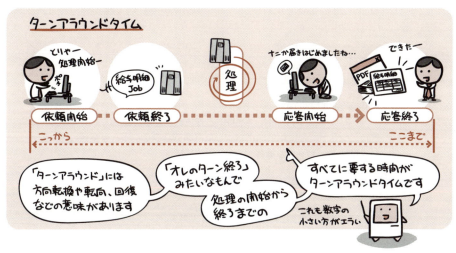

「システムの応答時間が重視されるオンライントランザクション処理」ではレスポンスタイムが、「一連の処理をひとまとめにして実行するバッチ処理」ではターンアラウンドタイムが、それぞれ性能を評価する指標として用いられます。

なにかと混同されやすい両者ですが、「レスポンス」「ターンアラウンド」といった用語の意味に着目すれば、自ずと示すところが見えてくるはずです。

このように出題されています
過去問題練習と解説

問1 (IP-H29-S-77)

ベンチマークテストに関する記述として，適切なものはどれか。

ア システム内部の処理構造とは無関係に，入力と出力だけに着目して，様々な入力条件に対して仕様どおりの出力結果が得られるかどうかを試験する。
イ システム内部の処理構造に着目して，分岐条件や反復条件などを網羅したテストケースを設定して，処理が意図したとおりに動作するかどうかを試験する。
ウ システムを設計する前に，作成するシステムの動作を数学的なモデルにし，擬似プログラムを用いて動作を模擬することで性能を予測する。
エ 標準的な処理を設定して実際にコンピュータ上で動作させて，処理に掛かった時間などの情報を取得して性能を評価する。

解説

ア ブラックボックステストに関する記述です。
イ ホワイトボックステストに関する記述です。
ウ シミュレーションに関する記述です。
エ ベンチマークテストに関する記述です。

正解：エ

問2 (IP-H22-A-86)

システムの性能を評価する指標と方法に関する次の記述中のa～cに入れる字句の適切な組合せはどれか。

利用者が処理依頼を行ってから結果の出力が終了するまでの時間を ａ タイム，単位時間当たりに処理される仕事の量を ｂ という。また，システムの使用目的に合致した標準的なプログラムを実行してシステムの性能を評価する方法を ｃ という。

	a	b	c
ア	スループット	ターンアラウンド	シミュレーション
イ	スループット	ターンアラウンド	ベンチマークテスト
ウ	ターンアラウンド	スループット	シミュレーション
エ	ターンアラウンド	スループット	ベンチマークテスト

解説

利用者が処理依頼を行ってから結果の出力が終了するまでの時間を「ターンアラウンドタイム」、単位時間当たりに処理される仕事の量を「スループット」といいます。また、システムの使用目的に合致した標準的なプログラムを実行してシステムの性能を評価する方法を「ベンチマークテスト」といいます。

正解：エ

問 3 (AD-H20-S-12)

あるジョブのターンアラウンドタイムを解析したところ，1,350秒のうちCPU時間が2/3であり，残りは入出力時間であった。1年後はデータ量の増加が見込まれているが，CPU時間は性能改善によって当年比80%に，入出力時間は当年比120%になることが予想される。このとき，ジョブのターンアラウンドタイムは何秒になるか。ここで，待ち時間，オーバヘッドなどは考慮しないものとする。

ア 1,095　　イ 1,260　　ウ 1,500　　エ 1,665

解説

問題の条件にしたがって、下記のように計算します。

(1) 現状のCPU時間と入出力時間
　　問題文は、「1,350秒のうちCPU時間が2/3であり，残りは入出力時間であった」としています。
　　したがって、CPU時間が2/3、入出力時間が1/3になります。これを秒数に換算すると、
　　　CPU時間 ＝ 1,350秒 × 2/3 ＝ 900秒
　　　入出力時間 ＝ 1,350秒 × 1/3 ＝ 450秒　　　になります。

(2) 1年後のCPU時間と入出力時間
　　問題文は、「1年後はデータ量の増加が見込まれているが，CPU時間は性能改善によって当年比80%に，入出力時間は当年比120%になることが予想される」としています。
　　したがって、1年後のCPU時間、入出力時間は、
　　　CPU時間 ＝ 900秒 × 0.8 ＝ 720秒 … ①
　　　入出力時間 ＝ 450秒 × 1.2 ＝ 540秒　… ②　　と計算されます。

(3) 1年後のターンアラウンドタイム
　　上記の (2) より、1年後のターンアラウンドタイムは、
　　　①＋② ＝ 720秒 ＋ 540秒 ＝ 1,260秒　になります。

正解：イ

Chapter 13-3 システムを止めない工夫

企業内のシステムでは、障害が発生した時にも
業務を継続できるような信頼性が、強く求められます。

　本章の冒頭マンガでも書いたように、企業内のシステムというのは「単に動けばそれでいい」ではなくて、「動き続けることが大事」という視点が求められることになります。だって皆さん、このシステムによって仕事を進めるわけですから、いくら便利なシステムでも…いや、便利なシステムであればあるほど、止まってしまった時の損失は大きくなっちゃうわけですよね。

　仮にシステムが止まったことで、社員さん1,000人分の仕事がストップしちゃったとしましょう。当然止まってる間の人件費はただの無駄。それが止まっている時間に比例してズンズンズンズン積み重なっていくと考えると…。

　恐ろしいですよね。しかも人件費なんて、生じるであろう損失のごく一部でしかありません。
　じゃあどうしようかと。それも冒頭マンガに書きました。そう、「まったく同じシステムがもう1つ別にあればいい」なのです。仕事で使うシステムのように「止まってはいけない」ものに対しては、2組のシステムを用意するなどして、信頼性を高める手法が用いられます。

デュアルシステム

2組のシステムを使って信頼性を高めますよという時に、「金に糸目はつけませんよガハハハハ」という選択がデュアルシステムです。

この構成では、まったく同じ処理を行うシステムを2組用意します。

デュアルシステムでは、2組のシステムが同じ処理を行いながら、処理結果を互いに付き合わせて誤動作してないか監視しています。

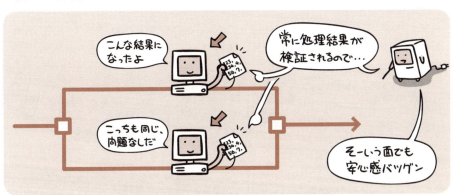

いずれかが故障した場合には異常の発生した側のシステムを切り離し、残る片方だけでそのまま処理を継続することができます。

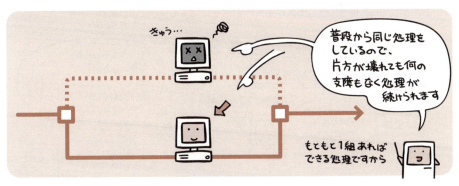

デュプレックスシステム

　一方、「さすがに丸ごと2組を、まったく同じ用途で動かしてられるほどブルジョワじゃねーぜ」というのがデュプレックスシステムです。
　2組のシステムを用意するところまでは同じですが、正常運転中は片方を待機状態にしておく点が異なります。

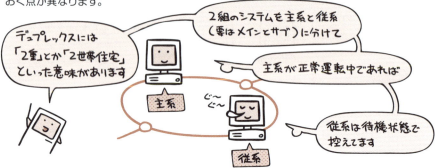

　デュプレックスシステムでは、主系が正常に動作してる間、従系ではリアルタイム性の求められないバッチ処理などの別作業を担当しています。

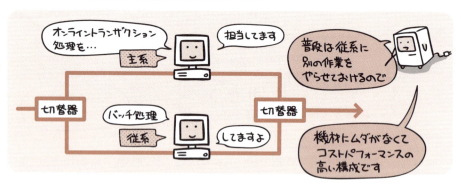

　主系が故障した場合には、従系が主系の処理を代替するように切り替わります。

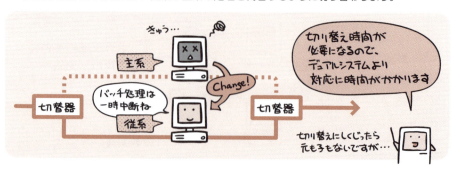

デュプレックスシステムにおける従系システムの待機方法には、次の2つのパターンがあります。

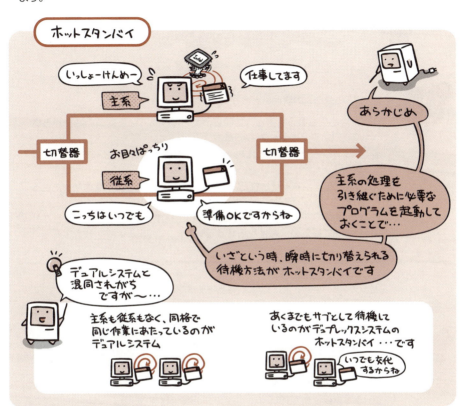

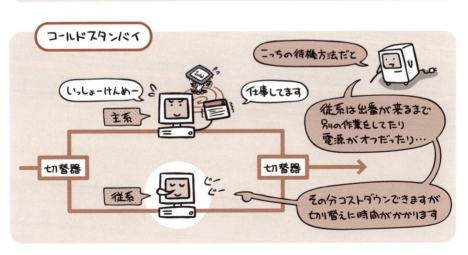

このように出題されています
過去問題練習と解説

問 1 (IP-H24-A-57)

デュアルシステムの説明はどれか。

ア 通常使用される主系と，故障に備えて待機している従系の二つから構成されるコンピュータシステム
イ ネットワークで接続されたコンピュータ群が対等な関係である分散処理システム
ウ ネットワークで接続されたコンピュータ群に明確な上下関係をもたせる分散処理システム
エ 二つのシステムで全く同じ処理を行い，結果をクロスチェックすることによって結果の信頼性を保証するシステム

解説

ア デュプレックスシステムの説明です。　　イ 水平機能分散システムの説明です。
ウ 垂直機能分散システムの説明です。　　エ デュアルシステムの説明です。

正解：エ

問 2 (IP-H29-A-87)

通常使用される主系と，その主系の故障に備えて待機しつつ他の処理を実行している従系の二つから構成されるコンピュータシステムはどれか。

ア クライアントサーバシステム　　イ デュアルシステム
ウ デュプレックスシステム　　エ ピアツーピアシステム

解説

ア クライアントサーバシステムの説明は、392ページを参照してください。
イ デュアルシステムの説明は、403ページを参照してください。
ウ デュプレックスシステムの説明は、404ページを参照してください。
エ ピアツーピアシステムは、定まったクライアント、サーバを持たず、ネットワーク上の他のコンピュータ（ノードとも言います）に対して、クライアントとしてもサーバとしても働くようなノードの集合によって構成されるシステムです。

正解：ウ

問 3 (IP-H26-S-56)

ホットスタンバイ方式の説明として，適切なものはどれか。

ア インターネット上にある多様なハードウェア，ソフトウェア，データの集合体を利用者に対して提供する方式
イ 機器を2台同時に稼働させ，常に同じ処理を行わせて結果を相互にチェ

ックすることによって，高い信頼性を得ることができる方式
ウ　予備機をいつでも動作可能な状態で待機させておき，障害発生時に直ちに切り替える方式
エ　予備機を準備しておき，障害発生時に運用担当者が予備機を立ち上げて本番機から予備機へ切り替える方式

解説

ア　クラウドコンピューティングの説明です。
イ　デュアルシステムの説明です。
ウ　ホットスタンバイ方式の説明です。
エ　コールドスタンバイ方式の説明です。

正解：ウ

2系統の装置から成るシステム構成方式a〜cに関して，片方の系に故障が発生したときのサービス停止時間が短い順に左から並べたものはどれか。

a　デュアルシステム
b　デュプレックスシステム（コールドスタンバイ方式）
c　デュプレックスシステム（ホットスタンバイ方式）

ア　aの片系装置故障，cの現用系装置故障，bの現用系装置故障
イ　bの現用系装置故障，aの片系装置故障，cの現用系装置故障
ウ　cの現用系装置故障，aの片系装置故障，bの現用系装置故障
エ　cの現用系装置故障，bの現用系装置故障，aの片系装置故障

(IP-H27-A-82)

解説

a　デュアルシステム … 2系列のコンピュータが同時に動作しているので，片方が故障しても残った方で処理を継続できます。したがって，aの片系装置故障の場合，サービス停止時間は，"0"です。
b　デュプレックスシステム（コールドスタンバイ方式）… 同じ構成のシステムを2系統用意しておき，片方（ここでは現用系といいます）を動作させ，もう片方（ここでは予備系といいます）は動作せずに待機状態にしておきます。現用系に障害が発生すると，★予備系を立ち上げ，予備系に処理を切り替えます。
c　デュプレックスシステム（ホットスタンバイ方式）… 上記のデュプレックスシステム（コールドスタンバイ方式）とほぼ同じですが，上記★の下線部が"すでに立上っている予備系に，瞬時に，処理を切り替えます"に代わります。しかし，わずかであっても切り替え時間は必要ですので，サービス停止時間が"0"とはいえません。

上記の説明より，サービス停止時間は，下記の不等号の式で表現されます。
　　aの片系装置故障の場合…"0" ＜ cの現用系装置故障の場合…"0"ではないが，わずかな時間 ＜ bの現用系装置故障の場合…予備系を立ち上げるためのホットスタンバイ方式よりも長い時間

正解：ア

Chapter 13-4 システムの信頼性と稼働率

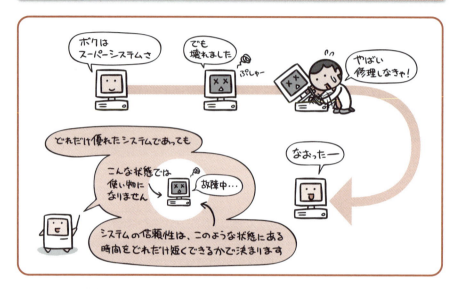

システムの信頼性は、故障する間隔や、その修復時間から求められる稼働率によって評価されます。

　素晴らしいシステムがあったとします。機能はバッチリで動作も速い。なにもかもが要望通りで、みんなが満足するシステムです。ただ一点だけ問題があって、やたらとコイツは故障しやすい。しかもいったん壊れたら復旧がえらく大変で、数日使えないなんてざら。そんなシステムがあったとします。

　さて、そのシステムに、安心して仕事を任せられるでしょうか。

　…任せられないですよね。いつ壊れるかもわかったもんじゃない上に、いつ復旧できるかもわからんシステムです。あてにしていたら痛い目を見るに決まってます。

　つまり、どれだけ機能面で優れたシステムであったとしても、「故障しやすく」「復旧に時間がかかる」システムは信頼性が低いと言えるわけです。

　稼働率というのは、そうしたトラブルのない、無事に使えていた期間を割合として示すものです。稼働率の計算に用いる平均故障間隔（MTBF）や平均修理時間（MTTR）などとともに、信頼性をあらわす指標として用いられています。

平均故障間隔（MTBF : Mean Time Between Failure）

まずはじめに平均故障間隔（MTBF）から。

これは故障と故障の間隔をあらわすものです。つまりは「故障してない期間＝問題なく普通に稼働できている時間」のことを示します。

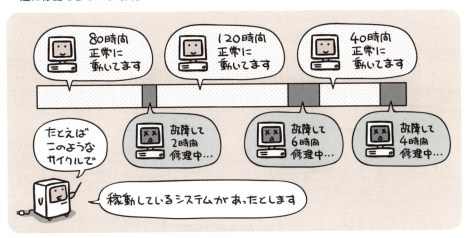

この図の中で、「問題なく普通に稼働できている時間」というのは次の3つ。

"平均"故障間隔なので、これらの平均を求めます。

$$\frac{80時間＋120時間＋40時間}{3}＝80時間$$

平均故障間隔は、「だいたい平均するとこれぐらいの間隔でどこかしらが故障する」という目安に用いることのできる指標値です。上の例だと80時間。当然、この間隔が大きくなればなるほど「信頼性の高いシステムだ」と言えます。

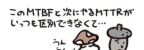

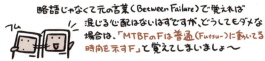

平均修理時間（MTTR：Mean Time To Repair）

続いては平均修理時間（MTTR）です。

これも読んで字のごとく、修理に必要な時間をあらわすものです。つまりは「一度故障すると、修理時間としてこれぐらいはシステムが稼働できませんよー」という時間を示しているわけですね。

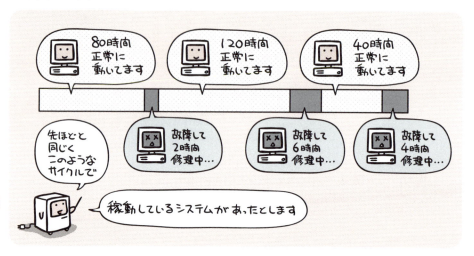

この図の中で、「修理に要している時間」というのは次の3つ。

"平均"修理時間なので、これらの平均を求めます。

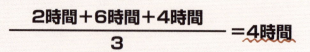

$$\frac{2時間＋6時間＋4時間}{3}＝4時間$$

平均修理時間は、「だいたい平均するとこれぐらいの時間が、故障した際の復旧時間として必要です」という目安に用いることのできる指標値です。上の例だと4時間。これが短いほど「保守性の高いシステム（保守がしやすいという意味）だ」と言えます。

システムの稼働率を考える

それでは最後に、システムの稼働率です。

稼働率というのは、システムが導入されてからの全運転時間の中で、「正常稼働できていたのはどれくらいの割合か」をあらわすものです。

当然この数字が100%に近いほど、「品質の高いシステムだ」ということになります。

さて、稼働率というのは「正常稼働していた割合」ですから、全運転時間で稼働時間を割れば求めることができます。

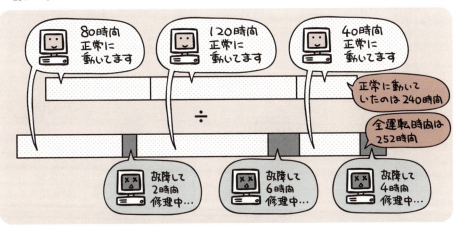

これって、平均故障間隔（MTBF）と平均修理時間（MTTR）の時にやった計算をはめこむと、次のように考えることができるんですよね。

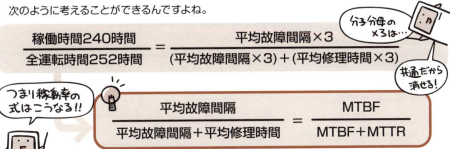

…というわけで、この例における稼働率は、80時間÷(80時間＋4時間)という式でも求めることができます。いずれの式でも、答えは約95%です。

直列につながっているシステムの稼働率

システムが複数のシステムによって構成されている場合、それぞれの稼働率は前ページの式で求められますが、「全体の稼働率は？」となると話は少し違ってきます。

複数のシステムをつなぐ方法には、直列接続と並列接続があります。

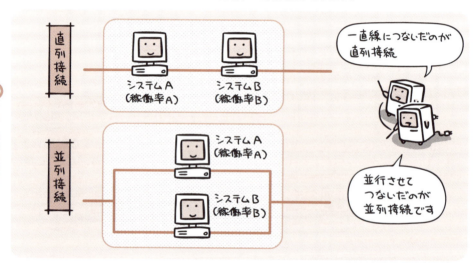

直列接続では、片方のシステムに生じたトラブルであっても、システム全体に影響が及びます。したがっていずれかが故障すると、そのシステムは正常稼働できません。

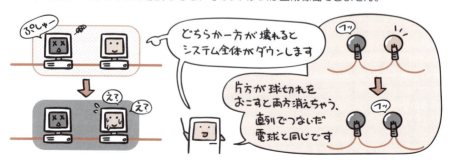

…というわけで、直列接続されたシステムの組み合わせを考えると、次のようになる。

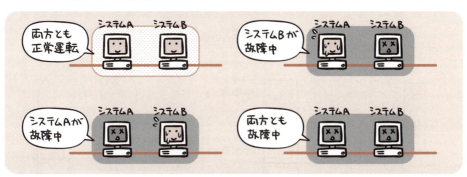

直列接続でシステム全体が正常稼働できるのは、両方のシステムが問題なく動作している場合だけです。じゃあその確率はというと…。

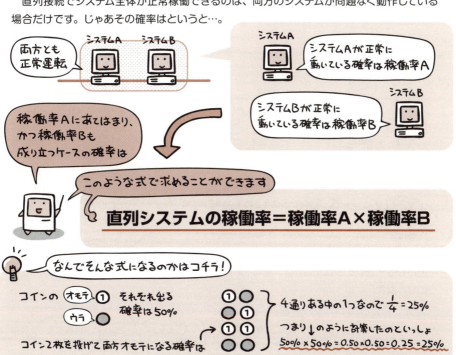

直列システムの稼働率＝稼働率A×稼働率B

たとえば、稼働率0.90のシステムを2つ直列につないだ場合、全体の稼働率は下記となります。

$$0.90 \times 0.90 = 0.81 = 81\%$$

並列につながっているシステムの稼働率

続いて今度は、並列につながっているシステムの稼働率を見てみましょう。

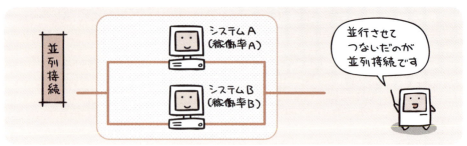

並列接続では、片方のシステムが故障した場合も、残る片方のシステムで稼働し続けることができます。

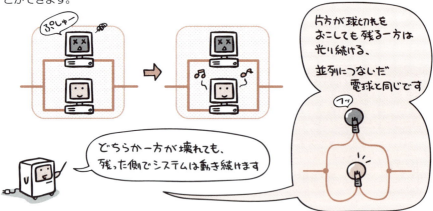

そんな並列接続のシステムでは、それぞれの稼働状況による組み合わせを考えると次のようになります。

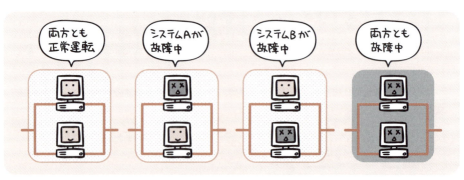

つまり並列接続のケースでシステム全体が停止してしまうのは、両方のシステムがともに故障してしまった場合だけ…ということになります。

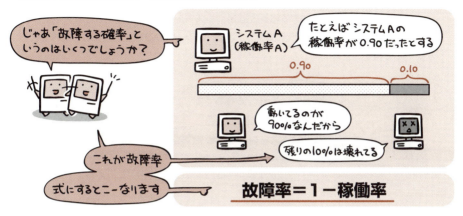

そして、「両方のシステムがともに故障してしまった」確率はというと、これは直列接続でやった時と同じ式が使えるわけですね。

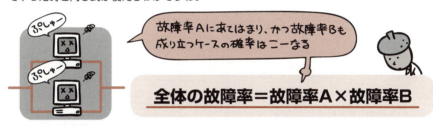

全体の故障率がわかってしまえば後はカンタン。

それ以外が「システム全体の稼働率」ってことになりますから、故障率を求めた時の逆をやってあげれば良いのです。

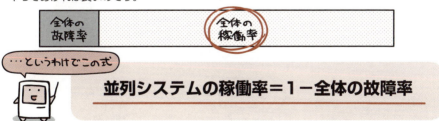

たとえば、稼働率0.90のシステムを2つ並列につないだ場合、全体の稼働率は次のようになります。

$$1-((1-0.90)\times(1-0.90))=1-(0.10\times0.10)=1-0.01=0.99=99\%$$

「故障しても耐える」という考え方

稼働率100%、すごく信頼できる超絶安心耐久システム…というのがあれば理想的ですが、「形あるものいつかは壊れる」が世の理。というわけで、いつかは必ず故障して泣き濡れる日がやってきます。

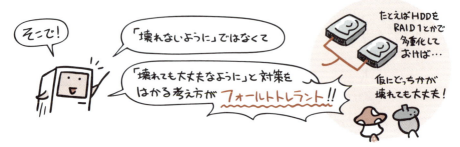

このフォールトトレラントを実現する方法には、次のようなものがあります。それぞれの特徴をおさえておきましょう。

フェールセーフ

故障が発生した場合には、安全性を確保する方向で壊れるよう仕向けておく方法です。
このようにすることで、障害が致命的な問題にまで発展することを防ぎます。
「故障の場合は、安全性が最優先」とする考え方です。

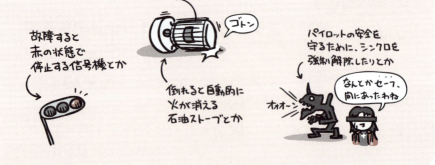

フェールソフト

故障が発生した場合にシステム全体を停止させるのではなく、一部機能を切り離すなどして、動作の継続を図る方法です。これにより、障害発生時にも、機能は低下しますが処理を継続することができます。

「故障の場合は、継続性が最優先」とする考え方です。

フールプルーフ

すさまじく直訳すれば「バカにも耐える」です。「人にはミスがつきもの」という視点に立ち、操作に不慣れな人が扱っても、誤動作しないよう安全対策を施しておくことです。

「意図しない使い方をしても、故障しないようにする」という考え方です。

一方、品質管理などを通じてシステム構成要素の信頼性を高め、故障そのものの発生を防ごうという考え方もあります。こちらはフォールトアボイダンスといいます。

バスタブ曲線

　機械や装置というのは、いつか必ず壊れるもの。そうした故障の発生頻度と時間の関係をグラフにすると次のような傾向を示します。
　これをバスタブ曲線といいます。

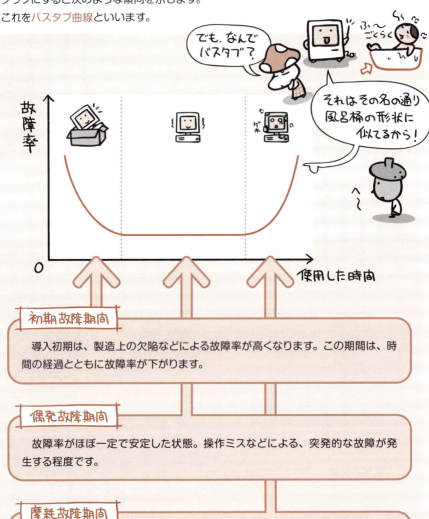

初期故障期間

　導入初期は、製造上の欠陥などによる故障率が高くなります。この期間は、時間の経過とともに故障率が下がります。

偶発故障期間

　故障率がほぼ一定で安定した状態。操作ミスなどによる、突発的な故障が発生する程度です。

摩耗故障期間

　ライフサイクル末期の、製品寿命がきた状態。装置の摩耗などにより、故障率が時間とともに増大します。

システムに必要なお金の話

システムを評価するにあたってお金の話は避けられません。どれだけ便利な超高性能システムだったとしても、それを導入したがために破産して会社がなくなってしまっては意味がないからです。

システムに必要となる、これらのコストをすべてひっくるめて、TCOと呼びます。

このように出題されています
過去問題練習と解説

問1 (IP-H30-A-58)

装置のライフサイクルを故障の面から見てみると、時間経過によって初期故障期、偶発故障期及び摩耗故障期に分けられる。最初の初期故障期では、故障率は時間の経過とともに低下する。やがて安定した状態になり、次の偶発故障期では、故障率は時間の経過に関係なくほぼ一定になる。最後の摩耗故障期では、故障率は時間の経過とともに増加し、最終的に寿命が尽きる。このような故障率と時間経過の関係を表したものを何というか。

- ア　ガントチャート
- イ　信頼度成長曲線
- ウ　バスタブ曲線
- エ　レーダチャート

解説

- ア　ガントチャートは、スケジュール管理のために使われる、各作業の作業開始時点と終了時点の予定と実績を横棒（バー）で示す図表です。
- イ　信頼度成長曲線は、ソフトウェアの品質管理のために使われる、横軸にレビュー（もしくはテスト）期間、縦軸に累積摘出欠陥数をとった図の中で、ゆるいS字カーブを描く曲線です。
- ウ　バスタブ曲線の説明は、418ページを参照してください。
- エ　レーダチャートの説明は、467ページを参照してください。

正解：ウ

問2 (IP-R03-100)

システムの経済性の評価において、TCOの概念が重要視されるようになった理由として、最も適切なものはどれか。

- ア　システムの総コストにおいて、運用費に比べて初期費用の割合が増大した。
- イ　システムの総コストにおいて、初期費用に比べて運用費の割合が増大した。
- ウ　システムの総コストにおいて、初期費用に占めるソフトウェア費用の割合が増大した。
- エ　システムの総コストにおいて、初期費用に占めるハードウェア費用の割合が増大した。

解説

TCO（Total Cost of Ownership）とは、419ページに説明されているとおり、初期コストと運用コストの合計です。「初期コストが安かったので、あるシステムを導入したが、意外と運用コストが掛かり、システム導入を後悔している」といった事例から、「システム導入は、初期コストで判断すべきではなく、TCOで判断すべきだ」といった意見が本問の背景にあります。

正解：イ

Chapter 13-5 転ばぬ先のバックアップ

人為的なミスをも含む様々なトラブルからデータを守るには、バックアップをとっておくことが有効です。

　HDDを多重化するなどして機械的な故障に備えたとしても、人為的なミスによってファイルを消失するリスクは避け得ません。たとえば「あ、間違えてファイル消しちゃった」とか「しまった、別のファイル上書きしちゃった」とかいったことですね。
　そういった諸々のリスクからデータを守ってくれるのがバックアップ。
　バックアップを行う際は、以下の点に留意する必要があります。

●定期的にバックアップを行うこと
　バックアップが存在しても、それが1年前とかの古いデータでは意味がありません。データの更新頻度にあわせて適切な周期でバックアップを行うことが必要です。

●バックアップする媒体は分けること
　元データと同じ記憶媒体上にバックアップを作ってしまうと、その媒体が壊れた時にはバックアップごとデータが失われてしまい意味がありません。

●業務処理中にバックアップしないこと
　処理中のデータをバックアップすると、データの一貫性が損なわれる恐れがあります。

バックアップの方法

バックアップには、フルバックアップ、差分バックアップ、増分バックアップという3種類の方法があります。これらを組み合わせることで、効率良くバックアップを行うことができます。

フルバックアップ

保存されているすべてのデータをバックアップするのがフルバックアップです。1回のバックアップにすべての内容が含まれているので、障害発生時には直前のバックアップだけで元の状態に戻せます。

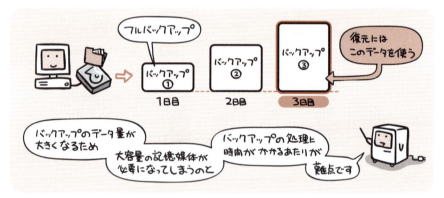

差分バックアップ

前回のフルバックアップ以降に作成、変更されたファイルだけをバックアップするのが差分バックアップです。障害発生時には、直近のフルバックアップと差分バックアップを使って元の状態に戻せます。

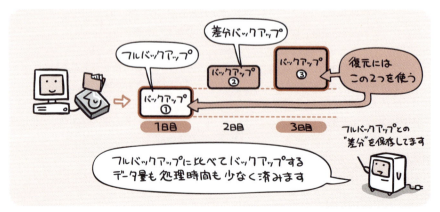

増分バックアップ

　バックアップの種類に関係なく、前回のバックアップ以降に作成、変更されたファイルだけをバックアップするのが増分バックアップです。障害発生時には、元の状態に復元するために、直近となるフルバックアップ以降のバックアップがすべて必要となります。

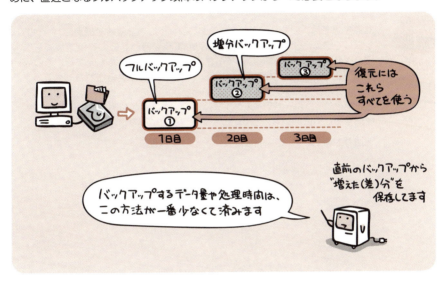

このように出題されています
過去問題練習と解説

問1 (AD-H17-S-38)

ある部署では,サーバのディスクにあるファイルを業務終了時点でバックアップしている。土曜日と日曜日は一切の業務を行わないので毎週金曜日に全バックアップ(すべてのファイルをバックアップする)をしており,そのほかの平日は差分バックアップ(全バックアップ以降に更新されたすべてのファイルをバックアップする)をしている。水曜日の朝にサーバを起動しようとしたところ,ハードディスクが故障していることが判明した。最新状態へ復旧するために必須な最少のバックアップファイルの組合せはどれか。

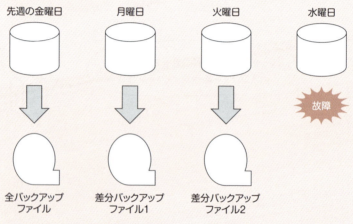

ア　火曜日に作成した差分バックアップファイル2
イ　全バックアップファイル
ウ　全バックアップファイルと火曜日に作成した差分バックアップファイル2
エ　全バックアップファイルと月曜日に作成した差分バックアップファイル1と火曜日に作成した差分バックアップファイル2

解　説

　問題文は、「差分バックアップ（全バックアップ以降に更新されたすべてのファイルをバックアップする）」としています。したがって、差分バックアップファイル2には、月曜日と火曜日の更新部分がバックアップされています。水曜日の朝にサーバを起動しようとしたところ、ハードディスクが故障していることが判明したので、先週の金曜日に取得した全バックアップファイルと火曜日に作成した差分バックアップファイル2をリストアすると最新状態に復旧できます。

正解：ウ

Chapter 14 企業活動と関連法規

情報システムは、すでに企業の土台を支える重要なインフラ部分です

しかしそもそも「企業」とはなんなのでしょうか?

情報システムはあくまでもインフラ

じゃあインフラとして、「なに」をお手伝いする?

でも、企業というものがどのように意志決定するのか

なにを目的として活動するのか

それらがわからないと「仕事」のカタチが見えません

つまり業務分析も問題解決もできません

Chapter 14-1 企業活動と組織のカタチ

近年では、「人」「モノ」「金」という3大資源に「情報」を加えて、経営の4大資源と見なします。

よく言われる経営資源が、「人」「モノ」「金」という3つです。

「人」は企業を支える人材であり、すなわち社員を指しています。「モノ」は商品であったり工場であったりの他、企業活動に欠かせないオフィスやパソコンや電話機などもそう。これらがないと仕事が回らないですからね。

そして「金」。言うまでもなく必要です。人を雇うにも、モノを生み出すにも、お金がなくちゃはじまりません。いわば企業の血液と言っていいものです。

そこに近年加わったのが「情報」です。「情報」とは、顧客情報や営業手法、市場調査の結果など、企業が正確な判断を下すために必要となる様々なデータのこと。そういえば、「情報戦略」というような、「情報○○」的な言葉もすっかり今ではお馴染みになりました。

このように、今や企業が競争力を保つためには、「いかに情報を吸い上げ、判断して、すみやかに実行できる組織とするか」…という視点が不可欠となっているのです。

代表的な組織形態と特徴

企業内の組織形態としては、次のようなものが代表的です。

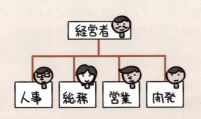

職能別組織

開発や営業といった仕事の種類・職能によって部門分けする組織構成です。

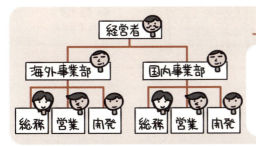

事業部制組織

取り扱う製品や市場ごとに、独立性を持った事業部を設ける組織構成です。事業部単位で必要な職能部門を持つため、各々が独立した形で経営活動を行うことができます。

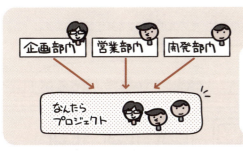

プロジェクト組織

プロジェクトごとに、各部門から必要な技術や経験の保有者を選抜して、適宜チーム編成を行う組織構成です。

マトリックス組織

	開発	営業	総務
国内事業部			
海外事業部			

事業部と職能別など、2系統の所属をマス目状に組み合わせた組織です。命令系統が複数できてしまうため、混乱を生じることがあります。

CEOとCIO

　米国型企業における役職として、日本においても少しずつ馴染みのある言葉となってきたのがCEO（Chief Executive Officer）です。最高経営責任者などと訳されます。
　企業の所有者である株主の信任により、経営の責任者として決定権を委任された存在で、企業戦略の策定や経営方針の決定など、企業経営における意志決定の責任を負います。

　一方、情報システム戦略を統括する最高責任者がCIO（Chief Information Officer）です。最高情報責任者や情報システム担当役員などと訳されます。
　日本ではまだ今ひとつポピュラーではないですが、IT技術の必要性が高まるにつれて、存在感を増してきている役職です。
　経営戦略に基づいた情報システム戦略の策定と、その実現に関する責任を負います。

このように出題されています 過去問題練習と解説

問1 (IP-H27-S-26)

職能別組織を説明したものはどれか。

ア ある問題を解決するために必要な機能だけを集めて一定の期間に限って結成し，問題解決とともに解散する組織
イ 業務を専門的な機能に分け，各機能を単位として構成する組織
ウ 製品，地域などを単位として，事業の利益責任をもつように構成する組織
エ 製品や機能などの単位を組み合わせることによって，縦と横の構造をもつように構成する組織

解説

ア プロジェクト組織の説明です。
イ 職能別組織の説明です。
ウ 事業部制組織の説明です。
エ マトリックス組織の説明です。

正解：イ

問2 (IP-H26-S-8)

経営幹部の役職のうち，情報システムを統括する最高責任者はどれか。

ア CEO　　イ CFO　　ウ CIO　　エ COO

解説

ア CEO（Chief Executive Officer：最高経営責任者）は、企業経営における意思決定の責任者です。具体的には経営方針や経営戦略などを決定します。
イ CFO（Chief Financial Officer：最高財務責任者）は、投資意思決定・資金調達・財務報告などを行う責任者です。
ウ CIO（Chief Information Officer：最高情報システム責任者）は、情報管理・情報システムの統括を含む戦略立案と執行を行う責任者です。
エ COO（Chief Operating Officer：最高執行責任者）は、CEOが行った意思決定を具体化し実行する責任者です。

正解：ウ

Chapter 14-2 電子商取引 (EC：Electronic Commerce)

ネットワークなどを用いた電子的な商取引のことを
EC (Electronic Commerce) と呼びます。

　従来の紙ベースな取引だと、発注や受注に対して必ずなんらかの伝票がついてまわりました。発注書や受注書、納品書、検収書などなど、こうした文書をファックスしたり郵送したりして、取引を行っていたわけです。
　当然手間もかかりますし、先方に到着するまでのタイムラグも発生します。そして、紙の伝票ではそのまま社内システムに流し込むこともできません。いくら社内の受発注システムが整備されていたとしても、紙で発注を受けている限りは、誰かがそれを手入力してやらねば駄目だったわけです。
　このやり取りを電子化したものがEC (Electronic Commerce) です。
　注文を電子的なデータとして受けてしまえば、そのまま社内システムに流し込んで処理することができます。ネットワークならやり取りは一瞬ですから、タイムラグもありません。伝票の保管コストや入力コストなど様々なコストも削減できます。
　ECであれば実際の店舗を構えるよりも安く開業できるとあって、インターネットの普及とあわせて、広い範囲で活用されるようになっています。

取引の形態

ECには、「誰」と「誰」が取引するかによって、様々な形態があります。

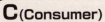

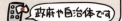
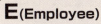

形態	説明
B to B	Business to Businessの略。 企業間の取引を示します。商取引のために、組織間で標準的な規約を定めてネットワークでやり取りすることをEDI(Electronic Data Interchange)と呼びます。
B to C	Business to Consumerの略。 企業と個人の取引を示します。オンラインショッピングなどが該当します。
C to C	Consumer to Consumerの略。 個人間の取引を示します。ネットオークションによる個人売買などが該当します。
B to E	Business to Employeeの略。 企業と社員の取引を示します。企業が自社の従業員向けに提供するサービスなどが該当します。
G to B	Government to Businessの略。 政府や自治体と企業間の取引を示します。官公庁が物品や資材の調達を行う電子調達や、電子入札などが該当します。
G to C	Government to Consumerの略。 政府や自治体と個人間の取引を示します。行政サービス(住民票や戸籍謄本等)の電子申請などが該当します。

EDI (Electronic Data Interchange)

　ECにおいて円滑に取引を行うためには、交換されるデータ形式の統一化と機密保持が欠かせません。そこで出てくる用語がEDIです。

　EDIとはElectronic Data Interchangeの略で、日本語にすると「電子データ交換」という意味になります。

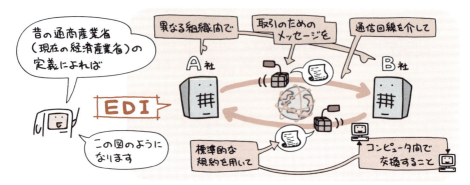

　上の定義ではEDIに必要な取り決めとして、情報伝達規約、情報表現規約、業務運用規約、取引基本規約の4階層が定められています。

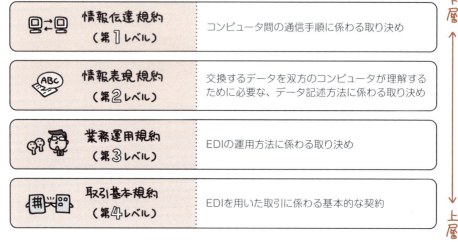

カードシステム

ECを利用するにあたり、問題になってくるのが決済手段です。

そこで決済手段として重宝されるのがクレジットカードをはじめとする様々なカードシステムです。現在は、従来主流であった磁気カード方式から、より偽造に強く、多くの情報を記録することのできるICカード方式へと、順次 切り替わりつつあります。

名称	説明
クレジットカード	買い物時点ではカードを提示するだけに留め、後日決済を行う後払い方式のカードです。 提示するカードは、カード会社と会員との契約に基づいて発行されたものです。買い物時点では現金を支払わずに、後日カード会社と会員との間で決済を行います。
デビットカード	買い物代金の支払いを、銀行のキャッシュカードで行えるようにしたものです。 手持ちのキャッシュカードを使って、銀行口座からリアルタイムに代金を直接引き落として決済することができます。

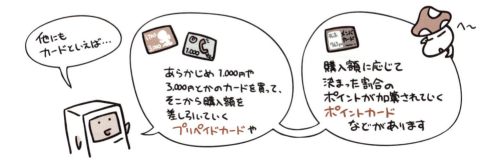

このように出題されています
過去問題練習と解説

問1 (IP-R02-A-27)

企業間で商取引の情報の書式や通信手順を統一し，電子的に情報交換を行う仕組みはどれか。

ア　EDI　　　イ　EIP　　　ウ　ERP　　　エ　ETC

解説

ア　EDI（Electronic Data Interchange）の説明は，434ページを参照してください。
イ　EIP（Enterprise Information Portal）は，様々な社内システムを効率よく利用できるように，それらへのアクセス手段をまとめたものです。
ウ　ERP（Enterprise Resource Planning）は，財務データ・人事データ・在庫データ・生産データ・物流データ・販売データなど企業が蓄積する情報を統一的に管理し，企業活動の効率を最大限に高めるシステム（もしくはソフトウェア）のことです。
エ　ETC（Electronic Toll Collection）は，高速道路や有料道路の料金所のゲートが，自動車や自動二輪に搭載した車載器と無線通信を行い，車種や通信区間を判別して，自動的に料金を支払って，自動車や自動二輪を止めずに，料金所を通行するためのシステムです。

正解：ア

問2 (IP-H30-S-22)

受発注や決済などの業務で，ネットワークを利用して企業間でデータをやり取りするものはどれか。

ア　B to C　　　イ　CDN　　　ウ　EDI　　　エ　SNS

解説

EDI（Electronic Data Interchange）については，434ページを参照してください。

正解：ウ

電子商取引に関するモデルのうち，B to Cモデルの例はどれか。

ア　インターネットを利用して，企業間の受発注を行う電子調達システム
イ　インターネットを利用して，個人が株式を売買するオンライントレードシステム
ウ　各種の社内手続や連絡，情報，福利厚生サービスなどを提供するシステム
エ　消費者同士が，Webサイト上でオークションを行うシステム

問3
(IP-H27-A-17)

解説

ア　B to Bモデルの例です。
イ　B to Cモデルの例です。オンライントレードシステムを運営しているのは企業です。
ウ　B to Eモデルの例です。
エ　C to Cモデルの例です。

正解：イ

デビットカードに関する記述のうち，最も適切なものはどれか。

ア　あらかじめ利用可能金額がカードに記録されている使い切り型の前払い方式
イ　商品購入時に，代金が金融機関の預貯金口座から即時に引き落とされる方式
ウ　商品購入やサービス利用時に提示することによって代金決済ができる後払い方式
エ　入金した金額に達するまで利用でき，繰り返し金額を補充できる前払い方式

問4
(IP-H26-A-12)

解説

ア　プリペイドカードに関する記述です。
イ　デビットカードに関する記述です。
ウ　クレジットカードに関する記述です。
エ　電子マネーの機能を持つカードや携帯端末に関する記述です。

正解：イ

Chapter 14-3 経営戦略と自社のポジショニング

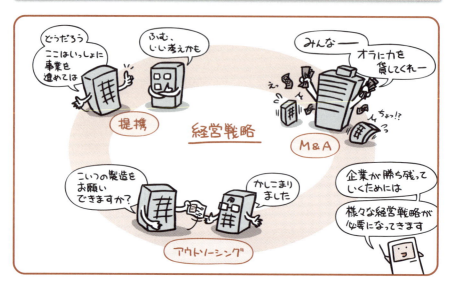

企業同士が提携して共同で事業を行うことを
アライアンスと言います。

　どうにも世の中は資本主義の競争社会さんですから、自社がいかに勝ち抜いていくかなんてことを、日々考えなきゃいけません。

　これは自社単独では厳しいな…という時には、企業同士で提携を結びます。技術提携とか資本提携とかはよく耳にする言葉ですし、生産設備を提携したりとか、販売網を提携したりなんてのもよくあることです。

　一方、「新しい市場に切り込みたいんだけど、どーにもノウハウがなくてねぇ」なんて時、素早く事業を立ち上げる技として丸ごと他社を買い取ってしまうのがM&A。他にも「限られた自社の経営資源を効率よく本業へ集中させるため」として、それ以外の部分を他社に業務委託するアウトソーシングなんてのもあります。

　いずれも市場の中で競争力を高め、確固たるポジションを築いていくための経営戦略というやつですが、ポジションの確立という意味では、自社の製品・サービスを利用した顧客の、満足度を高めるための取り組みも欠かすことができません。

　顧客満足度の向上は、自社製品へのリピーターが増えることにもつながります。

SWOT分析

自社の強みと弱みを分析する手法としてSWOT分析があります。

この手法は、自社の現状を「強み(Strength)」「弱み(Weakness)」「機会(Opportunity)」「脅威(Threat)」という4つに要素に分けて整理することで、自社を取り巻く環境を分析するものです。

4つの要素は、次の図に示すような関係となります。

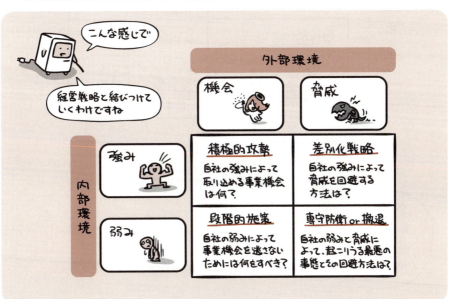

プロダクトポートフォリオマネジメント
（PPM：Product Portfolio Management）

　プロダクトポートフォリオは、経営資源の配分バランスを分析する手法です。
　この手法では、縦軸に市場成長率、横軸に市場占有率（シェア）をとり、自社の製品やサービスを「花形」「金のなる木」「問題児」「負け犬」という4つに分類して、資源配分の検討に使います。

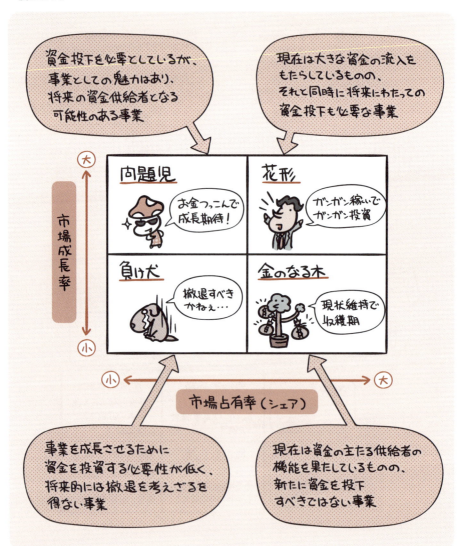

コアコンピタンスとベンチマーキング

それでは最後に、企業活動を改善する指標となるコアコンピタンスと、ベンチマーキングをご紹介。コアコンピタンスとは自社の強みを指す言葉であり、ベンチマーキングは「他社の強みを参考にしちゃえ!」というものです。

コアコンピタンス

他社には真似のできない、その企業独自のノウハウや技術などの強みのこと。
これを核として注力する手法をコアコンピタンス経営という。

ベンチマーキング

経営目標設定の際のベストな手法を得るために、最強の競合相手または先進企業と比較することで、製品、サービス、および実践方法を定性的・定量的に測定すること。

このように出題されています
過去問題練習と解説

問 1 (IP-R02-A-21)

横軸に相対マーケットシェア，縦軸に市場成長率を用いて自社の製品や事業の戦略的位置付けを分析する手法はどれか。

ア　ABC分析　　　　　イ　PPM分析
ウ　SWOT分析　　　　エ　バリューチェーン分析

解説

PPM（Product Portfolio Management）分析の説明は、440ページを参照してください。

正解：イ

問 2 (IP-R03-23)

プロダクトポートフォリオマネジメントは，企業の経営資源を最適配分するために使用する手法であり，製品やサービスの市場成長率と市場におけるシェアから，その戦略的な位置付けを四つの領域に分類する。市場シェアは低いが急成長市場にあり，将来の成長のために多くの資金投入が必要となる領域はどれか。

ア　金のなる木　　イ　花形　　ウ　負け犬　　エ　問題児

解説

問題文の「市場シェアは低いが急成長市場にあり」が本問のヒントであり，「市場占有率が小、市場成長率が大」の当該領域は「問題児」です（440ページ参照）。

正解：エ

問 3 (IP-H31-S-10)

企業経営で用いられるベンチマーキングの説明として，適切なものはどれか。

ア　PDCAサイクルを適用して，ビジネスプロセスの継続的な改善を図ること
イ　改善を行う際に，比較や分析の対象とする最も優れた事例のこと
ウ　競合他社に対する優位性を確保するための独自のスキルや技術のこと
エ　自社の製品やサービスを測定し，他社の優れたそれらと比較すること

解説

ベンチマーキングの説明は、441ページを参照してください。

正解：エ

Chapter 14-4 外部企業による労働力の提供

 外部企業による労働力の提供形態には、**請負**と**派遣**があります。

　請負は、仕事を外部の企業にお願いして、その成果に対してお金を支払う労働契約です。「これ作ってー」とお願いして成果を受け取るだけですから、請け負った先がどんな体制で仕事をしてるかなんて発注元は知りません。したがって、誰が仕事に従事してるかとか、いつからいつ何の仕事をやるべきか、なんてことも、発注元が口出しすることではありません。

　一方派遣はというと、人材派遣会社にお願いして自分のところに人を出してもらう労働契約です。なのでこちらは仕事の成果ではなくて、「派遣されてきている」こと自体に対してお金を支払うことになります。労働力の提供、確保という意味では、こちらの方がより近いと言えますね。

　仕事の量には波があるのが普通ですが、社員はそれに応じて手軽に増減させる…というわけにはいきません。したがって、こういった外部の労働力によって、足りない部分を補うというわけなのです。

　ちなみに本試験の中では、提供形態ごとの「指揮命令系統がどこに属しているか」という点が特に問われます。それについては、次ページでより詳しく見ておきましょう。

請負と派遣で違う、指揮命令系統

請負と派遣、それぞれの指揮命令系統は次のようになっています。派遣の場合、指揮命令権を持つのが、雇用関係にある会社ではないところが特徴です。

請負会社A社に雇われているA助さんは、A社の指揮のもとで、B社から請け負った仕事を行います。

派遣会社C社に雇われているC助さんは、D社の指揮のもとで、D社の仕事を行います。

このように出題されています
過去問題練習と解説

問1 (IP-H27-A-03)

請負契約によるシステム開発作業において，法律で禁止されている行為はどれか。

- ア 請負先が，請け負ったシステム開発を，派遣契約の社員だけで開発している。
- イ 請負先が，請負元と合意の上で，請負元に常駐して作業している。
- ウ 請負元が，請負先との合意の上で，請負先から進捗状況を毎日報告させている。
- エ 請負元が，請負先の社員を請負元に常駐させ，直接作業指示を出している。

解説

- ア 請負先が，請け負ったシステム開発を、派遣契約の社員だけで開発しても、請負先の社員だけで開発しても構いません。請負先が他の会社にシステム開発作業の全体を委託しても構いません。
- イ 請負先が，請負元と合意の上ならば、請負元に常駐して作業しても構いません。作業場所はどこでも構いません。
- ウ 請負元が，請負先との合意の上ならば、請負先から進捗状況を毎日報告させても構いません。ただし、納期が来ていないときは、進捗が遅れていても、請負元は請負先に指示を出せません。
- エ 請負元は，請負先の社員に、直接作業指示を出せません。請負先の社員に、直接作業指示を出せるのは、請負先に所属している者だけです。

正解：エ

問2 (IP-H23-A-30)

民法では，請負契約における注文者と請負人の義務が定められている。記述a～cのうち，民法上の請負人の義務となるものだけを全て挙げたものはどれか。

- a 請け負った仕事の欠陥に対し，期間を限って責任を負う。
- b 請け負った仕事を完成する。
- c 請け負った全ての仕事を自らの手で行う。

ア a　　イ a, b　　ウ a, b, c　　エ a, c

解説

記述a～cの追加説明は、次のとおりです。
- a この責任を瑕疵担保責任（かしたんぽせきにん）といいます。
- b 請け負った仕事を完成しないと、報酬の請求ができません。
- c 請け負った全ての仕事を自らの手で行わず、他の会社や個人事業者に外注しても構いません。

正解：イ

Chapter 14-5 関連法規いろいろ

 法律はもちろん、各種ルールやモラルも守って
企業活動を行うことを**コンプライアンス**といいます。

　コンプライアンスとは法令遵守とも訳される言葉で、「儲かれば何をやってもいい」とは真逆の意味を示します。たとえば「コンプライアンスなんて知るかー」といって好き勝手な企業活動を行った場合、一見収益があがっているように見えても、同時に大きなリスクまで抱え込んでしまっているケースが多々あります。ひょっとすると何かを契機に経営者が逮捕される…？ そんな事態も「ない」とは言えませんよね。

　企業には、経営者だけではなくて、その社員や顧客、株主など、様々な利害関係者（ステークホルダ）が存在します。「儲かりゃいいぜー」と暴走行為を働いたツケは、きまって全員に降りかかりますが、そもそも皆が望んだ結果とは限りません。「知っていれば投資しなかった」「もっと経営に透明性を!」なんて言葉はよく耳にするところです。

　企業の経営管理が適切になされて、その透明性や正当性がきちんと確保できているか。それを監視する仕組みを**コーポレートガバナンス（企業統治）**といいます。もちろん、「ちゃんとしようね」なんてかけ声だけじゃ効力はありませんから、違法行為や不正行為のチェックを行う体制作りは不可欠。こっちは**内部統制**と呼びます。

　それでは「逮捕されちゃったー」なんてことにならないよう、企業活動に関係する法令を色々と見ていきましょう。

著作権

　発明や創作、商品開発など、それらは誰かの努力があって生み出されるものです。しかし、生み出した後のものをコピーするのは簡単だったりするんですよね。人の作品を丸パクリしたりとか、ゲームソフトをコピーしてばらまいたりとか…。

　そう、苦労して生み出したものをあっさりコピーされてはやるせなさ過ぎますし、なによりそれでは収入にならなくて食べていけません。
　そこで、「作り手の権利を守らなきゃいけないんじゃないの?」という法律ができました。それが知的財産権というやつです。
　知的財産権は、大きく2つに分かれます。うちひとつが著作権で、次のような権利を規定しています。

　著作権は著作物に対する権利保護を行うものなので、創作された時点で自動的に権利が発生します。さらに細かく見ると、次のような権利に分かれます。

権利名称	説明
著作人格権	著作物の「生みの親」に付与される権利で、公表権(いつどのように公表するか決定する権利)、氏名表示権(公表時に名前を表示する権利)、同一性保持権(著作物の改変を禁止する権利)を保護します。 他人に譲渡したり相続したりすることはできません。
著作財産権	著作物から発生する財産的権利で、複製権(出版などの著作物をコピーする権利)や公衆送信権(不特定多数に向けて著作物を発信する権利)などを保護します。 こちらは他人に譲渡したり相続したりすることができます。

産業財産権

知的財産権を大きく2つに分けたうちの、もうひとつが産業財産権です。

こっちは著作権と違って「先願主義」というやつなので、発明しただけだと権利は発生しません。特許庁に登録することで、はじめて権利が発生して保護対象となります。

産業財産権には次のようなものがあります。

権利名称	説明
特許権	高度な発明やアイデアなどを保護します。
実用新案権	ちょっとした改良とか創意工夫とか、特許ほど高度ではない考案を保護します。
意匠権	製品のデザインを保護します。
商標権	商品名やマーク（トレードマークとか）などの商標を保護します。

法人著作権

2ページ前でも述べた通り、著作権は著作物の「生みの親」に付与される権利です。創作された時点で自動的に権利が発生し、他人に譲渡したり相続したりすることはできません。

しかし業務として会社従業員が著作物の創作を行った場合、この権利を逐一個人に帰属していては管理を一元化することができません。会社としては、自ずとその活動が大きく制約されてしまうことになり、困ってしまうわけです。

そこで、著作権法15条では、以下の要件を満たす場合には、その著作者は法人とするよう定められています。当然この時、著作権は法人に帰属します。
これを法人著作（職務著作）と言います。

要するに、「法人の発意に基づく法人名義の著作物」の場合は、特段の取決めがない限り、その製作担当者を雇用していた法人の側に著作権が帰属することになるわけです。

著作権の帰属先

　少しお堅い言い回しとして、「原始的」という言葉があります。これは、特段の取決めがない限りそのように扱うよーという意味を表していて、たとえば「著作権は原始的にはその創作者個人に帰属します」というように用います。

　このように、著作権とは著作物を創作した者に対して原始的に帰属する権利です。しかし、例えば「これこれこういったプログラムが欲しい！」と発案したとしても、それを作成する人物が必ずしも発案者本人とは限りません。

　そして、その依頼方法というか、どのような発注形態をとるかによって、成果物に対する著作権の原始的な帰属先は異なってくるのです。
　次の3パターンを例に、著作権がどこに帰属するのか詳しく見てみましょう。

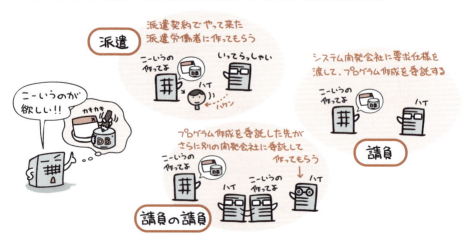

著作権によって保護されるのは、アイデアではなく作成された創作物です。したがって、帰属先を考える上では、「"誰が"作ったのか」という視点が重要となります。

　これらはいずれも「原始的には」の話であるため、それ以外の帰属先を検討する場合には、著作権の帰属先を明記した契約書を取り交わす必要が出てきます。
　ちなみに、プログラムやマニュアルといった創作物については著作権法で保護されますが、その作成に用いるプログラム言語や、プロトコルなどの規約類、アルゴリズムといったものは著作権保護の対象外です。

製造物責任法(PL法)

製造物責任法とは、製造物の欠陥によって消費者が生命、身体、または財産に損害を負った場合に、製造業者等の負うべき損害賠償責任を定めた法律です。

ここで言う「製造業者等」とは、次のいずれかに該当する者を指します。

仮に、欠陥が製品を構成する外注部品に起因する場合であっても、本法により消費者に対して責を負うのは、その外注部品のメーカーではなく上記に該当する製造業者等です。

製造物責任法の適用範囲は「製造又は加工された動産の欠陥に起因した損害」に限定しています。つまり、事故が欠陥によって引き起こされたという因果関係が立証されなくてはなりません。

　また、欠陥によって事故が発生したという場合においても、次のケースに該当すれば、製造業者等はその責を免れることができます。

　製造物責任法の時効は10年です。この間は、中古品であっても製造業者は自身の製造物に対して責任を負います。逆に消費者の側は事故の発生から3年以内に製造業者に対して損害賠償請求を行わなくてはならず、この期間を超えてしまった場合は時効としてその事故に対する請求権を失います。

労働基準法と労働者派遣法

働く人たちを保護するための法律が、労働基準法と労働者派遣法です。

労働基準法では、最低賃金、残業賃金、労働時間、休憩、休暇といった労働条件の最低ラインを定めています。つまり「これより劣悪な条件で働かせたら違法ですよ」という線引きをしているわけですね。

一方、労働者派遣法は、「必要な技術を持った労働者を企業に派遣する事業に関しての法律」というもので、派遣で働く人の権利を守っています。

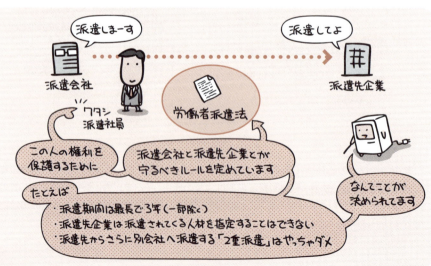

不正アクセス禁止法

不正アクセス禁止法というのは、不正なアクセスを禁止するための法律です。

不正アクセス禁止法では「不正アクセスを助長する行為」に関しても罰則が定められています。したがって、次のような行為も罰せられる対象となりますので気をつけましょう。

刑法

どのような行為が犯罪となり、それに対してどのような刑が科せられるかを定めた基本的な法令が刑法です。

この刑法と、前ページで挙げた不正アクセス禁止法の間で混同しがちなのがコンピュータウイルスの扱いです。たとえば「コンピュータウイルスを用いて企業で使用されているコンピュータの記憶内容を消去した」という場合、これを罰するのはどの法律でしょうか？

そう、コンピュータウイルス＝情報セキュリティ関連という連想から、うっかり聞き覚えのある「不正アクセス禁止法」が該当するような気がしがちですが、こちらはインターネット等の通信における不正なアクセス行為とそれを助長する行為を禁止するための法律であるため、上のようなケースには該当しません。

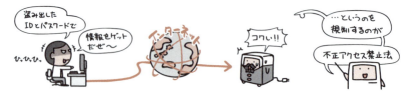

上のケースの場合、具体的には、刑法に定められた次のような罪によって罰せられます。

[刑法234条の2]
電子計算機損壊等業務妨害罪

人の業務に使用しているコンピュータや電磁的記録を損壊するなどによって業務を妨害する行為を処罰の対象とする。

[刑法168条の2および168条の3]
不正指令電磁的記録に関する罪
（いわゆるコンピュータ・ウイルスに関する罪）

使用者の意に反するような不正な指令を与える電磁的記録（コンピュータウイルス）の作成、提供、供用、取得、保管行為を処罰の対象とする。

このように出題されています
過去問題練習と解説

問 1 (IP-R03-07)

著作権法によって保護の対象と成り得るものだけを，全て挙げたものはどれか。

a　インターネットに公開されたフリーソフトウェア
b　データベースの操作マニュアル
c　プログラム言語
d　プログラムのアルゴリズム

ア　a, b　　　イ　a, d　　　ウ　b, c　　　エ　c, d

解説

cのプログラム言語は、プログラム言語の文法規則などを、またdのプログラムのアルゴリズムは論理的な構造などを意味しており、プログラム言語を実装したコンパイラやプログラムのアルゴリズムを実装したソフトウェアは、著作権法上の保護の対象に成り得ます。

正解：ア

問 2 (IP-R03-30)

情報の取扱いに関する不適切な行為a～cのうち，不正アクセス禁止法で定められている禁止行為に該当するものだけを全て挙げたものはどれか。

a　オフィス内で拾った手帳に記載されていた他人の利用者IDとパスワードを無断で使って，自社のサーバにネットワークを介してログインし，格納されていた人事評価情報を閲覧した。
b　同僚が席を離れたときに，同僚のPCの画面に表示されていた，自分にはアクセスする権限のない人事評価情報を閲覧した。
c　部門の保管庫に保管されていた人事評価情報が入ったUSBメモリを上司に無断で持ち出し，自分のPCで人事評価情報を閲覧した。

ア　a　　　イ　a, b　　　ウ　a, b, c　　　エ　a, c

解説

不正アクセス禁止法で定められている禁止行為は、他人のIDとパスワード等を入力したり、パスワード管理の脆弱性を突いたりなどして、本来は利用権限がないのに、不正に利用できる状態にする行為と、他人のIDとパスワード等を漏洩させる行為です。したがって、aのみがそれに該当しています。

正解：ア

Chapter 15 経営戦略のための業務改善と分析手法

Chapter 15-1 PDCAサイクルとデータ整理技法

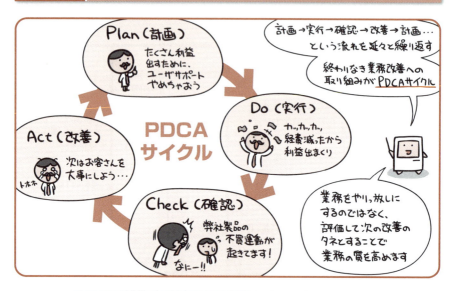

業務の「やりっ放し」を防ぐのが、
PDCAサイクルによる業務改善の役割です。

　計画をして、実行したら、その結果を確認・評価して、次につなげる改善のタネとして、また計画して…と延々繰り返すのが PDCAサイクル。業務改善の手法としてごくポピュラーな手法です。失敗は成功のタネとしていくわけですね。
　このPDCAという手順。個人レベルであれば、「特に意識せずともそうしてるよ」という人も多いのではないでしょうか。
　しかしこれが組織レベルになってくると、なかなか「意識せずとも」というわけにもいきません。特に、一番大事な「評価して次の改善につなげる」というところがことのほか難しい。だって、みんながどんな点に「問題アリ」と感じていて、それを「どのように改善するか」なんて、人によって考え方は千差万別で、誰かが勝手に決めて押しつけるようなものでもないですものね。
　じゃあどうしましょう？
　そんな時、知恵を出し合い、活用するための手法として用いられるのが様々なデータ整理技法です。具体的にどんな方法があるのかについては、いざ次ページ以降へレッツゴー。

ブレーンストーミング

なにか検討するにしても分析するにしても、まず知恵を出し合わなきゃはじまりません。そのため、複数人で自由に意見を言い合って、幅広いアイデアをひっぱり出す手法として用いられるのがブレーンストーミングです。

ブレーンストーミングでは、次のようなルールにのっとって発言を行います。

主に「発言を萎縮させるような行為は控えて、自由闊達な意見交換をしましょうね」という基本方針に沿ったルールたちとなっています。

萎縮させて発言の機会を奪うことにつながるので、人の発言を批判しない。

型にとらわれない奇抜な発想を笑うのではなく、そういう発言こそ重視する。

発言の質にこだわらず、とにかくたくさんの意見やアイデアを出し合うようにする。

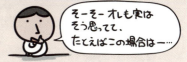

便乗意見は大歓迎。アイデア同士をくっつけることで、新しいアイデアが生まれたりする。

バズセッション

　しかし、自由闊達な意見交換がいいよねーとか思っても、30人40人と人数がふくらんでくると、好き勝手に発言していては議論に収拾がつかなくなってしまいます。
　というか発言を把握するだけでもチョー大変。聖徳太子レベルのマルチタスクな耳が必要になってくるのは自明の理なわけでありますよ。

　そこで、全体を少人数のグループに分け、それぞれのグループごとに結論を出すようにする手法が バズセッション です。

　各グループの出した結論は、あらためて全体の場で発表を行います。こうやってグループごとの結論を持ち寄ることにより、全体としての結論を導き出すわけです。

KJ法

ところで話し合った結果というのは、どう取りまとめて分析を行うのでしょうか。

ブレーンストーミングなどで出し合ったアイデアや意見、事実を整理して、解決すべき問題を明確にするデータ整理技法にKJ法があります。

KJ法は、収集した情報をカード化して、それらをグループ化することで、問題点を浮かびあがらせます。新QC七つ道具（P.469）で用いられる親和図法は、これを起源とした同様の整理手法です。

具体的にどうやるかというと、次のような流れで情報を整理していきます。

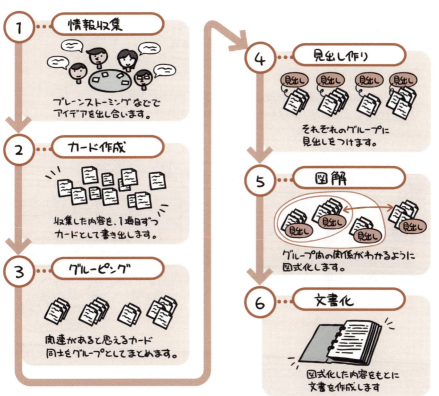

決定表（デシジョンテーブル）

複数の条件と、それによって決定づけられる行動とを整理するのに有効なのが決定表（デシジョンテーブル）です。たとえば「腹痛の時にどうするか」という行動パターンを、すごく単純な例として決定表でまとめてみると下図のようになります。

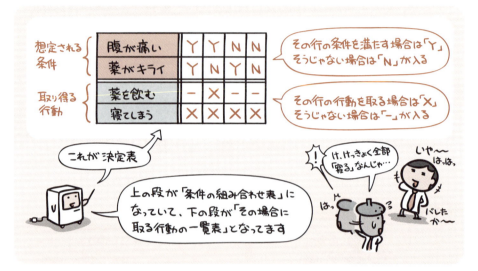

ある条件の時に取る行動というのは、縦軸を見るとわかります。
たとえば、「腹は痛いが、薬がキライ」という場合の行動パターンを見てみると…。

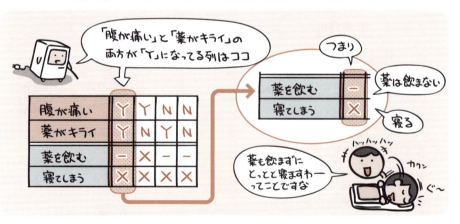

…という感じ。行さえ足せばどんどん条件を増やすこともできますから、複雑な条件だってバッチリです。そんなわけでこの技法は、プログラミング時に内部の処理条件を整理したり、試験パターンを作ったりという用途でも使われています。

このように出題されています 過去問題練習と解説

問1 (IP-H30-S-20)

ブレーンストーミングの進め方のうち，適切なものはどれか。

ア 自由奔放なアイディアは控え，実現可能なアイディアの提出を求める。
イ 他のメンバの案に便乗した改善案が出ても，とがめずに進める。
ウ メンバから出される意見の中で，テーマに適したものを選択しながら進める。
エ 量よりも質の高いアイディアを追求するために，アイディアの批判を奨励する。

解説

ア 自由奔放なアイディアを推奨し、実現可能か否かを問いません。
イ そのとおりです。461ページを参照してください。
ウ テーマから外れたものでも、話が弾むものであれば、発言を認めます。
エ 質よりも量の多いアイディアを求めるために、アイディアの批判を禁止します。

正解：イ

問2 (IP-R02-A-89)

PDCAモデルに基づいてISMSを運用している組織の活動において，PDCAモデルのA（Act）に相当するプロセスで実施するものとして，適切なものはどれか。

ア 運用状況の監視や運用結果の測定及び評価で明らかになった不備などについて，見直しと改善策を決定する。
イ 運用状況の監視や運用結果の測定及び評価を行う。
ウ セキュリティポリシの策定や組織内の体制の確立，セキュリティポリシで定めた目標を達成するための手順を策定する。
エ セキュリティポリシの周知徹底やセキュリティ装置の導入などを行い，具体的に運用する。

解説

460ページの説明にあるとおり、PDCAとは、Plan（計画）、Do（実行）、Check（確認）、Act（改善）の頭文字です。各選択肢の記述は、下記に該当します。

ア Act（改善）　イ Check（確認）　ウ Plan（計画）　エ Do（実行）

正解：ア

Chapter 15-2 グラフ

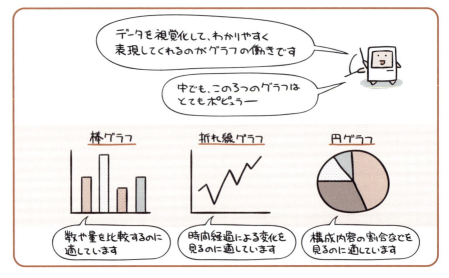

 データをわかりやすく表現するためには、その内容に適した種類のグラフを選択します。

　様々な討論や調査をしたとしても、そこで集まったデータが生かされなければなんの意味もありません。
　ところがデータって、いっぱいあると正確性が増すんですけど、同じくいっぱいあると整理したり把握したりが大変になってくるんですよね。それこそ数字ばっかりのデータともなれば、「データ単独だと何を意味してるのかよくわからない」なんてことになりがちですし…。
　というわけで出てくるのがグラフです。かき集めたデータは、グラフとして視覚化してやることで、ひと目見ただけで直感的にわかる、価値ある情報に生まれ変わらせることができるのです。
　代表的なものとしては、上のイラストにもある「棒グラフ」「折れ線グラフ」「円グラフ」という3つが挙げられます。他にも、項目のバランスを見るためのものや、グループの分布状況や関連性を分析するためのものなど、様々なグラフがあります。

レーダチャート

項目ごとのバランスを見るのに役立つのがレーダチャートです。くもの巣のような形をしたグラフで、描かれる形状の面積と凸凹具合で、特徴を把握することができます。

ポートフォリオ図

2つの軸の中で、個々のグループが「どの位置にどんな大きさで分布しているか」見ることのできるグラフが、ポートフォリオ図です。たとえば業界内における自社の位置づけや、製品ごとのマーケット分布図などをあらわすのに使います。

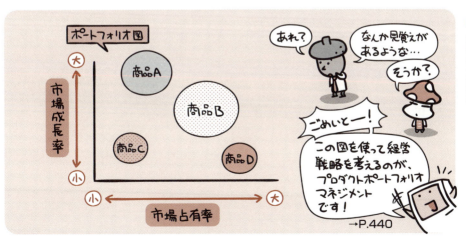

このように出題されています
過去問題練習と解説

問 1
(IP-R03-40)

同一難易度の複数のプログラムから成るソフトウェアのテスト工程での品質管理において,各プログラムの単位ステップ数当たりのバグ数をグラフ化し,上限・下限の限界線を超えるものを異常なプログラムとして検出したい。作成する図として,最も適切なものはどれか。

ア 管理図
イ 特性要因図
ウ パレート図
エ レーダチャート

解説

　選択肢ア〜エの中で、問題文がいう「上限・下限の限界線」があるのは、管理図だけです。各選択肢の用語説明は、下記のページを参照してください。

ア 管理図…473ページ
イ 特性要因図…474ページ
ウ パレート図…471ページ
エ レーダチャート…467ページ

正解：ア

Chapter 15-3 QC七つ道具と呼ばれる品質管理手法たち

 QC七つ道具の「QC」とは「Quality Control」を略したもの。品質管理を意味しています。

「七つ道具」といっても何か特別な姿形があるわけじゃなくて、主に数値データなどを統計としてまとめ、これを分析して品質管理に役立てる手法のことをQC七つ道具と呼んでいます。層別、パレート図、散布図、ヒストグラム、管理図、特性要因図、チェックシートという種類があり、一部を除いていずれも独自のグラフ形状を描きます。

要するに、現場に潜む色んな情報を視覚的にあらわすことで、「あー、このへんに問題がありそうね」とかいうことを把握しやすくするグラフたちなわけですね。たとえば「不良品の発生箇所はどの作業区間に多く認められるか」なんて傾向を図式化して、作業工程の問題箇所発見に役立てたりするわけです。

元々は工業製品の品質向上に役立てていた手法なのですが、現在ではもっと広範な、「仕事上の問題点を発見する」ためのデータ分析手法としても使われています。

一方、定量的な分析を行うQC七つ道具に対して、言語データ（たとえば顧客からのクレームとか）を元に定性的な分析を行う手法として新QC七つ道具があります。こちらは、連関図法、親和図法（KJ法と同じ、P.463）、系統図法、マトリックス図法、マトリックスデータ解析法、PDPC法、アローダイアグラム法（P.328）が含まれます。

層別

データを属性ごとに分けることで特徴をつかみやすくする…という考え方です。そう、QC七つ道具の中にあって、こいつだけはグラフでもなんでもなく、ただの考え方なのです。

パレート図

現象や原因などの項目を件数の多い順に棒グラフとして並べ、その累積値を折れ線グラフにして重ね合わせることで、重要な項目を把握する手法です。

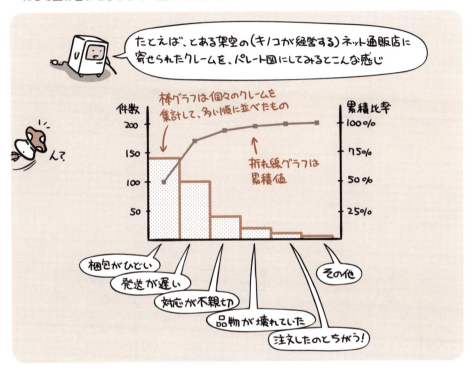

このパレート図を利用して、「累積比率の70%をしめる項目をA群、それ以降の20%をB群、最後の10%をC群と分けて考える手法」をABC分析と呼びます。

「A群だけはちょっと対策しておいた方がいいんじゃないの?」的に使います。

散布図

相関関係を調べたい2つの項目を対としてグラフ上にプロット（点をうつこと）していき、その点のばらつき具合によって両者の相関関係を判断する手法です。

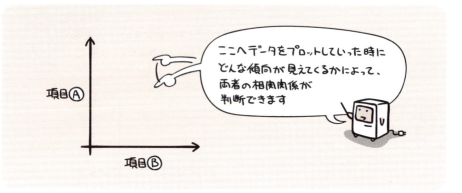

相関関係には、「正の相関」「負の相関」「相関なし」という3つの関係があります。

ヒストグラム

収集したデータをいくつかの区間に分け、その区間ごとのデータ個数を棒グラフとして描くことで、品質のばらつきなどを捉える手法です。

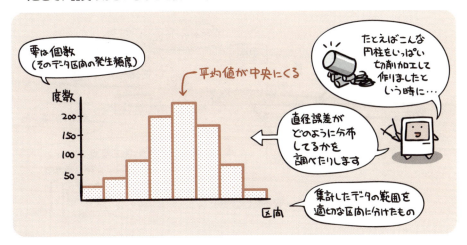

管理図

時系列的に発生するデータのばらつきを折れ線グラフであらわし、上限と下限を設定して異常の発見に用いる手法です。

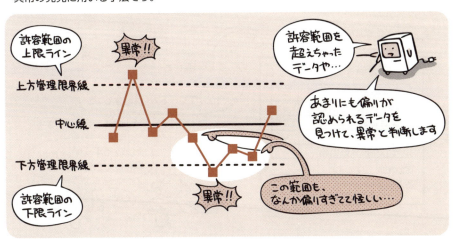

特性要因図

原因と結果の関連を魚の骨のような形状として体系的にまとめ、結果に対してどのような原因が関連してるかを明確にする手法です。

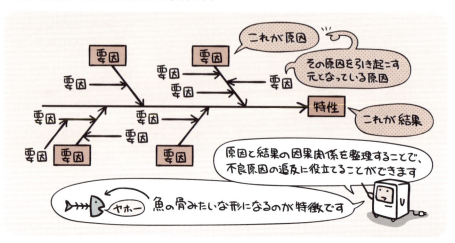

チェックシート

あらかじめ確認すべき項目を列挙しておいたシートを使って、確認結果を記入していく手法です。

このように出題されています 過去問題練習と解説

問1 (IP-H26-S-4)

ソフトウェアの設計品質には設計者のスキルや設計方法，設計ツールなどが関係する。品質に影響を与える事項の関係を整理する場合に用いる，魚の骨の形に似た図形の名称として，適切なものはどれか。

- ア　アローダイアグラム
- イ　特性要因図
- ウ　パレート図
- エ　マトリックス図

解説

本問の説明の中にある「魚の骨の形に似た図形」をヒントにして，特性要因図を選びます。

正解：イ

問2 (IP-R03-21)

ABC分析の事例として，適切なものはどれか。

- ア　顧客の消費行動を，時代，年齢，世代の三つの観点から分析する。
- イ　自社の商品を，売上高の高い順に三つのグループに分類して分析する。
- ウ　マーケティング環境を，顧客，競合，自社の三つの観点から分析する。
- エ　リピート顧客を，最新購買日，購買頻度，購買金額の三つの観点から分析する。

解説

選択肢ア〜エの事例の分析手法の例は，下記のとおりです。
- ア　コーホート分析　　イ　ABC分析　　ウ　3C (Customer Competitor Company) 分析
- エ　RFM (Recency Frequency Monetary) 分析

正解：イ

問3 (IP-R02-A-53)

プロジェクトのゴールなどを検討するに当たり，集団でアイディアを出し合った結果をグループ分けして体系的に整理する手法はどれか。

- ア　インタビュー
- イ　親和図法
- ウ　ブレーンストーミング
- エ　プロトタイプ

解説

- ア　インタビューは，面談して，必要な情報を収集する手法です。
- イ　親和図法は，KJ法と同じです (KJ法の説明は，463ページを参照してください)。
- ウ　ブレーンストーミングの説明は，461ページを参照してください。
- エ　プロトタイプの説明は，293ページを参照してください。

正解：イ

Chapter 16 財務会計は忘れちゃいけないお金の話

Chapter 16-1 費用と利益

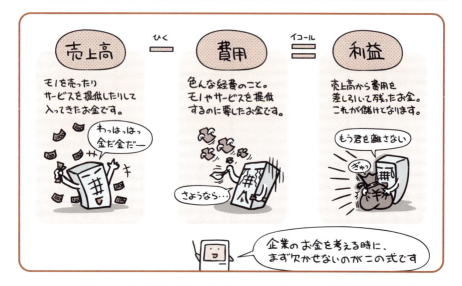

 売上高を伸ばし、費用を抑えることによって、
企業の利益はウハウハドッカンと大きなものになるわけです。

　企業活動の目的はどこにあるかといえば、やはりますは儲けること。たくさんの利益を出すことです。そうじゃないと事業を継続できないですし、人を雇うこともできません。
　そんなわけで、「企業のお金」を知ろうと思えば「儲けはどこから出るでしょう」って話を欠かすわけにはいかないとなり、そしてつまりはそれが、上のイラストにある式というわけです。売れたお金からかかったお金を差し引いて、残ったお金が儲けですよと。実にシンプルな話ですね。
　しかしもちろん企業の話ですから、そうシンプルなだけで話は終わりません。
　まず、「かかったお金」と言ったって、その内訳も様々です。商品をぜんぜん作らなくても、社員を抱えてりゃお金は消えていきます。オフィスを構えていれば場所代だって必要です。そのお金はどっから持ってくるのか、どれだけ売り上げればこの事業は採算がとれるのか。そんなことも考えなきゃいけません。
　というわけでこの節は、費用の話と採算性の話。そのあたりについて見ていきます。

費用には「固定費」と「変動費」がある

さて、企業活動を行う上で必要な諸経費である費用。その内訳は、固定費と変動費にわかれます。

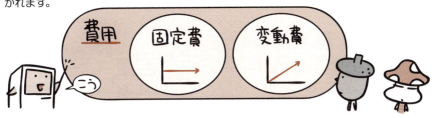

固定費というのは、売上に関係なく発生するお金たち。たとえば人件費やオフィスの賃料、光熱費などがそうです。

これらは、商品の生産量や売れ行きに関係なく、必ず発生する費用です。

一方、売上と比例して増減するお金が変動費。こちらは主に、商品の生産に必要な材料を買うお金が該当します。

当然生産量が増えれば増えるほど、変動費は大きくなるわけです。

損益分岐点

損益分岐点というのは、その名の示す通り損失（赤字）と利益（黒字）とが分岐するところ。「これ以上に売上を伸ばせたら、赤字から黒字に切り替わりますよー」というポイントのことです。

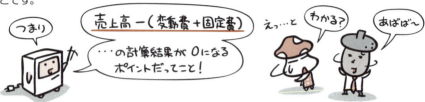

それでは順をおって見ていきましょう。

こちらにタコを売ることを生業とする企業さんがありました。人件費やら売り場の確保やらで、毎月固定費として30万円が必要な企業さんです。

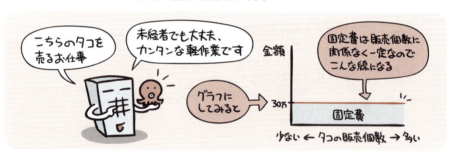

このタコを1匹1,000円で販売します。

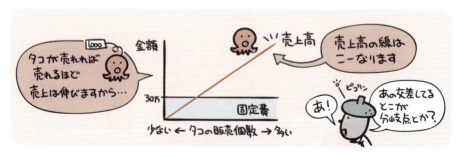

いえいえ、それは気が早いというもの。大事なことを忘れちゃいけません。タコはどっかから仕入れてくるわけですよね。当然それにはお金が必要です。

タコの仕入れ値が1匹600円だったとしましょう。これが変動費です。
その総額は当然タコの売れた数に比例しますから、次のような線となります。

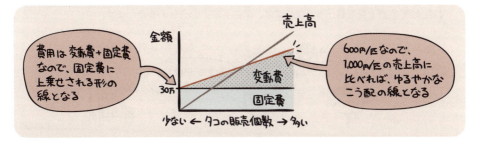

さて、こうして出来上がったグラフを良く見てください。(変動費＋固定費)と、売上高とがイコールになっている箇所(つまりは交差している箇所)がありますよね。
それが損益分岐点ですよ…というわけです。

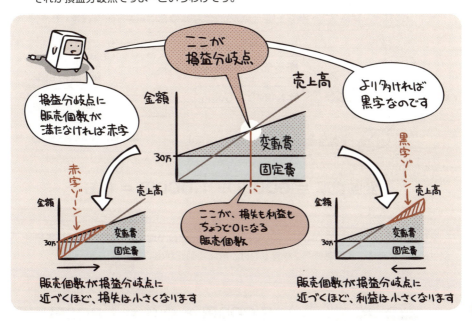

ちなみに、損益分岐点になる時の売上高を、損益分岐点売上高と呼びます。実にそのまんまの名称で、覚えやすいことこの上なしですね。
ところで上の場合の損益分岐点売上高。果たしていくらになるか、わかります？

変動費率と損益分岐点

損益分岐点売上高を算出するためには、**変動費率**というものを使います。

変動費率というのは、売上に対する変動費の比率を示すものです。要するに「品物価格に含まれる変動費の割合はいくつか」ということです。

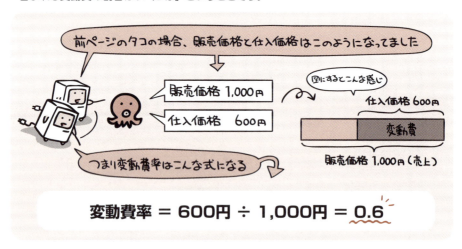

変動費率は「売上に対する比率」なので、タコの販売個数が増えても減っても特に影響を受けません。売上高と変動費率を乗算すれば、常に変動費が出てきます。

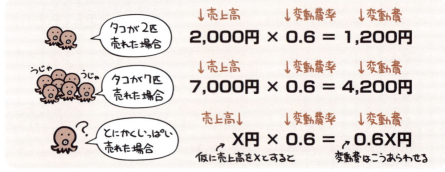

つまり変動費というのは、次のように書くことができるわけです。

$$変動費 = 売上高 \times 変動費率$$

…ということは、こんな式にもできちゃうわけです。

$$損益分岐点売上高 = 変動費 + 固定費$$
$$= (損益分岐点売上高 \times 変動費率) + 固定費$$

さあ、それでは前々ページのやり残しを、この式を使って片づけちゃいましょう。

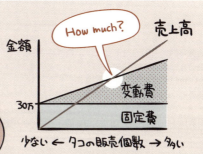

損益分岐点売上高 = (損益分岐点売上高 × 変動費率) + 固定費
…なので、 $X = (X \times 0.6) + 300{,}000$ という式になる。

このXを解いていくと…
$X = 0.6X + 300{,}000$
$X - 0.6X = 300{,}000$
$0.4X = 300{,}000$
$X = 750{,}000$

このように出題されています
過去問題練習と解説

問 1
(IP-R02-A-33)

インターネット上で通信販売を行っているA社は，販売促進策として他社が発行するメールマガジンに自社商品Yの広告を出すことにした。広告は，メールマガジンの購読者が広告中のURLをクリックすると，その商品ページが表示される仕組みになっている。この販売促進策の前提を表のとおりとしたとき，この販売促進策での収支がマイナスとならないようにするためには，商品Yの販売価格は少なくとも何円以上である必要があるか。ここで，購入者による商品Yの購入は1人1個に限定されるものとする。また，他のコストは考えないものとする。

①	メールマガジンの購読者数	100,000人
②	①のうち，広告中のURLをクリックする割合	2%
③	②のうち，商品Yを購入する割合	10%
④	商品Yの1個当たりの原価	1,000円
⑤	販売促進策に掛かる費用の総額	200,000円

ア　1,020
イ　1,100
ウ　1,500
エ　2,000

解説

商品Yの販売価格を，yとします。「④：商品Yの1個当たりの原価」が，変動費に該当しますので，変動費率は，1,000円÷yです。販売個数は，「①：メールマガジンの購読者数」100,000人 ×「②：①のうち，広告中のURLをクリックする割合」2% ×「③：②のうち，商品Yを購入する割合」10% ＝ 200個です。「⑤：販売促進策に掛かる費用の総額」200,000円は，固定費に該当します。損益分岐点での利益はゼロですので，損益分岐点での売上高－損益分岐点での変動費－固定費＝0です。したがって，損益分岐点での売上高「200個×y円」 －（損益分岐点での変動費「200個×y円」×変動費率「1,000円÷y」－固定費「200,000円」＝0となり，式を整理すると，y ＝ 2,000円です。

正解：エ

Chapter 16-2 在庫の管理

 売る度に「いくらで仕入れた在庫だったか」を確認するのは現実的じゃないので、在庫計算はお約束を決めて行います。

　なんでもかんでも「時価」と書いてあるお寿司屋さんじゃないですが、たいてい物価というのはフラフラ上下動しているものです。そうすると、こちらは同じ値段で売り続けていても、仕入れ価格に応じて利益はフラフラ上下動することになる。
　すると、「利益はその都度把握したいんだけど、何百何千と販売されていく商品ひとつひとつの仕入れ価格なんて、個別に管理しきれるはずもない」となるわけです。
　そりゃそうですよ。困っちゃいますよね。
　そこで、個々の仕入価格を厳密に管理するのではなくて、「このやり方でやります」とお約束を決めて、計算を簡単にしてしまうのが在庫管理の一般的な手法です。

先入先出法	先に仕入れた商品から、順に出庫していったと見なす計算方法です。
後入先出法	後に仕入れた商品から、順に出庫していったと見なす計算方法です。
移動平均法	商品を仕入れる度に、残っている在庫分と合算して平均単価を計算し、それを仕入れ原価と見なす計算方法です。

※ただし、後入先出法は2011年3月期から廃止されています。

先入先出法と後入先出法

それでは代表的な手法である先入先出法と後入先出法を例に、売上原価（売上に含まれる原価）と在庫評価額（在庫分の原価合計）が、どのような計算になるか見てみましょう。

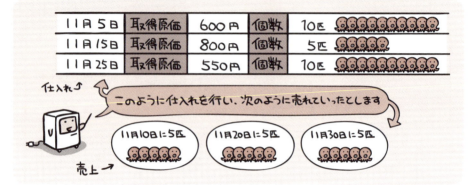

先入先出法では、仕入れた順番に出庫したとみなすので、次のように計算します。

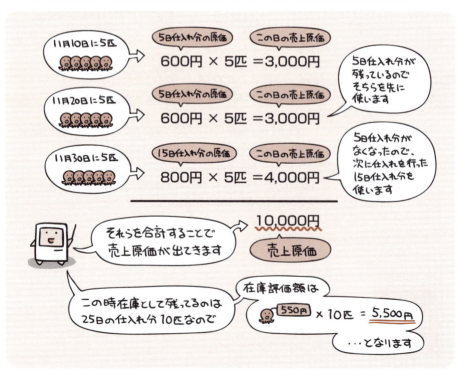

一方、後入先出法では、最後に仕入れたものから順番に出庫したとみなすので、次のように計算します。

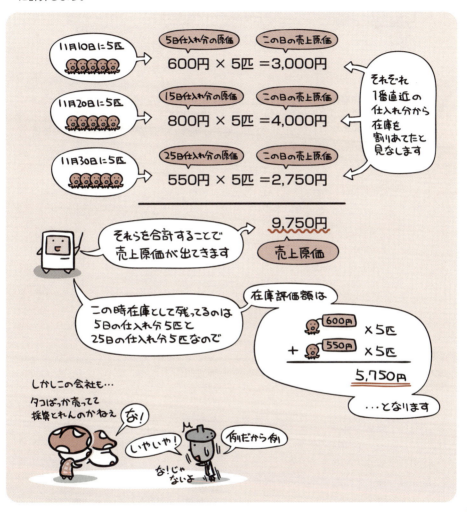

このように出題されています
過去問題練習と解説

問 1
(IP-H29-S-32)

ある商品の4月の仕入と売上が表のとおりであるとき,移動平均法による4月末の商品の棚卸評価額は何円か。移動平均法とは,仕入の都度,在庫商品の平均単価を算出し,棚卸評価額の計算には直前の在庫商品の平均単価を用いる方法である。

日付	摘要	入庫 数量(個)	入庫 単価(円)	入庫 合計(円)	出庫 数量(個)	出庫 単価(円)	出庫 合計(円)	在庫 数量(個)	在庫 平均単価(円)	在庫 合計(円)
4月1日	繰越	100	10	1,000				100	10	1,000
4月8日	仕入	100	14	1,400				200	12	2,400
4月18日	売上				150			50		
4月29日	仕入	50	16	800				100		

注記　網掛けの部分は,表示していない。

ア　1,280　　　イ　1,300　　　ウ　1,400　　　エ　1,500

解 説

移動平均法は、485ページに書かれているとおり、商品を仕入れる度に、残っている在庫分と合算して平均単価を計算し、それを仕入れ原価とみなす計算方法です。

日付	摘要	入庫 数量(個)	入庫 単価(円)	入庫 合計(円)	出庫 数量(個)	出庫 単価(円)	出庫 合計(円)	在庫 数量(個)	在庫 単価(円)	在庫 合計(円)
4月1日	繰越	100	10	1,000				100	10	1,000
4月8日	仕入	100	14	1,400				200	12★	2,400
4月18日	売上				150	12●	1,800◆	50	12■	600▲
4月29日	仕入	50	16	800☆				100	14◎	1,400▼

　4月18日の売上に関する出庫単価は、4月8日の在庫の平均単価(★)である12円(●)になり、その出庫合計は150個×12円＝1,800円(◆)です。4月18日の在庫の平均単価は12円(■)であり、その在庫合計は、50個×12円＝600円(▲)です。
　4月29日の仕入の後の在庫の合計は、600円(▲) ＋ 800円(☆) ＝ 1,400円(▼)であり、その平均単価は、1,400円÷100個＝14円(◎)です。

正解：ウ

Chapter 16-3 財務諸表は企業のフトコロ具合を示す

「資産」「負債」「資本」を集計したのが貸借対照表。
「費用」と「収益」を集計したのが損益計算書となります。

　企業の経理業務とか会計士さんとかがなにをしてるのかというと、「はあ？ 経費と認めてくれだあ？ 今頃こんな領収書持ってきて寝ぼけたこと言ってんじゃねーよ」とかいって社員をいじめるのがお仕事…なわけではなくて、会社の中のお金の流れを管理するという仕事を担っているわけです。

　管理というからには、当然お金の流れは記録されていってます。ちゃんとコツコツ帳簿に記録していくからこそ、「今の損益はどうなっているんだろう」とか、「今のうちの財務体質はどんな案配だろうかね」なんて確認ができるようになるんですね。

　ただ、「確認する」といったって、いちいち社長さんや株主さんたちが、帳簿をひっくり返して最初から確認していくわけじゃありません。あんなの一件一件追って行ったら、意味がわかる前に日が暮れます。

　そこでズバッと、「今の財務体質」とか「今の損益状況」などを確認できる資料が必要でありますよと。それがつまりは財務諸表なのです。

　本章の冒頭マンガでもあったように、財務諸表というのは企業のフトコロ具合を示す成績書だと言えます。

貸借対照表

貸借対照表は、「資産」「負債」「資本」を集計したもので、バランスシート（B/S: Balance Sheet）とも呼ばれます。

以降の話は、本試験においてあまり詳しく聞かれるわけじゃないですから、試験対策という意味ではことさら暗記する必要はありません。ただ、意味がわからないと上のイラストも単なる呪文で終わっちゃいますので、ざっと読むだけ読んでください。

というわけで解説です。企業活動に必要なお金は、自前で用意するか、株主に出資してもらうか、それでも足りなきゃどっかから借りてくるかして賄わなきゃいけませんよね。それをあらわしているのが、資本と負債の部。

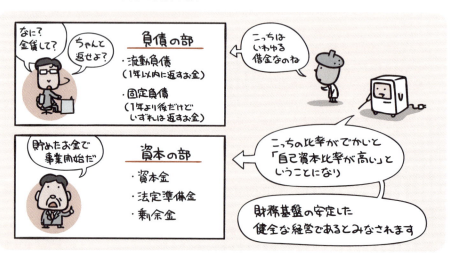

一方、そうして集めたお金を、どんなことに使ってるかあらわしているのが資産の部です。

…ということをふまえて下のものを見比べてみると、財政状態の良し悪しにちがいができているのがわかるようになっている…というわけです。

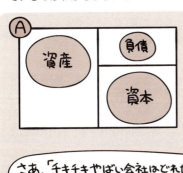
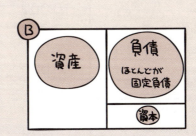

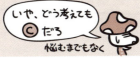
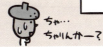

16 財務会計は忘れちゃいけないお金の話

損益計算書

損益計算書は「費用」と「収益」を集計することで、その会計期間における利益や損失を明らかにしたものです。ピーエル（P/L:Profit & Loss statement）とも呼ばれます。

ただし「儲け」にも色んな種類があるので、そこだけはちょっと要注意。例としてあげる次の計算書を見ながら、どんな利益があるのか確認しておきましょう。

科目	金額 [千円]
売上高	10,000
売上原価	3,000
売上総利益（粗利益）	7,000
販売費及び一般管理費	3,000
営業利益	4,000
営業外収益	1,000
営業外費用	1,500
経常利益	3,500
特別利益	1,000
特別損失	500
税引前当期純利益	4,000
法人税等	1,600
当期純利益	2,400

- 商品を売ったお金から原価を差し引いた金額。もっとも基本となる利益
- 売上総利益から、販促費や間接部門の人件費などを差し引いたお金。本業の儲けをあらわす利益
- 「お金貸したら利子が入ったー」みたいな、本業以外の収支もあわせた結果の利益
- 臨時の損失なども全部込みで、最終的に残った金額をあらわす利益

ちょっと「利益」という言葉ばかりが並んでいるので、覚えづらいかもしれません。特に営業利益と経常利益は、前後関係を混同してしまうケースが多々見られます。

これについては、「営業」と「経常」という言葉の意味を知ることで、ある程度間違いを予防することができます。

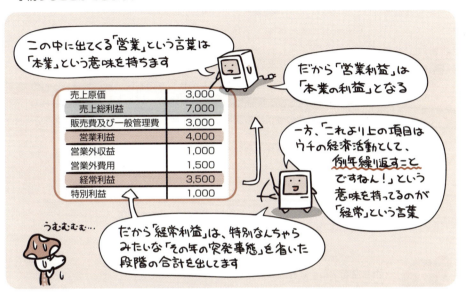

え？それでもまだ覚えづらい？そんなキノコみたいなアナタは、下のイラストを脳裏に焼き付けて、計算書の中に出てくる順番だけでも覚えておくと良いでしょう。

このように出題されています
過去問題練習と解説

問 1 (IP-H31-S-18)

貸借対照表を説明したものはどれか。

ア　一定期間におけるキャッシュフローの状況を活動区分別に表示したもの
イ　一定期間に発生した収益と費用によって会社の経営成績を表示したもの
ウ　会社の純資産の各項目の前期末残高，当期変動額，当期末残高を表示したもの
エ　決算日における会社の財務状態を資産・負債・純資産の区分で表示したもの

解説

正解：エ

貸借対照表の説明は、490ページを参照してください。なお、490～491ページでは、「純資産」のことを「資本」と表記しています。

問 2 (IP-R03-29)

粗利益を求める計算式はどれか。

ア　（売上高）－（売上原価）
イ　（営業利益）＋（営業外収益）－（営業外費用）
ウ　（経常利益）＋（特別利益）－（特別損失）
エ　（税引前当期純利益）－（法人税，住民税及び事業税）

解説

正解：ア

各選択肢は、下記の計算式です。
ア　粗利益（売上総利益）　　イ　経常利益　　ウ　税引前当期純利益　　エ　当期純利益

問 3 (IP-R03-28)

次の当期末損益計算資料から求められる経常利益は何百万円か。

単位　百万円

売上高	3,000
売上原価	1,500
販売費及び一般管理費	500
営業外費用	15
特別損失	300
法人税	300

ア　385　　　イ　685
ウ　985　　　エ　1,000

解説

正解：ウ

経常利益 ＝ 売上高（3,000）－ 売上原価（1,500）－ 販売費及び一般管理費（500）－ 営業外費用（15）＝ 985

過去問題に挑戦！

　完読おつかれさまでした。最後に実際に過去に出された試験問題にチャレンジしてみてください。本書にはページ数の関係で収録できませんでしたので、以下のサイトにてダウンロードサイトへのリンクを案内しています。

　実際にどのようなかたちで試験に出されるかに慣れていただき、解くことができなかった問題については、再度本書にて基礎知識からしっかり学習していただければと思います。

> サポートページ：
> https://gihyo.jp/book/2021/978-4-297-12449-6

　ダウンロードサイトでは、平成21年度春期から令和3年度までの公開問題が用意されています。

　ちなみに、試験時間は、120分で100問となり、「ストラテジ系」（35問程度）「マネジメント系」（20問程度）「テクノロジ系」（45問程度）の3分野から出題され、総合得点（分野別得点の合計）が60％以上で、また分野別得点がそれぞれ3つの分野ごとに満点の30％であれば合格となります。

　詳細については、情報処理推進機構のWebサイト（https://www.jitec.ipa.go.jp/）をご参照ください。

注：平成28年3月5日の試験から試験時間が120分になり、出題数の出題方式が100問すべて小問に変更されました。

索引

記号・数字

$	136
μ（マイクロ）	69
2進数	56
2進数から10進数への変換	59
2進数の重み	58
2進数の足し算	62
2進数の引き算	62
2進数の負の数	64
5大装置	24
10進数	56
2進数から10進数への変換	59

A〜D

ABC分析	471
AI	238
AND	167
Artificial Intelligence	238
ASCII	72
b（ビット）	67
B（バイト）	67
B/S	490
Balance Sheet	490
BASIC	353
BCC	228
Behavior Method	261
bit	67
bits per second	184
Bluetooth	52
BMP	83
bps	184
Byte	67
CA	278
Carrier Sense Multiple Access	185
CBT方式	16
CC	228
CD-ROM	25
Central Processing Unit	27
CEO	430
Certificate Authority	278
character per second	47
Character User Interface	302
Chief Executive Officer	430
Chief Information Officer	430
CIO	430
CMYK	45
COBOL	353
Collision Detection	185
cps	47
CPU	27
CRTディスプレイ	43
CSMA/CD方式	185
CSV形式	83
CUI	116,302
C言語	353
Data Flow Diagram	297
DBMS	152
DFD	296,297
DHCP	212
DNS	214
DNSキャッシュポイズニング	255
DNSサーバ	214
do 〜 while文	367
Domain Name System	214
dot per inch	47
dpi	47
DRAM	32
DVD-ROM	36
Dynamic Host Configuration Protocol	212
Dynamic RAM	32

E〜H

EBCDIC	72
EC	432
EDI	433,434
EEPROM	32
elseif	365
Electrically EPROM	32
Electronic Commerce	432
Electronic Data Interchange	433,434
Entity	298
EPROM	32
Erasable PROM	32
E-R図	296,298
Ethernet	184
EUC	72
Extensible Markup Language	225
File Transfer Protocol	218
FireWire	51
for文	368
FTP	218
G（ギガ）	69
GIF	83
Graphical User Interface	302
GUI	116,302
HTML	223
HTTP	218
HyperText Markup Language	223
HyperText Transfer Protocol	218

I〜L

ICT	237
ICカード	425
IEEE802.11	188
IEEE1394	51

496

IF関数	144
if文	364
IMAP	232
i.Link	51
Information and Communication Technology	237
Information Technology	18
Information Technology Infrastructure Library	336
Infrared Data Association	52
Internet Message Access Protocol	232
Internet of Things	236
IoT	236
IP	206
IPアドレス	207
IPアドレスのクラス	210
IPマスカレード	213
IrDA	52
ISP	221
IT	19
ITIL	336
ITガバナンス	343
ITサービス継続性管理	339
ITサービス財務管理	339
ITサービスマネジメント	336
ITパスポート試験	16
Java	353
Java仮想マシン	353
JPEG	83
k (キロ)	69
KJ法	463
LAN	180
LANの接続形態	181
Linux	116
Local Area Network	180

M ～ O

m (ミリ)	69
M (メガ)	69
M&A	438
Mac OS	116
MACアドレス	197
Magneto Optical disk	36
Mean Time Between Failure	409
Mean Time To Repair	410
MIDI	83
MIME	226,232
MO	36
MP3	83
MPEG	83
MS-DOS	116
MTBF	408,409
MTTR	408,410
Multipurpose Internet Mail Extension	226,232
n (ナノ)	69
NAPT	213
NAT	213
Network Information Center	208
Network Interface Card	197
Network Time Protocol	218

NIC	196,197,208
NOT	168
NTP	218
Operating System	114
OR	166
OS	115,116
OSI基本参照モデル	192

P ～ S

p (ピコ)	69
page per minute	47
PCM	76
PDCAサイクル	460
PDF	83
PDPC法	469
Peer to Peer	393
P/L	492
PL法	452
PMBOK	324
PNG	83
POP	218,231
Post Office Protocol	218
ppm	47
PPM	440
Product Portfolio Management	440
Profit & Loss statement	492
Programmable ROM	32
Project Management Body of Knowledge	324
PROM	32
Pulse Code Modulation	76
QC七つ道具	469
RAID	109
RAIDの種類	110
RAM	31,32
Random Access Memory	31
RDB	153
Read Only Memory	31
Relational Database	153
Relationship	298
RFP	283
Request For Proposal	283
RGB	42
Robotic Process Automation	123
ROM	31,32
RPA	123
S-JIS	72
S/MIME	232
Service Level Management	337,339
SGML	225
Simple Mail Transfer Protocol	218
SLA	337
SLM	337,339
SMTP	230
SQLインジェクション	255
SRAM	32
Standard Generalized Markup Language	225
Static	#VALUE!
SWOT分析	439

497

T～Z

TT (テラ)	69
TCO	419
TCP/IP	192,206
Telnet	218
Thin Client	393
TO	228
Total Cost of Ownership	419
Unicode	72
Uniform Resource Locator	224
Uninterruptible Power Supply	340
Universal Serial Bus	51
UNIX	116
UPS	340
URL	224
USB	51
RGB	42
WAN	180
WBS	325
Webブラウザ	119,221,222
while文	366
Wide Area Network	180
Windows	116
Work Breakdown Structure	325
World Wide Web	221
WWW	221

ア行

アイアールディーエー	52
アイティル	336
アイトリプルイー	51
アウトソーシング	438
アクセスアーム	100
アクセス管理	249
アクセス権	252
アクセス時間	103
アスキー	72
圧縮	84
後入先出法	485,486
アドレス部	209
アプリケーション	113,118
アプリケーションゲートウェイ	265,267
アライアンス	438
アルゴリズム	372
代表的なアルゴリズム	378
アローダイアグラム	328,329
アローダイアグラム法	469
暗号化	272
暗号化技術	270
暗号文	273
イーサネット	182
イーユーシー	72
意匠権	448
イメージスキャナ	39
いわゆるコンピュータ・ウイルスに関する罪	456
インクジェットプリンタ	46
印字速度	47
インシデント管理	338
インターネット	206,221
インターネットプロバイダ	221

インタプリタ方式	287,354,355
イントラネット	206
ウイルス	258,259
ウイルス感染時の対処	262
ウイルスの予防	262
ウイルス対策ソフト	260
ウイルス定義ファイル	260
ウインドウ	303
ウィンドウズ	116
ウォータフォールモデル	291,292
請負	443,444
運用コスト	419
運用テスト	288
液晶ディスプレイ	43
エクサバイト	237
エスジス	72
エビシディック	72
エムエスドス	116
エムピースリー	83
エムペグ	83
演算子	131
演算装置	24,25
エンティティ	298
応用ソフトウェア	118,122
オープンソース	116
オペレーティングシステム	114
重み	58
親ディレクトリ	90
音声データ	76
オンライントランザクション処理	394

カ行

カードシステム	425
外観上の独立性	344
改ざん	271
改ざんを防ぐディジタル署名	276
回線交換方式	181
解像度	42,75
プリンタの解像度	47
開発	280
開発の流れ	282,284
開発の見積り	326
開発手法	291
外部キー	160,162
外部設計	286
可監査性	346
可逆圧縮	85
仮想記憶	35
仮想メモリ	35
稼働率	408
画面設計時の留意点	304
可用性	245
可用性管理	339
カレントディレクトリ	90
関係演算	156
関係データベース	152
監査計画	345
監査証拠	345,347
監査証跡	347
監査調書	345,347
監査手続書	345

監査報告	348	結合点	329,332
監査報告書	345	決定表	464
関数	139	限界値分析	317
条件分岐するIF関数	144	コアコンピタンス	441
有名どころの関数たち	141	公開鍵	274
完全性	245	公開鍵暗号方式	274
ガントチャート	328	合計の算出	374
管理図	469,472	虹彩認証	251
関連	298	更新後ジャーナル	173,176
関連法規	426,446	更新前ジャーナル	173,175
キーボード	39	構成管理	338
記憶装置	24,25	構造化プログラミング	362
ギガ	69	コード設計	307
機械学習	239	コード設計のポイント	308
企業活動	426,428	コーポレートガバナンス	446
企業統治	446	コールドスタンバイ	405
木 (ツリー)構造	89,385	コールバック	251
擬似言語	356	顧客満足度	438
擬似言語における変数の宣言	360	故障しても耐える	416
機種依存文字	233	故障対策	390
機能テスト	315	個人情報保護法	247
揮発性	31	コスト管理	324
基本計画	284,285	固定費	479
基本ソフトウェア	114,122	子ディレクトリ	90
機密性	245	コボル	353
キャッシュメモリ	29	コミュニケーション管理	324
キャパシティ管理	339	コリジョン	185,199
キャプチャカード	39	コンパイラ方式	287,354,355
キャラクタユーザインタフェース	116	コンピュータ	20,22
キュー	386	コンピュータの5大装置	23,24
行	128	コンピュータウイルス	258
境界値分析	317	コンピュータ・ウイルスに関する罪	456
強化学習	239	コンピュータウイルスの種類	259
教師あり学習	239	コンプライアンス	446
教師なし学習	239		

サ行

共通鍵暗号方式	273	サーチ	103
業務運用規約	434	サーバ	186
業務改善	458	サービスサポート	336,338
業務のモデル化	296	サービスデスク	338
共有ロック	171	サービスデリバリ	336,338
キロ	69	サービスレベルアグリーメント	337
クライアント	186	サービスレベル管理	339
クライアントサーバシステム	187,392	サービスレベルマネジメント	337
クラス	210	再計算機能	130
クラスタ	102	最高経営責任者	430
グラフ	466	最高情報責任者	430
グラフィックユーザインタフェース	116	在庫の管理	485
繰返し構造	363	最早結合点時刻	332
クリティカルパス	333	最遅結合点時刻	332
クレジットカード	425	財務会計	476
グローバルIPアドレス	208	財務諸表	489
クロック	28	先入先出法	485,486
クロック周波数	28	サブディレクトリ	89
経営戦略	438,458	サブネットマスク	211
系統図法	469	差分バックアップ	422
刑法	456	産業財産権	448
経路選択	202	散布図	469,472
経路表	202	サンプリング	76
ゲートウェイ	196,204	シーク時間	103
結合	157	シー言語	353
結合テスト	288,315		

シーケンスチェック	310
ジェーペグ	83
時間管理	324
磁気ディスク装置	100
磁気テープ	36
磁気ヘッド	100
事業部制組織	429
システム	
システムに必要なコスト	419
システムの稼働率	408,411
システムの信頼性	408
システムの性能指標	396
システム周りの各種マネジメント	322
システムを止めない工夫	402
システム開発	280
システム開発の手法	291
システム開発の流れ	282,284
システム構成	390
システム化計画	282
システム監査	343
システム監査基準	344
システム監査人	344
システム監査の手順	345
システム設計	284
システムテスト	288,315
システムの可監査性	346
実体	298
実用新案権	448
ジフ	83
シフトJISコード	72
シフトジスコード	72
ジャーナル	173
射影	157
ジャバ	353
集中処理	186,392
主キー	160,161
主記憶装置	25,31
十進数	56
出力装置	24,25
順次構造	363
ジョイスティック	39
障害回復	173
照合チェック	310
商標権	448
情報技術	18
情報セキュリティ	244
情報通信技術	237
情報伝達規約	434
情報表現規約	434
初期化	101
初期コスト	419
職業倫理と誠実性	344
職能別組織	429
職務著作	449
助言意見	348
処理	297
シリアルインタフェース	50
シリンダ	101
新QC七つ道具	469
シンクライアント	393
人工知能	236,238

深層学習	239
伸張	84
人的資源管理	324
侵入	244
信頼度成長曲線	320
親和図法	469
スイッチングハブ	201
スキャビンジング	253
スケジュール	282
スケジュール管理	328
スコープ管理	324
スター型	181
スター型の規格	182
スタック	387
ステークホルダ	446
ストライピング	110
スパイウェア	259
スパイラルモデル	291,294
スループット	396,397
スワッピング	35
スワップアウト	35
スワップイン	35
正規化	154
制御構造	363
制御装置	24,25
精神上の独立性	344
製造物責任法	452
性能テスト	315
整列	378,380
セキュリティ	242
セキュリティ対策	264
セキュリティポリシ	246
セキュリティマネジメント	245
セクタ	101
セグメント	199
ゼタバイト	237
節	385
絶対参照	134,136
絶対パス	92,93
折衷テスト	318
節点	385
セル	128
セルアドレス	128
セル番地	128
選択	156
選択構造	363
専門能力	344
専有ロック	171
相対参照	134,135
相対パス	92,94
相対パスの表記方法	94
増分バックアップ	422,423
層別	469,470
添字	383
ソーシャルエンジニアリング	253
組織形態	429
組織のカタチ	428
ソフト	20
ソフトウェアによる自動化	123
ソフトウェアの分類	122
ソフトウェアライフサイクル	282

損益計算書	492
損益分岐点	480,482

タ行

ターンアラウンドタイム	396,398
退行テスト	319
貸借対照表	490
体制	282
代入	359
代理サーバ	267
対話型処理	394
タッチパネル	39
タブレット	39
探索	378,379
単体テスト	288,314
断片化	106
チェックシート	469,474
チェックディジット	308,309
チェック方法	310
チェックボックス	303
知的財産権	447
調達	283
調達管理	324
帳票設計時の留意点	305
重複チェック	310
直列システム稼働率	412
著作権	447
著作権の帰属先	450
ツリー構造	89,385
ツリー状接続	51
ディープラーニング	239
提携	438
デイジーチェーン	51
ディジタル	54
ディジタル署名	270,276
ディスク	100
ディスプレイ	41
ディレクトリ	80,88
データ	#VALUE!
データの源泉と吸収	297
データの種類	83
データの整列	380
データの探索	379
データの持ち方	382
データ構造	382
データストア	297
データフロー	297
データベース	150
データベース管理システム	152
テキスト形式	83
テキストボックス	303
適用範囲	282
デシジョンテーブル	464
テスト	284,288,313
テストの流れ	314
テストデータの決めごと	317
デビットカード	425
デファクトスタンダード	206
デフラグ	107
デフラグメンテーション	107
デュアルシステム	403

デュプレックスシステム	404
テラ	69
電子計算機損壊等業務妨害	456
電子商取引	432
電子メール	226
統合管理	324
同値分割	317
盗聴	271
盗聴を防ぐ暗号化	273,274
動的ヒューリスティック法	261
同報メール	229
特性要因図	469,474
特許権	448
ドットインパクトプリンタ	46
トップダウンテスト	318
トポロジー	181
ドメイン名	214,227
トラック	101
トラックパッド	39
トランザクション	174
取引基本規約	434
取引の形態	433
トロイの木馬	259

ナ行

内部設計	286
内部統制	446
流れ図	372
ナノ	69
なりすまし	271
なりすましを防ぐ認証局	278
二進数	56
二分探索法	379
入出力インタフェース	49
ニューメリックチェック	310
入力装置	24,25,38
入力のチェック	307
入力のチェック方法	310
認証局	278
ネットワーク	178
ネットワーク上のサービス	217
ネットワークを構成する装置	195
ネットワークアドレス部	209

ハ行

バーコードリーダ	39
ハードウェア	20
ハードディスク	98,100
バイオメトリクス認証	251
排他制御	170
バイト	67
配列	383
破壊	244
バグ管理図	320
パケット	191,193
パケット交換方式	182
パケットの衝突	185,199
パケットフィルタリング	265,266
派遣	443,444
パス	92
バス型	181

バス型の規格	182
バズセッション	462
バスタブ曲線	418
バスパワー	51
パスワード認証	250
パスワードリスト攻撃	254
パソコン	21
バックアップ	173,421
バックアップの方法	422
ハッシュ化	277
バッチ処理	394
ハブ	201
バブルソート	380
パラレルインタフェース	50
バランスシート	490
パリティ	110
パレート図	469,471
ピアツーピア	393
ピーエル	492
光磁気ディスク	36
光ディスク	36
光の3原色	42
被監査部門	344
引数	139
ピコ	69
ヒストグラム	469,473
ビッグデータ	236,237
ビッグバンテスト	318
ビット	55,67
ビットマップ	83
否定	168
ビヘイビア法	261
秘密鍵暗号方式	273
ビュー表	156
費用	478
表記方法	
絶対パスの表記方法	93
表計算ソフト	119,126
表現方法	
マルチメディアデータの表現方法	74
文字の表現方法	71
費用対効果	282
標本化	76
平文	273
ピング	83
品質管理	324
ファイアウォール	265
ファイル	80,82
ファイルの場所	92
ファイル形式	83
ファシリティマネジメント	340
ファンクションポイント法	326
フールプルーフ	417
フェールセーフ	416
フェールソフト	417
フォーマット	101
フォーマットチェック	310
フォールトアボイダンス	417
フォールトトレラント	416
フォルダ	88
フォローアップ	348

不可逆圧縮	85
負荷テスト	315
不揮発性	31
復号	272
複合キー	161
符号化	77
不正アクセス	254
不正アクセス禁止法	455
不正指令電磁的記録に関する罪	456
プライベートIPアドレス	208
ブラウザ	221
プラグ・アンド・プレイ	49,51
フラグメンテーション	106
プライバシーマーク	247
プラズマディスプレイ	43
ブラックボックステスト	314,316
フラッシュメモリ	32,36
プラッタ	100
ブリッジ	196,200
プリペイドカード	425
プリンタ	45
ブルートゥース	52
ブルートフォース攻撃	254
ブルーフリスト	346
プルダウンメニュー	303
フルバックアップ	422
ブレーンストーミング	461
プレゼンテーションソフト	119
フローチャート	372,373
プロキシサーバ	267
プログラミング	284,287
プログラミング言語	287,352
プログラム	350
プログラムステップ法	326
プログラム設計	286
プロジェクト	324
プロジェクト組織	429
プロジェクトチーム	324
プロジェクトマネージャ	324
プロジェクトマネジメント	324
プロセス	297
プロダクトポートフォリオマネジメント	440
プロトコル	191,192
プロトタイピングモデル	291,293
プロバイダ	221
分散処理	186,392
分析手法	458
平均故障間隔	408,409
平均修理時間	408,410
並列システム稼働率	414
ベーシック	353
ペタバイト	237
変更管理	338
ベン図	165
変数	358
擬似言語における変数の宣言	360
ベンチマーキング	441
ベンチマークテスト	396
変動費	479
変動費率	482
ポインタ	384

ポイントカード	425	ユニックス	116
法人著作権	449	要件定義書	285
妨害	244		
ポート番号	219	**ラ行**	
ポートフォリオ図	467	ラジオボタン	303
保証意見	348	ラム	31,32
補助記憶装置	25,34	ラン	180
補数	64	利益	478
ホストアドレス部	209	リグレッションテスト	319
ホスト部	209	リスク管理	324
ボット	259	リスク分析	282
ホットスタンバイ	405	リスト	384
ホットプラグ	51	リナックス	116
ボトムアップテスト	318	リバースブルートフォース攻撃	254
ホワイトボックステスト	314,316	リピータ	196,198
		リピータハブ	201
マ行		リミットチェック	310
マイクロ	69	リムーバブル	36
マウス	39	量子化	77
マクロウイルス	259	量子化ビット数	77
マスクROM	32	リリース管理	338
マトリックス図法	469	リレーショナルデータベース	153
マトリックス組織	429	リレーションシップ	298
マトリックスデータ解析法	469	リング型	181
マネジメント	324	ルータ	196,202
マルウェア	259	ルーティング	202
マルチメディアデータ		ルーティングテーブル	202
マルチメディアデータの圧縮	84,85	ルートディレクトリ	89
マルチメディアデータの伸張	85	レイド	109
マルチメディアデータの表現方法	74	レイドの種類	110
ミディ	83	レインボー攻撃	255
ミドルウェア	122	レーザプリンタ	46
ミラーリング	110	レスポンスタイム	396,398
ミリ	69	列	128
無線LAN	188	連関図法	469
無線規格	52	労働基準法	454
無停電電源装置	340	労働者派遣法	454
メーラー	226	ローカル・エリア・ネットワーク	180
メール	224	ロールバック	173,175
メールアドレス	227	ロールフォワード	173,176
メールソフト	119	ログアウト	249
メガ	69	ログイン	249
メッセージダイジェスト	277	ログオフ	249
メニューバー	303	ログオン	249
メモリ	31	ロック	171
文字コード	71	ロム	31,32
文字コードの種類	72	論理演算	164
文字の表現方法	71	論理積	167
文字列	359	論理チェック	310
戻り値	139	論理和	166
問題管理	338		
		ワ行	
ヤ行		ワークシート	128
ユーエスビー	51	ワープロソフト	119
有機ELディスプレイ	43	ワーム	259
ユーザID	250	ワイド・エリア・ネットワーク	180
ユーザインタフェース	301	ワン	180
ユーザ認証	249	ワンタイムパスワード	251
ユーザ名	227		
有線規格	51		
ユニコード	72		

503

◆ 著者について
きたみりゅうじ

もとはコンピュータプログラマ。本職のかたわらホームページで4コマまんがの連載などを行う。この連載がきっかけで読者の方から書籍イラストをお願いされるようになり、そこからの流れで何故かイラストレーターではなくライターとしても仕事を請負うことになる。
本職とホームページ、ライター稼業など、ワラジが増えるにしたがって睡眠時間が過酷なことになってしまったので、フリーランスとして活動を開始。本人はイラストレーターのつもりながら、「ライターのきたみです」と名乗る自分は何なのだろうと毎日を過ごす。
自身のホームページでは、遅筆ながら現在も4コマまんがを連載中。

平成11年 第二種情報処理技術者取得
平成13年 ソフトウェア開発技術者取得
https://oiio.jp

● 練習問題解説
　金子則彦
● 装丁
　小山 巧 (志岐デザイン事務所)
● イラスト
　きたみりゅうじ
● 本文デザイン、DTP、しおりデザイン
　小島明子 (株式会社 しろいろ)
● 編集
　山口政志

■ お問い合わせに関しまして ■

本書に関するご質問については、本書に記載されている内容に関するもののみとさせていただきます。本書の内容を超えるものや、本書の内容と関係のないご質問につきましては一切お答えできませんので、あらかじめご承知ください。なお、ご質問の際には、書名と該当ページ、返信先を明記してくださいますようお願いいたします。
　また、電話でのご質問は受け付けておりません。Webの質問フォームにてお送りください。FAXまたは書面でも受け付けております。

○質問フォームのURL (本書サポートページ)
　https://gihyo.jp/book/2021/978-4-297-12449-6
　※本書内容の訂正・補足についても上記URLにて
　　行います。あわせてご活用ください。

○FAXまたは書面の宛先
　〒162-0846 東京都新宿区市谷左内町21-13
　株式会社 技術評論社 書籍編集部
　『キタミ式イラストIT塾 ITパスポート 令和04年』
　質問係
　FAX：03-3513-6183

キタミ式イラストIT塾 ITパスポート 令和04年

2010年 4月 1日　初　版　第1刷発行
2021年12月25日　第13版　第1刷発行

著　者　きたみりゅうじ
発行者　片岡　巌
発行所　株式会社技術評論社
　　　　東京都新宿区市谷左内町21-13
　　　　電話　03-3513-6150　販売促進部
　　　　　　　03-3513-6166　書籍編集部
印刷／製本　昭和情報プロセス株式会社

定価はカバーに表示してあります。

本書の一部または全部を著作権法の定める範囲を越え、無断で複写、複製、転載、あるいはファイルに落とすことを禁じます。

©2010－2021　きたみりゅうじ

造本には細心の注意を払っておりますが、万一、乱丁 (ページの乱れ) や落丁 (ページの抜け) がございましたら、小社販売促進部までお送りください。送料小社負担にてお取り替えいたします。

ISBN978-4-297-12449-6　C3055

Printed in Japan